Guide pratique de la
Météorologie

Guide pratique de la
Météorologie

WILLIAM J. BURROUGHS, BOB CROWDER
TED ROBERTSON, ELEANOR VALLIER-TALBOT
RICHARD WHITAKER

Préface de
JEAN-PIERRE BEYSSON
Directeur général de MÉTÉO-FRANCE

PARIS • BRUXELLES • MONTRÉAL • ZURICH

Le *Guide pratique de la météorologie* est l'adaptation française de *Weather*, conçu par The Nature Company et Weldon Owen et créé par Weldon Owen Pty Limited, Sydney.

ÉDITION ORIGINALE
DIRECTION ÉDITORIALE : Sheena Coupe
RESPONSABLES DE PROJET : Jenni Bruce, Scott Forbes
ÉDITEUR : Lynn Humphries
ÉDITEUR ASSISTANT : Greg Hassall
SECRÉTAIRES D'ÉDITION : Julia Cain, Gillian Hewitt, Dawn Titmus
ASSISTANTS : Louise Bloxham, Edan Corkill, Vesna Radojcic
DIRECTEUR ARTISTIQUE : Hilda Mendham
MAQUETTE : Clive Collins, Clare Forte, Lena Lowe, assistés de Stephanie Cannon
COUVERTURE : John Bull
RECHERCHE ICONOGRAPHIQUE : Gillian Manning
ILLUSTRATIONS : Mike Lamble, Robert Mancini, Ngaire Sales, Genevieve Wallace, Rod Westblade, David Wood
CARTES : Mark Watson, Pictogram
FABRICATION : Simone Perryman
RESPONSABLE DES VENTES INTERNATIONALES : Stuart Laurence
RESPONSABLE DES COÉDITIONS : Derek Barton

THE NATURE COMPANY
Priscilla Wrubel, Ed Strobin, Steve Manning, Georganne Papac, Tracy Fortini

ÉDITION FRANÇAISE
TRADUCTION-ADAPTATION : Paloma Cabeza-Orcell et Anne Sauvêtre
CONSEIL SCIENTIFIQUE : Patrick Marlière
RÉALISATION ÉDITORIALE : ML Éditions, Paris, sous la direction de Michel Langrognet, assisté de Christiane Keukens et Anne Papazoglou. Sélection remercie également Georges Dufour et André Jarret pour leur contribution.

Sous la direction de l'équipe éditoriale de Sélection du Reader's Digest
DIRECTION ÉDITORIALE : Gérard Chenuet
RESPONSABLES DE L'OUVRAGE : Élizabeth Glachant, Paule Meunier
LECTURE-CORRECTION : Béatrice Omer, Emmanuelle Dunoyer
FABRICATION : Louis Arnéodo, Frédéric Pecqueux

PREMIÈRE ÉDITION
Édition originale :
© 1996 Weldon Owen Pty Limited

Édition française :
© 1996 Sélection du Reader's Digest, SA,
212, boulevard Saint-Germain, 75007 Paris
© 1996 Sélection du Reader's Digest, SA,
29, quai du Hainaut, 1080 Bruxelles
© 1996 Sélection du Reader's Digest, SA,
Räffelstrasse 11, « Gallushof », 8021 Zurich
© 1996 Sélection du Reader's Digest (Canada), Limitée,
215, avenue Redfern, Montréal, Québec H3Z 2V9

ISBN : 2-7098-0719-X

Achevé d'imprimer : août 1996
Dépôt légal en France : septembre 1996
Dépôt légal en Belgique : D.1996.0621.115
Impression et reliure : Kyodo Printing Co. (S'pore) Pte Ltd.
Imprimé à Singapour
Printed in Singapore

Tous droits de traduction, d'adaptation et de reproduction, sous quelque forme que ce soit, réservés pour tous pays.

> Hiver toi qui te fait la barbe
> Il neige et je suis malheureux
> J'ai traversé le ciel splendide
> Où la vie est une musique
> Le sol est trop blanc pour mes yeux
>
> GUILLAUME APOLLINAIRE (1880-1918),
> *les Collines.*

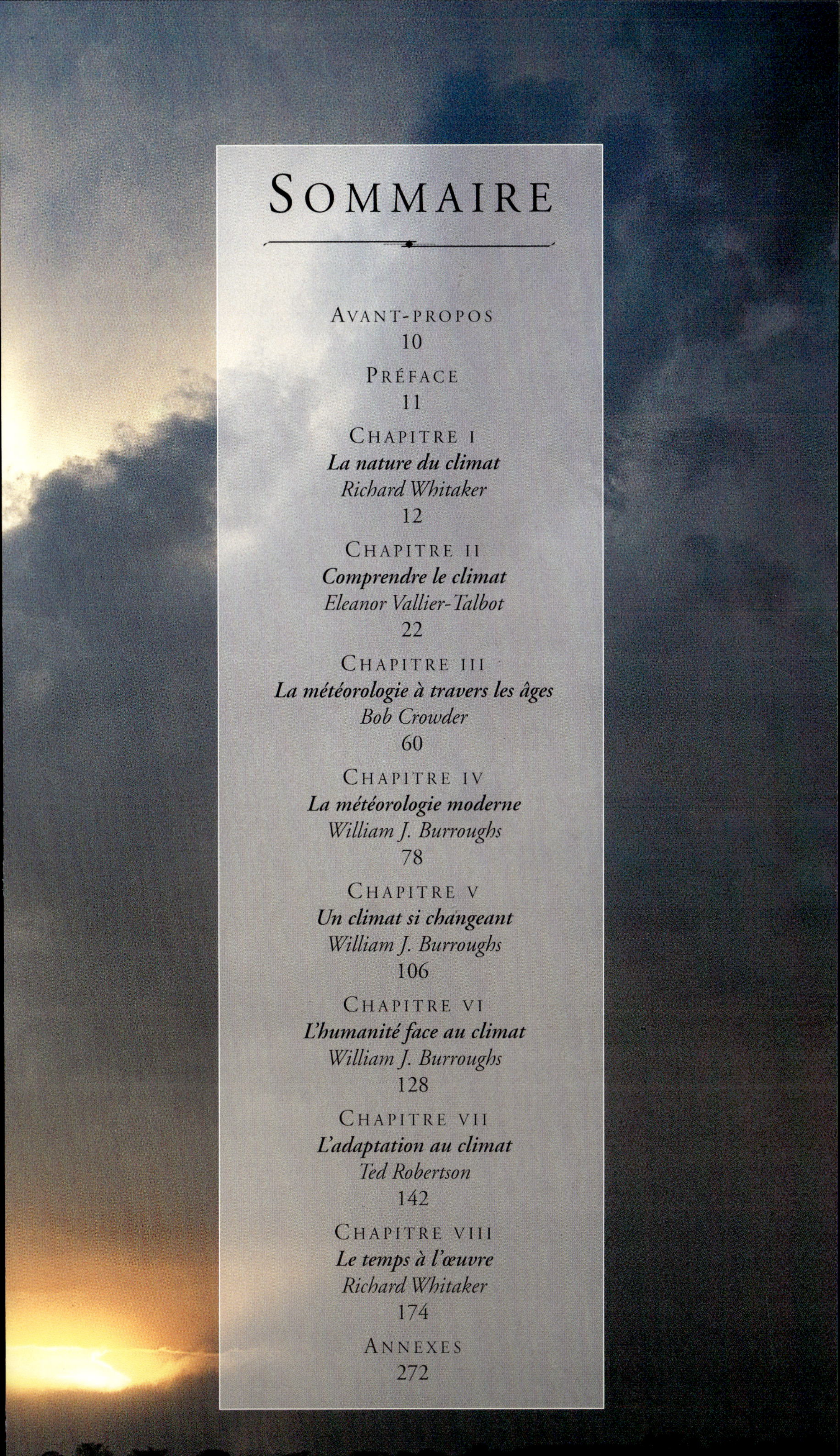

Sommaire

Avant-propos
10

Préface
11

Chapitre i
La nature du climat
Richard Whitaker
12

Chapitre ii
Comprendre le climat
Eleanor Vallier-Talbot
22

Chapitre iii
La météorologie à travers les âges
Bob Crowder
60

Chapitre iv
La météorologie moderne
William J. Burroughs
78

Chapitre v
Un climat si changeant
William J. Burroughs
106

Chapitre vi
L'humanité face au climat
William J. Burroughs
128

Chapitre vii
L'adaptation au climat
Ted Robertson
142

Chapitre viii
Le temps à l'œuvre
Richard Whitaker
174

Annexes
272

Avant-propos

*Dans le tourbillon de mes rires d'enfants,
Les feuilles s'égaillaient sous mes pas*
VITA SACKVILLE-WEST (1892-1962),
écrivain anglais

Il suffit d'évoquer une journée mémorable de notre enfance pour que resurgisse le souvenir d'une chaleur estivale, d'un froid vif, d'un grand soleil, d'un sol jonché d'herbes, de feuilles, ou recouvert de neige. Ainsi les souvenirs revêtent-ils souvent l'habit des saisons.

Plus que tout autre chose, c'est le temps qui distingue chaque saison. Comme le disait Mark Twain : « Le temps est toujours en train de faire quelque chose. » Et c'est vrai où que l'on aille, car c'est un phénomène universel. Mais ce que fait le temps et le moment où il le fait nous donnent la notion de l'époque et du lieu, et à cet égard le temps a une dimension locale. Cet ouvrage offre donc une double perspective au lecteur. Il présente, d'une part, les conditions et les influences météorologiques globales, et, d'autre part, les éléments ponctuels qui permettent d'en mesurer les effets sur notre environnement immédiat.

J'avoue, cependant, que j'ai un faible pour le guide des nuages. Cirrus, cumulus, cumulonimbus… autant de noms chargés de mystère et de musicalité. Ce guide donne une nouvelle texture, un nouvel intérêt et une sorte de magie à la contemplation des nuages qui m'a toujours fascinée.

Je crois que le meilleur moyen d'apprécier ce livre, c'est de l'emporter lors d'un pique-nique. Étendez une couverture sur l'herbe, allongez-vous sur le dos et nommez les nuages qui défilent sous vos yeux. C'est une autre manière d'observer cette merveilleuse planète.

PRISCILLA WRUBEL
Fondatrice de The Nature Company

Préface

De tout temps, subissant le plus souvent les aléas atmosphériques sans en comprendre les mécanismes, les hommes se sont interrogés sur le comportement du ciel. De nos jours, l'étude du climat et la prévision du temps sont affaire de spécialistes. Mais ces deux domaines, par l'intérêt qu'ils suscitent et par les préoccupations qu'ils engendrent, concernent l'humanité tout entière. Sans ambiguïté, la météorologie s'inscrit parmi les grands défis scientifiques de notre époque.

De la simple manière de se vêtir à l'organisation du travail et des déplacements, la météorologie s'ouvre à de larges secteurs d'application sociale et économique ; néanmoins, sa vocation essentielle demeure la sécurité des personnes et des biens. Cette utilité publique de notre discipline n'est pas le moindre de ses intérêts.

Reconnaître un nuage, comprendre la formation d'un arc-en-ciel, se familiariser avec une image satellitaire sont autant de démarches que propose cet ouvrage et qui vous sensibiliseront au travail des météorologues. Au-delà, ce livre décrit et explique tous les phénomènes atmosphériques pour en faciliter la compréhension. Il analyse aussi l'influence des conditions météorologiques sur les êtres vivants et montre comment les hommes, la faune et la flore se sont adaptés aux modifications de leur environnement.

Bénéficiant d'une iconographie remarquable, cet ouvrage très attrayant s'adresse à tous les publics. Le lecteur non initié y fera une large découverte du monde de la météorologie, tandis que l'amateur éclairé y trouvera matière à compléter ses connaissances.

Jean-Pierre Beysson
Directeur général de Météo-France

Chapitre I
La nature du climat

Peut-être qu'un cheval à l'humeur insolite

Un soir qu'il fera gris ou qu'il aura neigé

Posera son museau de soleil dans mes vitres.

René Guy Cadou, *le Chant de solitude*.

La nature du climat

UNE MULTITUDE DE CLIMATS

Nos modes de vie, comme la myriade de formes de vie de notre planète, résultent d'adaptations à une grande variété de types de climats.

LE TEMPS est sans doute le sujet de conversation le plus courant dans le monde. Et il influe tous les jours sur notre mode de vie, que l'on se demande simplement s'il faut prendre un parapluie ou prévoir des lunettes de soleil, ou que surviennent des catastrophes naturelles comme sécheresses, cyclones ou inondations.
Le climat nous dicte notre façon de vivre, la manière de construire nos maisons ou de nous habiller. Il influence même nos loisirs. Il n'est pas surprenant que les meilleurs skieurs viennent des pays enneigés d'Europe et d'Amérique du Nord, et les plus grands surfeurs mondiaux, d'endroits où le climat est chaud et les rouleaux démesurés, tels que l'île d'Hawaii ou l'Australie. Avec les forces géologiques, le climat a façonné le relief des terres émergées, et le kaléidoscope des formes de vie sur terre reflète les innombrables solutions qu'a trouvées la nature pour s'adapter à la diversité des conditions météorologiques qui s'y sont succédé tout au long de son histoire.
Ainsi, dans la forêt vierge amazonienne, où les chutes de pluie sont si fréquentes, les arbres se sont habitués à vivre le pied dans l'eau la majeure partie du temps ; et la forme des conifères des forêts du Nord permet à la neige de glisser le long de leurs branches.
Le manchot empereur de l'Antarctique passe plusieurs semaines à des températures de –60 °C et à des vents soufflant à plus de 160 km/h blotti contre ses congénères dans le clair-obscur de l'hiver polaire ; quant au rat-kangourou des déserts américains, il survit en tirant tout le liquide nécessaire de ses aliments et n'a pas besoin d'absorber d'eau.

FIGURINE KACHINA
*(en haut) du peuple Hopi, en Arizona ; les yeux représentent des nuages de pluie.
Lignes haute tension abattues par un orage au Bangladesh (ci-dessus), et trafic interrompu par la neige en Amérique du Nord (à droite).*

NOTRE ALIMENTATION
Le temps affecte directement nos habitudes alimentaires. Même dans les sociétés technologiquement avancées, les réserves alimentaires sont vulnérables aux effets du climat. Le mauvais temps peut en effet interrompre les transports et les récoltes, et une période prolongée très mauvaise entraînera des pénuries et une forte hausse des prix de certains produits. Dans les pays en voie de développement, où la nourriture est peu abondante, sécheresse ou inondation provoquent la famine.
Deux des problèmes les plus pressants auxquels le monde est confronté sont la dégradation de l'environnement et l'explosion démographique. Il est donc vital et urgent d'accroître nos techniques agricoles pour éviter une plus grande dégradation du sol et de l'eau, pour nourrir un nombre toujours croissant de personnes.
À cet égard, les prévisions météorologiques nous apportent

Une multitude de climats

une aide précieuse. Par exemple, les prévisions à long terme de la répartition des pluies permettent aux agriculteurs de planifier le moment des semis et des plantations, ainsi que la rotation des cultures, pour une rentabilité maximale. Et ils consultent les prévisions à court terme afin de reporter, après la pluie, l'application de pesticides, évitant ainsi des pulvérisations répétées néfastes pour l'environnement.

Les météorologues

Les gens capables de prédire le temps ont toujours été estimés. Les premiers « météorologues » étaient des prêtres, des druides ou des sorciers, dont on attendait non seulement la prédiction du temps, mais aussi son changement, afin qu'il convienne aux besoins de la communauté. Ces hommes tentaient d'y parvenir en instaurant des rites et des sacrifices destinés à persuader les dieux d'agir en leur faveur. Des danses de la pluie ont ainsi été célébrées par de nombreux peuples comme les Indiens d'Amérique, les tribus d'Afrique centrale et les aborigènes d'Australie. Tout un folklore sur le thème du temps s'est développé, avec des dictons et des proverbes basés sur des siècles d'observation. Transmis de génération en génération, beaucoup d'entre eux nous sont parvenus, comme le familier « Noël au balcon, Pâques aux tisons ». En Occident, la science a commencé d'influencer l'observation du climat dès le XVe siècle, mais la météorologie n'a été reconnue comme une science officielle qu'au XXe siècle. Aujourd'hui, c'est une pratique complexe qui utilise la modélisation sur ordinateur et la technologie des satellites.

L'amateur

Si la prévision météorologique est clairement du domaine de l'expert, il est enrichissant pour tout un chacun d'apprendre à reconnaître les processus à l'œuvre dans le ciel. En outre, la compréhension des phénomènes météorologiques est un atout quand on pratique certaines activités comme la voile ou le vol à voile : elle peut permettre d'éviter des situations périlleuses comme une montée soudaine des eaux ou un gros orage. Le plus important est peut-être, en comprenant comment les activités humaines affectent le temps et comment ces changements climatiques influencent à leur tour le monde naturel, de parvenir à apprécier pleinement notre environnement et à vivre en meilleure harmonie avec celui-ci.

LES RÉSERVES ALIMENTAIRES *sont directement affectées par le temps. Rizières en terrasses vieilles de deux mille ans dans les Philippines (ci-dessus) et champs de blé aux États-Unis (à droite).*

L'ÉCUREUIL ROUX *(à gauche) stocke dès l'automne ses provisions pour l'hiver.*

La nature du climat

Qu'est-ce que le climat ?

Engendré par la chaleur du Soleil, le climat est un système de cycles et de forces au sein de l'atmosphère qui enveloppe la Terre.

La Terre est entourée d'une enveloppe d'air appelée atmosphère. Cette enveloppe est si fine que, si vous vous trouvez en avion à 9 000 m d'altitude, plus des trois quarts des molécules d'air sont au-dessous de vous. Bien que d'autres planètes de notre système solaire aient aussi une atmosphère, la nôtre est unique, parce que son mélange de gaz contient de la vapeur d'eau et qu'elle connaît une grande gamme de températures qui permettent à l'eau d'exister sous forme gazeuse, liquide et solide.

Au jour le jour

On utilise le mot temps pour décrire les variations journalières de l'atmosphère. Les météorologues enregistrent des mesures de température, d'humidité, de couverture nuageuse, de précipitations et de vent, qui se traduisent pour nous par le froid, la chaleur, le vent, la pluie…

L'origine de ces changements est due au Soleil. En effet, la Terre, tout en tournant sur elle-même autour d'un axe incliné de 23,5° environ, gravite autour du Soleil. Elle est ainsi chauffée par cet astre mais de façon très irrégulière. Les régions équatoriales reçoivent un rayonnement direct plus intense que celles situées près des pôles, et, du fait des différentes caractéristiques d'absorption de la chaleur, les terres se réchauffent plus que les océans. Constamment, l'atmosphère essaie d'atteindre un équilibre, pour atténuer les irrégularités de températures en transportant, par étapes, de l'air chaud de l'équateur vers les pôles et de l'air froid de ces derniers vers l'équateur. Toutefois, pendant ces transferts, les masses d'air sont déviées par la rotation de la Terre, ralenties par leur frottement avec les terres et la mer, et confinées en hauteur dans les limites de l'atmosphère par la pesanteur. L'ensemble de ces forces crée des configurations complexes et

LES MASSES NUAGEUSES *tourbillonnent autour de la Terre, comme le montre cette image satellite (à droite). Des nuages d'orages s'accumulent dans le ciel du Midwest américain (ci-dessus).*

Qu'est ce que le climat ?

COUCHER DE SOLEIL DANS L'ESPACE
(ci-dessus) montrant l'horizon terrestre et les effets atmosphériques d'émissions volcaniques. Une tornade et la tempête associée (à gauche).

changeantes. De vastes courants aériens et des tourbillons géants de nuages atteignant plusieurs milliers de kilomètres de large circulent autour de notre planète. Ce n'est qu'au siècle dernier que nous avons su associer ces tourbillons avec des zones de hautes et basses pressions de l'atmosphère qui entraînent des changements du temps au sol.

LE CLIMAT
Le climat est une synthèse de paramètres météorologiques variables (précipitations moyennes mensuelles, températures journalières maximales et minimales, etc.). Ces synthèses prennent en compte les extrêmes ainsi que la fréquence des phénomènes météorologiques. Il faut au moins trente ans d'enregistrements pour construire une image climatique fiable d'une région. D'autres paramètres sont aussi étudiés, comme le vent, l'humidité, les nuages, l'ensoleillement. Toutes ces informations statistiques donnent le climat d'un lieu.

LES PHÉNOMÈNES ATMOSPHÉRIQUES
comprennent les arcs-en-ciel (à droite) et les virga (ci-dessus à droite) – des gouttes d'eau qui s'évaporent quand elles rencontrent une couche d'air chaud.

L'ÉVOLUTION CLIMATIQUE
De nombreux éléments montrent que le climat, tout comme le temps, change constamment, mais beaucoup plus lentement. Les données météorologiques officielles s'étendent sur des périodes de durées variables : celles de l'Amirauté britannique, par exemple, datent de deux siècles ; la France, elle, a des enregistrements depuis 1850 ; on peut aussi utiliser des récits historiques relatant des événements climatiques notables. De telles données sont néanmoins d'utilité restreinte quand on veut examiner le climat sur des périodes de plusieurs milliers d'années. Des techniques sont aujourd'hui disponibles qui permettent de remonter bien plus loin que les enregistrements classiques. La nature a, en effet, ses propres systèmes d'enregistrement, comme les anneaux des troncs d'arbres, les coraux ou les glaces éternelles *(voir p. 114)*, et nous apprenons à décrypter et à interpréter ces sources d'information avec une habileté croissante. Elles montrent que notre climat a changé au long des âges, et de nombreuses théories ont été avancées pour expliquer de tels changements. L'étude des statistiques climatiques a aussi confirmé que les activités humaines sont en train de modifier l'atmosphère, en particulier en libérant dans l'air de grandes quantités de gaz « polluants » et de particules émises par les véhicules à moteur et l'industrie. Quels effets auront-elles sur le climat ? Cette question est l'objet de vastes recherches internationales, et l'un des principaux objectifs des études climatologiques est de faire la part entre les effets d'origine humaine et l'évolution naturelle.

La nature du climat

LES CLIMATS DU MONDE

Le régime des vents, la température de surface des mers et la répartition des pluies doivent être pris en compte pour déterminer les zones climatiques.

AU FIL DES SIÈCLES, les méthodes pour définir les zones climatiques ont évolué. La plupart s'appuient sur les grandes zones climatiques délimitées par les tropiques du Cancer et du Capricorne, et par les cercles polaires arctique et antarctique. La région comprise entre les deux tropiques est dite de basses latitudes ; le climat y est généralement qualifié de tropical. Les zones comprises entre les tropiques et les cercles polaires sont dites de latitudes moyennes, et le climat y est en majeure partie tempéré. Les régions de hautes latitudes, comprises entre les cercles polaires et les pôles, ont des climats polaires.
Cette classification générale est parfois affinée en zones maritimes et continentales, reconnaissant les différences climatiques significatives entre les régions côtières et l'intérieur des terres. Mais, bien que cette distinction reflète plus précisément les véritables conditions climatiques, elle ne prend pas en compte les profonds effets des chaînes de montagnes ou des courants océaniques.

Afin d'apprécier l'importance de ces facteurs, il suffit de comparer les différents climats méditerranéens, qui ne se limitent pas aux côtes de la Méditerranée. On retrouve les mêmes caractéristiques en Australie, à la pointe de l'Afrique du Sud, en Californie et au Chili. Les étés sont chauds et secs, et les hivers, doux et humides.
La classification des climats prend en compte de tels facteurs, ainsi que les différents biomes (forêts, steppes, déserts, eaux douces, etc.) présents dans le monde ; mais, comme tout essai de classification humaine de phénomènes naturels, ce système doit être considéré seulement comme un guide général. Car dans chacune de ces régions climatiques existent des anomalies résultant de configurations climatiques locales.

L'ADAPTATION AU CLIMAT
Les phoques (ci-dessous) font partie des rares mammifères tolérant un climat polaire. Membres d'une tribu sambourou (ci-dessus à droite) des régions semi-arides du Kenya.

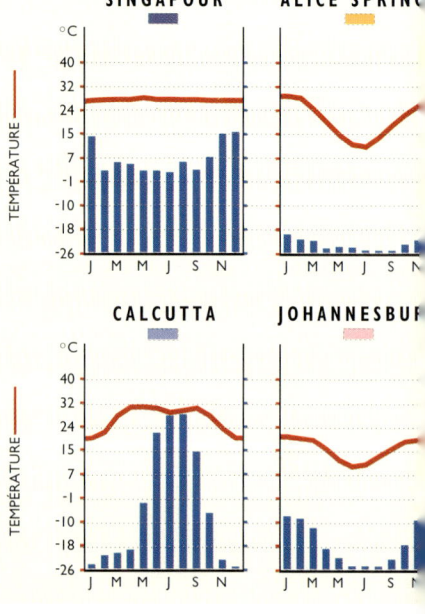

Les climats du monde

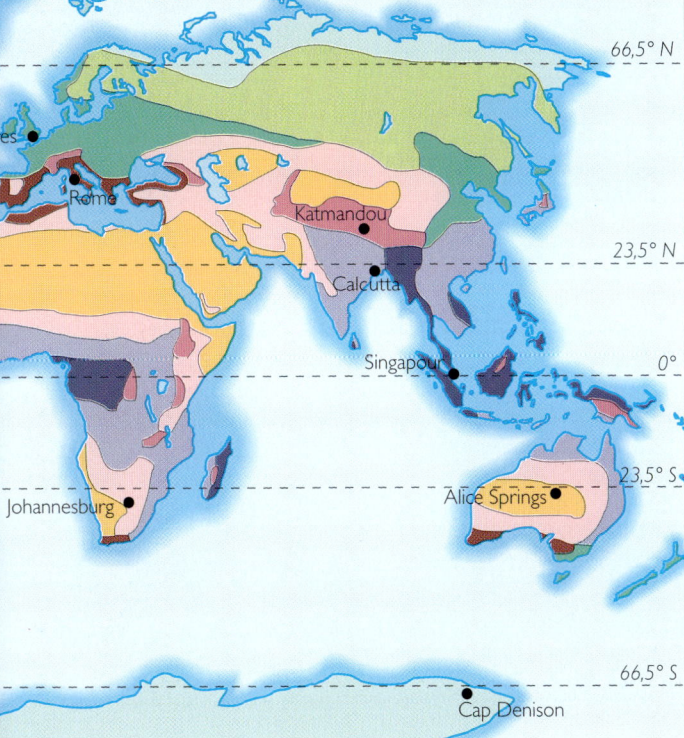

LES ZONES CLIMATIQUES

Équatorial Fortes pluies, hautes températures et forte humidité, courte saison sèche. *Voir p. 146.*

Tropical Gamme de températures plus large ; saisons sèche et humide de durée similaire. *Voir p. 150.*

Aride Faibles précipitations, grands écarts de température entre la nuit et le jour, et entre les mois d'été et les mois d'hiver. *Voir p. 152.*

Semi-aride Conditions généralement moins extrêmes qu'en zones arides : précipitations plus importantes, fluctuation de températures moins marquée entre l'été et l'hiver. *Voir p. 156.*

Méditerranéen Étés chauds et secs, hivers doux et humides. *Voir p. 158.*

Tempéré Répartition assez uniforme des pluies, quatre saisons distinctes. Étés assez chauds, hivers froids avec chutes de neige. *Voir p. 160.*

Nordique Similaire au climat tempéré, mais avec des hivers beaucoup plus longs (pouvant atteindre neuf mois) et fortement enneigés. *Voir p. 162.*

Alpin Températures plus basses qu'en plaine à la même latitude. Chutes de neige régulières. Chutes de pluie variables suivant les vents locaux porteurs de pluie. *Voir p. 164.*

Polaire Hivers extrêmement longs et froids, étés à peine plus chauds. Neige fréquente mais pluies négligeables. *Voir p. 168.*

Océanique Amplitude thermique plus faible qu'au centre du continent. Le climat local dépend de la température de surface de la mer. *Voir p. 172.*

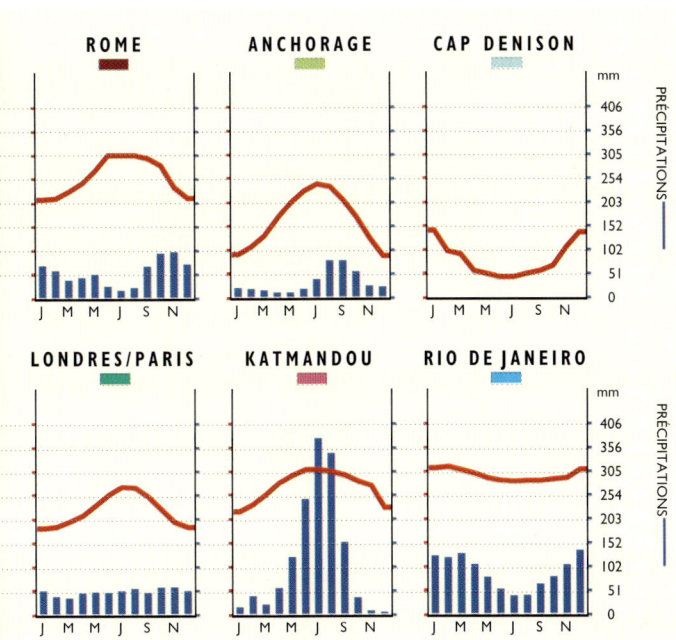

LES GRAPHIQUES *à gauche montrent la température moyenne (en rouge) et les précipitations (en bleu) en divers lieux.*

La nature du climat

Prévoir le temps

Les prévisions météorologiques font sans cesse des progrès. Serons-nous capables un jour de prévoir le temps avec précision ?

LES MESURES *Un abri pour instruments (en haut). Lancement d'un ballon-sonde (ci-dessus). Une station météorologique dans le New Hampshire, aux États-Unis (à droite).*

De nombreux pays investissent des sommes énormes dans la recherche météorologique, persuadés qu'un service efficace induit des bénéfices plusieurs fois supérieurs au coût dudit service. Des services météorologiques de haut niveau existent en France, et dans la plupart des pays européens, en Amérique du Nord, au Japon, en Australie, en Nouvelle-Zélande et en Afrique du Sud. En Chine, où l'économie repose d'abord sur l'agriculture, le service météorologique compte environ 65 000 personnes. L'Arabie Saoudite améliore ses services météorologiques dans l'espoir de perfectionner les pratiques agricoles et d'accroître la proportion des terres arables. Comme, dans l'atmosphère, tous les phénomènes sont liés, une bonne prévision du temps dépend dans une large mesure de la coopération entre les pays. Pour prévoir le temps sur la France, par exemple, il faut connaître la situation atmosphérique sur l'Amérique du Nord, l'Atlantique et le reste de l'Europe. De même, les météorologues australiens ont besoin des observations faites en Amérique du Sud. Cette nécessité a été admise par la plupart des pays, qui ont fondé l'Organisation météorologique mondiale, l'OMM (*voir p. 80*). La communauté météorologique a été l'une des réalisations internationales les plus réussies, en assurant des contacts et des échanges d'informations depuis le début des années 1950, malgré un certain nombre de crises politiques. Cette organisation a donné naissance à un vaste projet, la Veille météorologique mondiale, qui a mis un réseau mondial d'informations et de technologies avancées à la disposition des météorologues pour leurs travaux quotidiens.

L'accès à ces ressources a amélioré la qualité et les performances de nos prévisions météorologiques, de même qu'il a permis un certain nombre d'autres facteurs, comme notre connaissance grandissante des processus physiques impliqués, les observations plus fréquentes par des satellites

UNE COOPÉRATION MONDIALE est essentielle pour de bonnes prévisions. Les météorologues, tel celui-ci, en Angleterre (à droite), contribuent au suivi des tempêtes dans toutes les parties du monde. Destructions causées en Floride par l'ouragan Andrew en 1992 (à droite).

La météorologie, c'est l'art de prévoir ce qui change tout le temps.

PENSÉE DU 31 JUILLET 1981, *Almanach de l'Os à moelle.*

météorologiques de plus en plus complexes, et les progrès des simulations mathématiques du climat. Ces dernières nécessitent le traitement de milliers d'observations faites régulièrement par des stations météorologiques réparties tout autour du monde, ainsi que de celles réalisées par intermittence par les satellites, et l'analyse des rapports fournis par les avions et les bateaux en mer. De très puissants ordinateurs traitent ces énormes masses de données.

LES TYPES DE PRÉVISIONS

Ces données permettent aux météorologues d'établir des prévisions remarquablement détaillées. La quantité précise d'informations inclues dans une prévision dépend du « terme » de cette dernière.
Les prévisions à court terme concernent les vingt-quatre à quarante-huit heures à venir et fournissent des données détaillées et de plus en plus fiables pour les températures, la nébulosité, la direction et la vitesse des vents, et les précipitations. Les prévisions à moyen terme concernent les quarante-huit heures à dix jours à venir et sont plus générales, mais elles peuvent néanmoins estimer de façon assez détaillée

LES SATELLITES MÉTÉOROLOGIQUES fournissent des images, évaluent la température du sol, mesurent le taux d'humidité atmosphérique et la vitesse des vents. Cette photo satellite montre le sous-continent indien et le Sri Lanka.

la tendance de l'évolution des températures et précipitations. Les prévisions à long terme (jusqu'à trois mois) disent seulement si les pluies ou les températures seront supérieures ou inférieures à la moyenne.

LES LIMITES DES PRÉVISIONS

Le temps n'est prévisible que jusqu'à un certain point. Les conditions atmosphériques passent en effet d'évolutions facilement prévisibles à des phases chaotiques pleines d'incertitude, où même une prévision précise à court terme est impossible (une averse, un orage). C'est comme si l'atmosphère vacillait sur le fil d'un rasoir, et le seul battement d'ailes d'un papillon au Brésil pourrait déclencher, par son infime déplacement d'air, une tornade au Japon !

JUSTESSE DES PRÉVISIONS

Étant donné ces limites, jusqu'à quel point les prévisions peuvent-elles s'améliorer ? La plupart des services météorologiques du monde obtiennent une précision d'environ 85 % dans leurs prévisions sur vingt-quatre heures. Si les prévisions à long terme sont moins fiables, celles sur cinq à six jours sont d'une assez bonne précision, et, avec le progrès constant des simulations mathématiques, les prévisions précises sur dix jours deviendront routinières dans un proche avenir.

> *Ce beau nuage, ô vierge, aux hommes est pareil.*
>
> *Bientôt tu le verras, grondant sur notre tête,*
>
> *Aux champs de la lumière amasser la tempête*
>
> *Et leur rendre en éclairs les rayons du soleil.*
>
> Victor Hugo, Odes et Ballades.

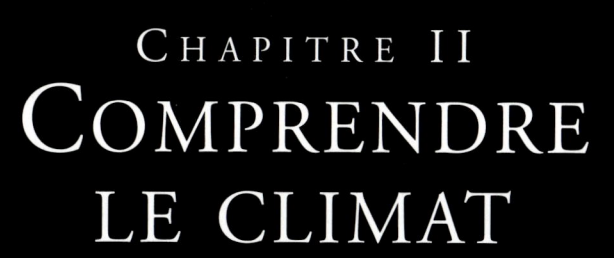

Chapitre II
Comprendre le climat

Comprendre le climat

L'ATMOSPHÈRE

La Terre est enveloppée d'une couverture gazeuse. Cette enveloppe, que nous appelons atmosphère, est la source du temps et des climats, et permet l'existence de toutes les formes de vie sur notre planète.

L'ATMOSPHÈRE contient de l'oxygène, gaz essentiel à la vie, et de la vapeur d'eau, dont la teneur influe fortement sur le climat. La circulation atmosphérique engendre les vents et les tempêtes, et modèle la variété de nos climats.

L'ÉTUDE DU CIEL

L'atmosphère est notre seule protection contre les rayons du Soleil et l'effet potentiellement dévastateur des météorites. Pourtant, comparée au diamètre de la Terre, l'atmosphère est remarquablement mince. Si la Terre était de la taille d'un ballon de baudruche, l'atmosphère ne serait pas plus épaisse que le caoutchouc du ballon. On a observé récemment que ce fragile bouclier était constitué de plusieurs couches distinctes. Au XIXe siècle, les aérostiers découvrirent que la température de l'atmosphère diminuait graduellement avec l'altitude. Les scientifiques supposèrent un temps que cette température continuait à décroître jusqu'à l'espace interplanétaire. Mais les recherches menées par le météorologue français Léon-Philippe Teisserenc de Bort, en 1899 *(voir p. 73)*, révélèrent que la température cesse de diminuer vers 10 km d'altitude, et qu'un autre type de couche commence. Des études ultérieures ont mis en évidence cinq couches, aux caractéristiques thermiques distinctes, entre la surface et l'espace extérieur, mais nous ignorons toujours comment et pourquoi ces couches se sont formées. Du point de vue météorologique, la couche la plus importante est la troposphère – où surviennent 99 % des phénomènes météorologiques –, encore que toutes les couches aient une influence sur le climat terrestre.

78,09 % d'azote
20,94 % oxygène
0,97 % divers gaz

L'AIR QUE NOUS RESPIRONS
Ce schéma montre les proportions des gaz présents dans la troposphère et la stratosphère. La tranche « divers gaz » comprend notamment de l'argon (0,9 %), du dioxyde de carbone (ou gaz carbonique) et des traces de néon, d'hélium, de krypton, d'hydrogène et d'ozone. Ces proportions changent à plus haute altitude. Dans l'air humide, la vapeur d'eau représente de 1 à 4 %, ce qui réduit d'autant le pourcentage des autres gaz.

LES COUCHES ATMOSPHÉRIQUES

La troposphère s'étend du niveau du sol jusqu'à une altitude de 8 000 à 16 000 m. Sa hauteur varie avec la quantité d'énergie solaire atteignant la Terre *(voir p. 28)* – elle est le plus faible aux pôles et le plus grande à l'équateur. En moyenne, la température y chute de 6,5 °C tous les 1 000 m.

NUAGES ORAGEUX *vus au lever du soleil depuis la navette spatiale Atlantis. Les formes plates en enclume du sommet des nuages indiquent la limite de la troposphère. Beaucoup de ce que nous savons de l'atmosphère a été découvert par les navigateurs en ballon au XIXe siècle. Cette gravure (en haut à gauche) montre une ascension au-dessus d'Oxford, en Angleterre.*

L'atmosphère

Le niveau où la température cesse de décroître avec l'altitude s'appelle la tropopause, la température est alors de −55 à −60 °C. La couche suivante, la stratosphère, s'étend jusqu'à environ 50 km au-dessus de la surface de la Terre, et la température remonte avec l'altitude jusqu'à 0 °C.

La couche d'ozone (voir p. 122) est située dans la stratosphère, entre 5 et 40 km d'altitude. Cette couche absorbe la majorité des rayonnements ultraviolets nocifs émis par le Soleil ; le sommet est appelé stratopause. Au-dessus de la stratosphère se trouve la mésosphère, où les températures décroissent à nouveau, pour s'abaisser à −80 °C. À environ 80 km au-dessus du sol (mésopause), la température cesse de diminuer. Dans la couche suivante, ou thermosphère (aussi appelée ionosphère), la température s'élève pour atteindre 1 000 °C dans certaines conditions. Le rayonnement solaire, qui comprend notamment des rayons X et ultraviolets, traverse la thermosphère et casse les molécules de cette couche en ions de charge positive et en électrons négatifs. Ces ions et électrons renvoient les ondes radio en provenance de la Terre vers sa surface, facilitant ainsi les émissions radio de longue portée.

La thermosphère nous protège également des météorites et des satellites obsolètes, car ses hautes températures brûlent pratiquement tous les débris se dirigeant vers la Terre.

La couche suivante, l'exosphère, comprend divers gaz, comme l'hélium, l'azote, l'oxygène et l'argon. Ces gaz ne sont présents qu'en toutes petites quantités, car, à cette altitude, la gravité est très faible et laisse facilement les molécules s'échapper dans l'espace.

LES COUCHES DE L'ATMOSPHÈRE sont définies par leur profil de température. La ligne colorée de la figure de gauche indique les variations de température. Pour montrer plus de détails, les proportions des couches n'y ont pas été respectées. Les véritables proportions sont représentées par la bande bleue, à droite.

Comprendre le climat

LES MÉCANISMES ATMOSPHÉRIQUES

L'interaction entre le Soleil et l'atmosphère de la Terre est la principale force agissant sur le climat.

LA CHALEUR du rayonnement solaire est à l'origine de nos climats. Elle est responsable de la formation des masses d'air et de leur circulation dans notre atmosphère. Ces mouvements créent dans l'air des différences de pression qui, à leur tour, engendrent les vents.

LA PRESSION ATMOSPHÉRIQUE

L'air est fait de milliards de molécules qui se déplacent constamment dans toutes les directions, rebondissant contre tout ce qu'elles rencontrent. Ces collisions constituent ce que l'on appelle la pression de l'air (ou encore la pression atmosphérique ou barométrique). Plus il y a de collisions dans une région donnée, plus la pression atmosphérique y est grande. L'air exerce en permanence une pression sur nous – de 1 kg/cm^2 en moyenne. Puisque les molécules de l'air sont naturellement attirées vers le sol par la gravité terrestre, la densité de l'air est plus grande près de la surface de la planète. Par conséquent, la pression de l'air à une altitude donnée, ou encore le nombre de molécules dans une région donnée, décroît avec l'altitude. C'est le constant mouvement des molécules en tous sens qui les empêche de s'agglutiner au niveau du sol. La pression atmosphérique se mesure en hectopascals (hPa) (jadis dénommés millibars, *voir p. 97*). La pression au niveau du sol varie entre 950 et 1 050 hectopascals, car l'air monte ou s'affaisse.

LA PRESSION ATMOSPHÉRIQUE *diminue rapidement avec l'altitude. C'est parce que la gravité attire les molécules d'air et autres gaz atmosphériques vers le sol, comme le montre la colonne à droite du schéma.*

LES BAROMÈTRES *(celui-ci date du XVIIIe siècle) mesurent la pression de l'air. À haute altitude, la pression basse implique que l'air contient moins d'oxygène (ci-dessus). Les différences de pression donnent naissance aux vents (à gauche).*

LA CONVECTION

La vitesse à laquelle les molécules se déplacent dépend de la température de l'air. Quand une masse d'air est chauffée, les molécules d'air bougent plus vite, elles se repoussent d'autant plus les unes les autres, et la masse d'air se dilate. Ce principe est mis en évidence quand on refroidit ou chauffe un ballon de baudruche rempli d'air et qu'on observe sa taille : il rapetisse quand il refroidit et gonfle quand il est chauffé. La dilatation de l'air finit par causer une baisse de sa densité, et la masse d'air devient plus légère que son environnement, ce qui provoque son ascension. Ce processus est appelé convection. Si la masse d'air est refroidie, le phénomène est inversé et l'air tend à retomber. Un tel processus est sans cesse à l'œuvre dans notre atmosphère,

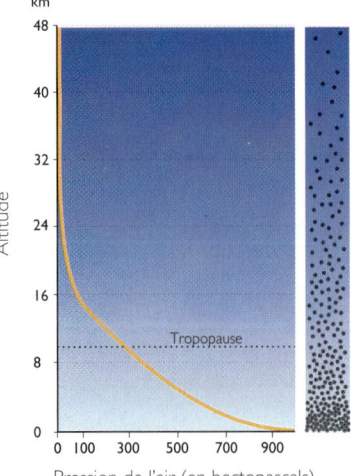

Les mécanismes atmosphériques

où le Soleil fournit le mécanisme de chauffage. Toutefois, le chauffage n'est pas uniforme et régulier. De nombreux facteurs affectent la quantité d'énergie solaire atteignant les différentes parties du globe, notamment les saisons *(voir p. 28)*, la latitude, la couverture nuageuse, la réémission de la chaleur par le sol et la mer, et les vents. Cela signifie que la convection s'observe plutôt dans les zones les plus chaudes de la Terre.

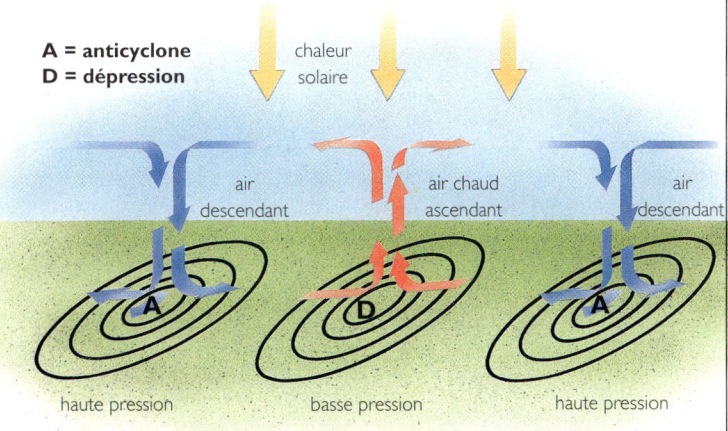

LA CONVECTION *Quand de l'air chaud s'élève, il crée une zone de basse pression. Finalement, l'air refroidit et s'affaisse vers le sol, créant ainsi une zone de haute pression.*

LES CHANGEMENTS DE PRESSION

À mesure qu'une masse d'air chaud s'élève, elle se refroidit et se dilate. Quand l'air s'est refroidi, il commence à redescendre vers le sol. Là où de l'air monte se crée une zone de basse pression, ou dépression ; quand l'air redescend s'instaure une zone de haute pression, ou anticyclone.

Comme l'atmosphère cherche toujours à rétablir l'équilibre, l'air se déplace des zones de haute pression avoisinantes vers la zone de basse pression. Ce mouvement de l'air depuis les hautes vers les basses pressions – le déplacement se fait toujours dans ce sens – est mieux connu sous le nom de vent. Le mécanisme par lequel une différence de pression produit un déplacement d'air est aisément mis en évidence en soufflant dans un ballon de baudruche qu'on bouche en pinçant le col ; on crée ainsi dans le ballon une « poche » de haute pression et, dès qu'on relâche le col, l'air en sort rapidement jusqu'à ce que la pression à l'intérieur du ballon soit ramenée à la pression atmosphérique ambiante, plus faible.

La différence de pression atmosphérique selon une distance horizontale s'appelle un gradient de pression. Plus la différence de pression entre deux masses d'air est grande, plus le gradient de pression est élevé et plus les vents soufflant de la zone de haute pression vers la zone de basse pression sont forts. Sur une carte météorologique, des isobares (ou lignes d'égale pression, *voir p. 84*) sont parfois dessinées pour indiquer les changements de pression. Plus les isobares sont rapprochées sur une carte, plus les vents sont forts.

PRESSION DE L'AIR ET TEMPS

Souvent, quand l'air monte en créant une zone de basse pression, la vapeur d'eau de l'air se condense et forme des nuages *(voir p. 42)*. Inversement, un air qui s'affaisse signifie, en général, qu'il ne peut y avoir de condensation. Une basse pression est donc habituellement associée à un ciel nuageux et un temps humide, tandis qu'une haute pression est normalement associée à un ciel clair et à un temps ensoleillé.

DE HAUTES PRESSIONS donnent généralement lieu à un ciel clair (ci-contre). L'air ascendant crée une baisse de pression et entraîne généralement la formation de nuages (à droite).

Comprendre le climat

Saisons & autres cycles

Le climat dépend fortement des variations journalières et saisonnières de la lumière solaire.

DIEU DU SOLEIL (Italie du XVᵉ siècle).

LA QUANTITÉ D'ÉNERGIE solaire atteignant un lieu sur la Terre a une forte influence sur son climat. Les variations de la quantité d'énergie atteignant la Terre résultent de l'inclinaison, de la rotation et de l'orbite de la Terre autour du Soleil.

L'orbite de la Terre

La Terre est située à 149 millions de kilomètres du Soleil. L'année terrestre est la durée d'une rotation de la Terre autour du Soleil – environ 365 jours. La Terre parcourt une orbite ovale (une ellipse) autour du Soleil. De ce fait, elle s'en rapproche à certaines époques de l'année. Cela accroît la quantité d'énergie qu'elle reçoit mais ne détermine pas les changements de saison.

Le jour et la nuit

Une ligne imaginaire, ou axe, joint le pôle Nord au pôle Sud ; la Terre tourne sur elle-même autour de cet axe, comme une toupie. La Terre met environ vingt-quatre heures, ou un jour solaire, pour faire un tour complet sur elle-même, ce qui crée le jour et la nuit. Les changements climatiques diurnes qui en résultent, comme la hausse puis la baisse des températures, causent nombre de phénomènes météorologiques.

Les saisons

L'axe de la Terre est incliné d'environ 23,5°. Cette inclinaison est à l'origine des saisons. Tandis que la Terre gravite autour du Soleil, des parties différentes de la planète sont inclinées vers le Soleil ; aussi notre globe reçoit-il des quantités variables de chaleur à différentes périodes de l'année. Dans l'hémisphère Nord, le pôle est incliné à l'opposé du Soleil en décembre. Cet hémisphère reçoit alors moins de lumière, d'où des températures plus basses et des jours courts – en un mot, c'est l'hiver. À mesure que la Terre se déplace sur son orbite, le pôle Nord commence à pointer vers le Soleil ; ce dernier monte plus haut dans le ciel et les journées rallongent. En mars, au point vernal, ou équinoxe de printemps, la durée du jour égale celle de la nuit. La quantité de lumière solaire continue de croître jusqu'au solstice d'été, le 21 juin, où le Soleil s'élève au plus haut dans le ciel. Ce jour-là, le Soleil est juste en surplomb du tropique du Cancer (par 23,5° de latitude nord) et les régions au nord du cercle arctique (par 66,5° de latitude nord) ont vingt-quatre heures de jour. Tandis que la Terre poursuit son orbite autour du Soleil, le pôle Nord commence à s'incliner à l'opposé de celui-ci. L'équinoxe d'automne survient en septembre, et la durée du jour

CLAIR DE TERRE L'angle sous lequel le Soleil éclaire la Terre est le facteur clé des changements saisonniers de climat. Certains phénomènes naturels, comme le changement de couleur des feuilles caduques (à droite), indiquent l'arrivée d'une nouvelle saison.

Saisons & autres cycles

continue de décroître jusqu'au solstice d'hiver, le 21 décembre. Dans l'hémisphère Sud, les saisons sont inversées. Quand c'est le solstice d'été dans l'hémisphère Nord, c'est le solstice d'hiver dans l'autre hémisphère, et les régions du cercle polaire antarctique (par 66,5° S) connaissent alors vingt-quatre heures d'obscurité. Le 21 décembre, jour du solstice d'hiver dans l'hémisphère Nord, est le jour du solstice d'été dans l'hémisphère Sud ; ce jour-là, le Soleil est à la verticale du tropique du Capricorne (23,5° S). Dans l'hémisphère Sud, l'équinoxe de printemps survient en septembre, et l'équinoxe d'automne, en mars.

L'ORBITE DE LA TERRE *La Terre fait le tour du Soleil en un an. Comme l'axe terrestre est incliné de 23,5° par rapport à la verticale, la durée du jour et, par suite, la quantité d'énergie solaire atteignant les différentes régions du monde varient.*

SOUS LES TROPIQUES

Les quatre saisons sont bien marquées sous les moyennes et hautes latitudes, où surviennent les plus grands changements d'éclairement et de réchauffement par le Soleil. En revanche, sous les tropiques (les régions comprises entre

LES QUATRE SAISONS sont associées à des caractéristiques climatiques distinctes. En région tempérée, l'hiver s'accompagne de basses températures et de neige, comme le montre cette enluminure du XVe siècle du *Livre d'heures du duc de Berry*.

le tropique du Cancer et celui du Capricorne), où la longueur du jour et la quantité de rayonnement solaire varient peu, il n'y a que deux saisons : la saison humide et la saison sèche. Celles-ci résultent de l'orbite de la Terre autour du Soleil. Quand le Soleil brille à la verticale, la convection *(voir p. 26),* l'activité orageuse et les précipitations sont maximales. Quand cette zone d'ensoleillement intense se déplace du tropique du Cancer (en juin) vers le tropique du Capricorne (en décembre), elle entraîne dans son sillage le maximum de pluies. Les régions tropicales ont donc un cycle annuel composé d'une saison humide et d'une saison sèche.

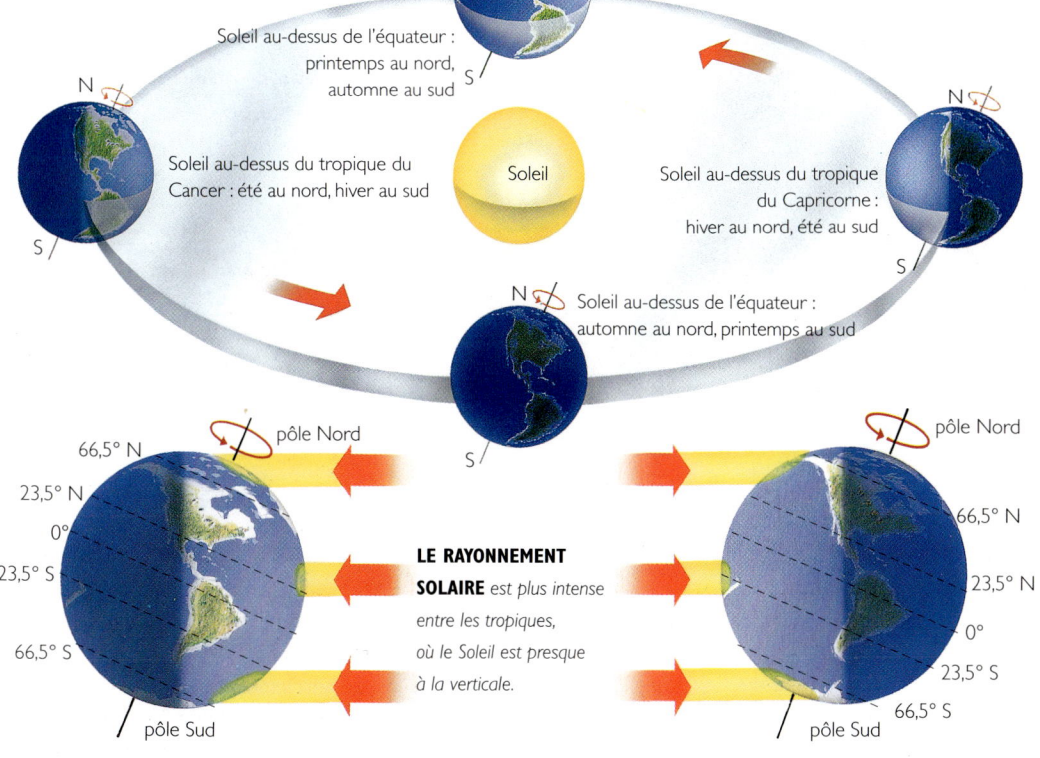

LE RAYONNEMENT SOLAIRE *est plus intense entre les tropiques, où le Soleil est presque à la verticale.*

L'ÉTÉ AU NORD *et l'hiver au sud surviennent quand l'hémisphère Nord est incliné vers le Soleil.*

L'HIVER AU NORD *et l'été au sud surviennent quand l'hémisphère Nord est incliné à l'opposé du Soleil.*

Comprendre le climat

LA CIRCULATION ATMOSPHÉRIQUE

Le chauffage inégal de la Terre par le Soleil engendre des mouvements variés de l'air, et donc divers climats.

L'INTENSE CHALEUR qui atteint les tropiques tout au long de l'année provoque de puissants mouvements de convection *(voir p. 26)*. L'air chaud et humide monte, créant une ceinture de basses pressions associées à des nuages et des pluies tout autour de l'équateur. L'air qui s'élève au-dessus de l'équateur finit par atteindre la tropopause *(voir p. 24)* et ne peut monter au-delà. Il se propage alors vers les pôles en se refroidissant graduellement et finit par retomber vers le sol à environ 30° N et 30° S. Cet air qui s'affaisse provoque une augmentation de la pression atmosphérique, qui apporte des conditions sèches et ensoleillées. La plupart des déserts dans le monde sont situés dans ces zones de haute pression.

LES CELLULES
Une partie de l'air de ces régions tropicales, chassé par celui qui s'affaisse, repart vers les basses pressions de l'équateur. Cet écoulement d'air forme les alizés. La bande longeant l'équateur où viennent mourir les alizés a été appelée le pot-au-noir par les premiers navigateurs à voiles, qui craignaient d'y rester immobilisés, faute de vent.

LES VENTS DANS LE MONDE
Cette carte du XVᵉ siècle (en haut) illustre la classification de Ptolémée du régime des vents dans le monde. La véritable distribution des vents (à droite) est plus compliquée.

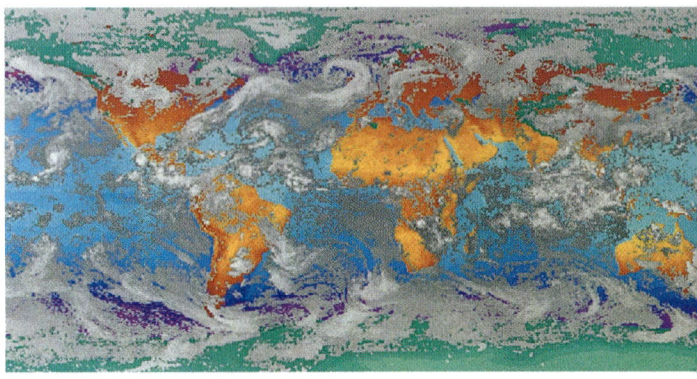

CETTE IMAGE SATELLITE montre comment la circulation de l'air engendre des ciels clairs vers 30° de latitude nord ou sud, et un temps instable à l'équateur et aux hautes latitudes.

Les mouvements circulaires de l'air qui s'élève au-dessus des tropiques, puis s'affaisse et revient vers l'équateur, sont appelés cellules de Hadley, du nom du scientifique anglais George Hadley, qui les décrivit en 1753.

Si la quasi-totalité de l'air tiède qui retombe vers le sol par 30° N et 30° S repart vers l'équateur, une partie continue d'aller vers

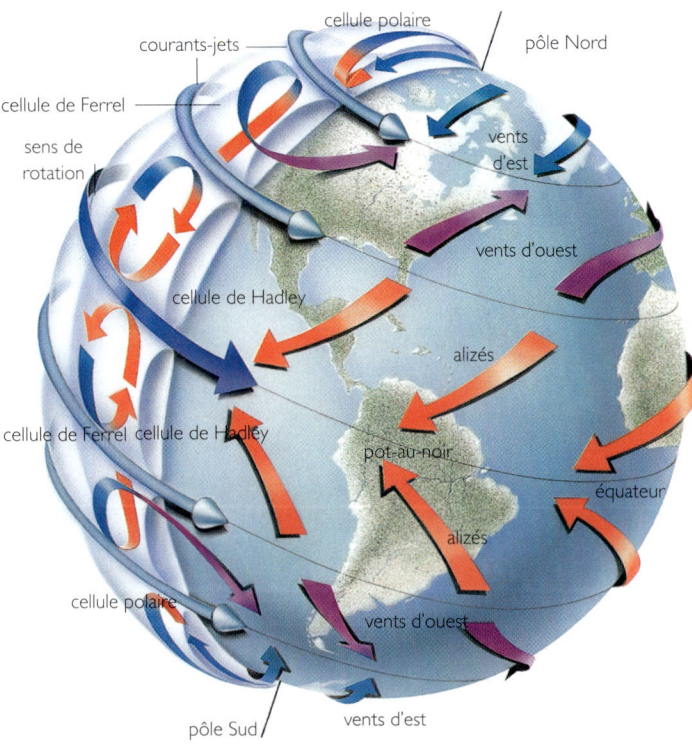

La circulation atmosphérique

*L'air est plein
d'une haleine de roses
Tous les vents tiennent
leurs bouches closes*
MALHERBE, *Chanson.*

les pôles. À environ 60° N et S, cet air rencontre l'air froid polaire. Les zones où s'affrontent ces masses d'air sont appelées fronts polaires. La différence de température entre les deux masses d'air provoque l'ascension de l'air chaud. La majeure partie de celui-ci repart vers l'équateur et s'affaisse vers le sol par 30° N et S, contribuant à la haute pression atmosphérique de ces régions. Ce deuxième type de mouvements circulaires de l'air entre 30° et 60° N et S est appelé cellules de Ferrel, du nom de William Ferrel, qui le premier les identifia en 1856.
Le reste de l'air chaud s'élevant sur le front polaire continue de se déplacer vers les pôles. À mesure qu'il s'en approche, l'air se refroidit et s'affaisse, puis repart vers les latitudes par 60° N et S.

LA FORCE DE CORIOLIS

Ces écoulements d'air ne s'effectuent pas strictement dans la direction nord-sud. En effet, la rotation de la Terre applique une force qui modifie la trajectoire de tout objet ou fluide se dirigeant des pôles vers l'équateur, en déviant cette trajectoire vers la droite dans l'hémisphère Nord, et vers la gauche dans l'hémisphère Sud. Cette force fut identifiée en 1835 par Gustave-Gaspard de Coriolis (1792-1843) et porte son nom.
La force de Coriolis explique la circulation atmosphérique des systèmes climatiques. Les vents circulent dans le sens des aiguilles d'une montre autour des zones de haute pression dans l'hémisphère Nord, et dans le sens contraire dans l'hémisphère Sud. Les vents issus des basses pressions circulent en sens inverse *(voir p. 34).*

LES COURANTS-JETS

À haute altitude, des vents violents se développent du fait d'importantes différences de température et de pression. Ces vents, appelés courants-jets (ou encore jet-streams), sont situés vers 10 km d'altitude et entre 30° et 45° de latitude, et leur vitesse peut atteindre 300 km/h. Un vol Paris-New York est plus long d'une heure qu'un vol dans le sens inverse, qui se sert du jet-stream. En hiver, où les températures sont plus contrastées, les jet-streams sont renforcés et se déplacent vers l'équateur. En été, où les températures sont plus uniformes, ils tendent à faiblir et se déplacent vers les pôles.

NUAGES DE JET-STREAM *(en haut) au-dessus de l'Égypte ; on voit la mer Rouge et le Nil.*

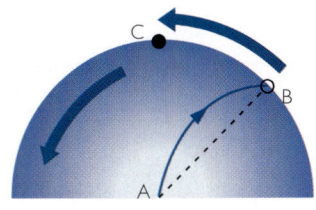

LA FORCE DE CORIOLIS fut identifiée pour la première fois en 1835 par Gustave-Gaspard de Coriolis (ci-dessus). Imaginons quelqu'un assis au centre d'un manège qui tourne (point A sur le schéma ci-dessus), et lançant une balle à quelqu'un assis sur le bord, en B. Le temps que la balle atteigne B, la personne assise là aura atteint la position C. Pour cette personne, la balle semble avoir une trajectoire courbe qui s'éloigne d'elle. De la même façon, sur notre planète qui tourne, les objets se déplaçant librement semblent suivre une trajectoire incurvée. Le résultat (à droite) est que les phénomènes climatiques sont déviés vers la droite dans l'hémisphère Nord et vers la gauche dans l'hémisphère Sud. La force de Coriolis est nulle à l'équateur et maximale aux pôles.

Comprendre le climat

LES VENTS

Outre le régime général des vents, il existe des vents de petite échelle responsables de caractéristiques climatiques locales.

LA CIRCULATION atmosphérique générale donne naissance aux principaux courants aériens tels que les alizés, ou les vents d'ouest et d'est *(voir p. 30)*. Elle engendre aussi certains vents sur une plus petite échelle, comme les moussons.

LES MOUSSONS
De nombreuses régions subissent des moussons, notamment le sud-ouest des États-Unis et le Chili, mais les plus fortes moussons surviennent dans le sud de l'Asie, le nord de l'Australie et l'Afrique.
Les moussons apportent des pluies très abondantes, qui peuvent causer de vastes inondations. Des inondations dévastatrices ont ainsi tué des centaines de milliers de personnes au Bangladesh, en Inde et en Asie du Sud-Est.

La mousson la plus spectaculaire a lieu en Inde. En hiver, quand le Soleil est relativement bas sur l'horizon, l'air au-dessus de la Sibérie (au nord du plateau tibétain) se refroidit beaucoup et crée un puissant anticyclone. Celui-ci engendre des vents qui soufflent vers le sud de l'Inde, jusqu'à l'océan, et dissipent nuages et pluies. En été, cette zone de haute

LE CHINOOK, un vent très connu qui descend du versant est des montagnes Rocheuses, en Amérique du Nord, a créé cette formation nuageuse inhabituelle *(à gauche)*. Un cerf-volant chinois en forme de dragon *(ci-dessus)*.

pression s'affaiblit notablement, et une zone dépressionnaire se développe sur le nord de l'Inde. Cela attire l'air chaud et humide de l'océan Indien, qui engendre de fortes précipitations.
Les pluies sont plus abondantes lorsque cet air humide atteint la chaîne montagneuse de l'Himalaya et s'élève le long des pentes. Quand cet air atteint le versant nord de la chaîne, il s'est asséché ; il en résulte une zone aride *(voir, p. 37, L'effet de fœhn)*.
Globalement, la mousson ressemble à une version démesurée de la brise de mer en été et de la brise de terre en hiver *(voir ci-après)*.

LA MOUSSON D'ÉTÉ *en Inde survient quand la dépression au-dessus du Tibet draine un air chaud et humide venant de la mer.*

EN HIVER, *un anticyclone en Sibérie crée de forts vents soufflant vers le nord-est, qui repoussent l'air humide et chaud sur l'océan.*

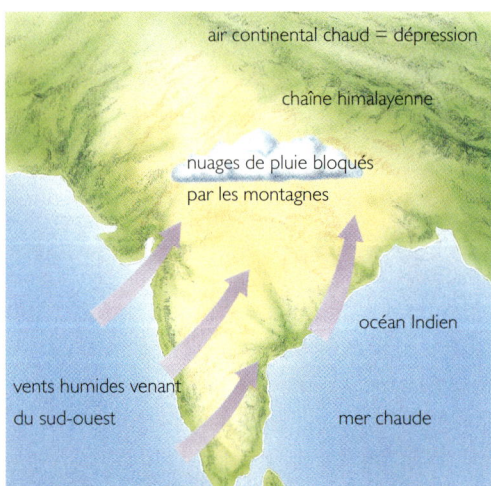

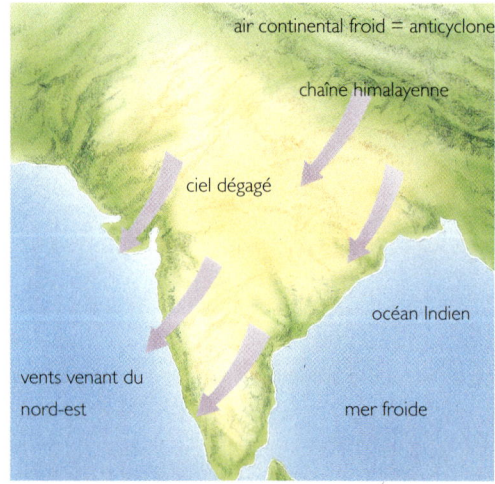

Les vents

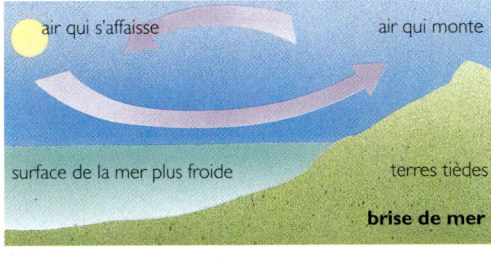

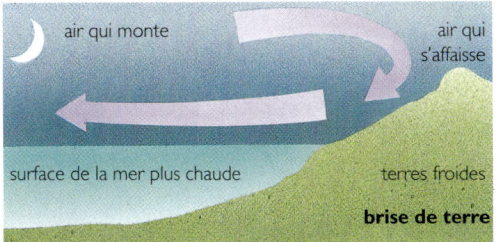

LES BRISES de mer et de terre sont dues à une différence de température entre eaux côtières et masses terrestres adjacentes.

Les vents locaux

Des vents de petite échelle sont engendrés par des différences localisées de pression ou de température, ou par l'interaction de vents de grande échelle avec les masses terrestres locales. Dans les régions côtières, par exemple, des vents locaux se développent souvent par temps clair et ensoleillé. Quand le Soleil chauffe les terres, le sol se réchauffe plus vite que l'eau. L'air au-dessus des terres s'élève alors et est remplacé par l'air plus frais provenant de la mer. Ce mouvement de l'air est appelé brise de mer et survient généralement au printemps et en été, quand les différences de température entre le sol et la mer sont les plus prononcées.

Le processus inverse a lieu la nuit : le sol refroidit rapidement alors que l'air au-dessus de l'eau reste plus tiède et s'élève ; l'air au-dessus des terres est repoussé vers la mer, engendrant ainsi une brise (ou un vent) de terre.

Des vents célèbres

Quand le vent souffle sur un versant des montagnes et s'affaisse sur l'autre, il crée une zone de haute pression et éclaircit le ciel. Cette compression de l'air provoque aussi une élévation de la température, et le vent qui en résulte est chaud. Beaucoup de vents dans le monde sont issus d'un tel mécanisme, notamment le chinook, sur le versant est des montagnes

AU-DESSUS DE L'INDE Sur cette photo satellite de l'Inde, une brise de mer a stoppé le développement des nuages le long des côtes.

Rocheuses, et le fœhn, en Europe. Ces vents font rapidement fondre la neige et renforcent l'effet d'écran aux pluies *(voir p. 36)*.
Un vent forcé à s'engouffrer dans une vallée forcit, tout comme diminuer le diamètre d'un tuyau d'arrosage augmente la force d'un jet d'eau. Dans le sud de la France, la vallée du Rhône engendre un vent local, le mistral, qui apporte un air froid et sec soufflant du nord en rafales et dégageant le ciel. D'autres vents sont engendrés lorsqu'un chauffage intense des masses continentales crée une dépression. Un exemple fameux est le sirocco, qui apporte un air chaud et sec sur la Méditerranée en provenance du désert du Sahara. Ces vents se chargent d'humidité au-dessus de la mer, et, quand ils atteignent l'Europe, ils sont chauds et humides. Le khamsin, également originaire du Sahara, amène un air chaud et sec dans le sud de l'Égypte.

DES INONDATIONS dues à la mousson surviennent régulièrement dans les villes du nord de l'Inde, comme Calcutta.

Les fronts atmosphériques

Les changements quotidiens du temps, depuis le beau temps jusqu'aux tempêtes très violentes, sont causés par l'interaction de différentes masses d'air.

Lorsqu'une masse d'air arrive sur une région, elle déplace la masse d'air précédente. La surface de contact de ces masses – une zone de transition plus ou moins brutale – est appelée front. Quand une masse d'air froid remplace une masse d'air chaud au-dessus d'une région, un front froid soulève l'air chaud ; un front chaud survient quand de l'air chaud chevauche une masse d'air froid. L'interaction des masses d'air chaud et froid engendre des dépressions, qui provoquent des perturbations atmosphériques, surtout aux latitudes moyennes.

Les fronts chauds

Quand un front chaud arrive sur une zone d'air froid, l'air chaud s'élève par-dessus l'air froid et se refroidit. Il s'ensuit une condensation de la vapeur d'eau, qui s'accompagne de formations nuageuses. Les premiers nuages à apparaître à l'avant d'un tel front sont généralement des cirrus,

LE PREMIER SIGNE de l'arrivée d'un front est souvent la formation de cirrus (à gauche). Toutefois, les fronts froids sont souvent encore plus précisément délimités (ci-dessus).

que suivent une couche de nuages de moyenne altitude puis d'épais stratus. Ces derniers, de basse altitude, entraînent des précipitations étendues et sont parfois accompagnés de vents assez forts. Une telle situation peut durer vingt-quatre heures.

Les fronts froids

Généralement associés à des dépressions, les fronts froids engendrent un temps plus variable que les fronts chauds. Quand un front froid arrive sur une zone d'air chaud, ce dernier, étant moins dense, est soulevé par l'air froid, provoquant de l'instabilité et une puissante convection *(voir p. 26)*. De grands cumulus et même des cumulonimbus peuvent alors se former et déclencher des orages tout le long du front. Il se crée une zone de basse pression, ou zone dépressionnaire, qui renforce les vents. Les pluies et les vents seront plus forts sur le front, et des averses le suivront à mesure que les nuages se formeront dans son sillage.

La cyclogenèse

Des cellules dépressionnaires se forment quand des masses d'air froid et chaud interagissent en amorçant un mouvement rotatoire – un processus connu sous le nom de cyclogenèse, ou formation cyclonique. Quand les masses d'air se rencontrent, l'air chaud s'élève,

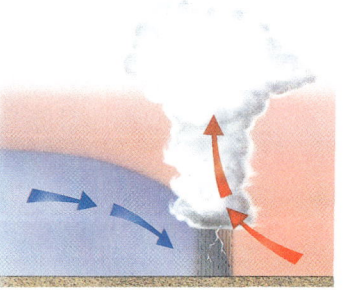

UN FRONT FROID force l'air chaud à s'élever rapidement, créant une puissante convection qui peut produire des orages.

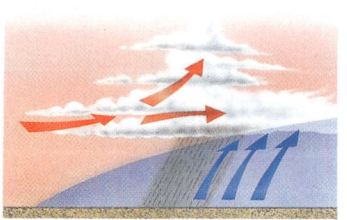

UN FRONT CHAUD s'élève au-dessus d'une couche d'air froid, formant des nuages qui donneront des pluies.

Les fronts atmosphériques

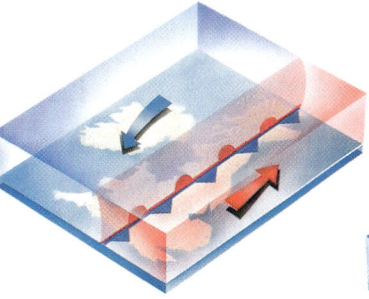

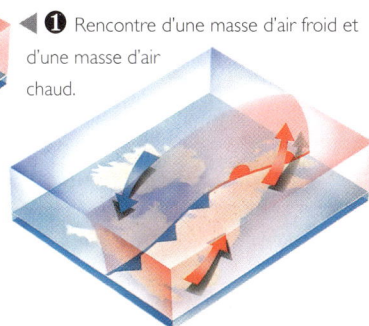

❶ Rencontre d'une masse d'air froid et d'une masse d'air chaud.

❷ Graduellement, l'air chaud s'élève au-dessus de l'air froid, ce qui crée une zone de basse pression où s'engouffre le front froid.

UN SYSTÈME DÉPRESSIONNAIRE se forme lorsque deux masses d'air de températures différentes interagissent.

▲
❸ L'air chaud ascendant engendre nuages et précipitations, et les fronts commencent à tourner.

▲
❹ Le front froid, plus rapide, commence à rattraper le front chaud. La pression décroît sous l'air ascendant, intensifiant les précipitations.

UN FRONT OCCLUS se forme au sein d'un système dépressionnaire lorsqu'un front froid rattrape et dépasse un front chaud (voir la figure 5, à droite). Cette photo satellite montre un tel front au-dessus des îles Britanniques.

qui coupe l'approvisionnement du système en air chaud. L'air chaud qui a été repoussé au-dessus de la tempête se refroidit, la pluie cesse, le vent tombe, la dépression meurt.

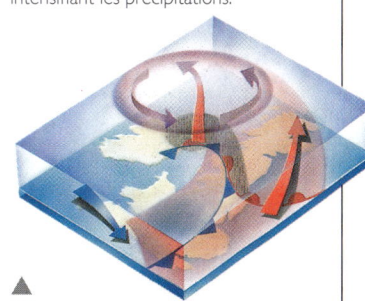

▲
❺ Quand le front froid rattrape le front chaud, il se forme un front occlus. Un temps instable et venteux s'installe alors.

créant une zone de basse pression où se développent nuages et précipitations. L'air froid, plus lourd, est aspiré au-dessous, et le front froid, qui se déplace plus vite, commence alors à rattraper le front chaud, obligeant encore plus d'air chaud à s'élever.

À mesure que l'air monte et que la pression chute, de plus en plus d'air est introduit dans le système, et des vents violents se développent. Dans l'hémisphère Nord, ces vents soufflent dans le sens inverse des aiguilles d'une montre ; dans l'hémisphère Sud, ils tournent dans le sens des aiguilles.

Après environ vingt-quatre heures, mais souvent plus tôt, le front froid rattrape le front chaud. Il se forme alors un front occlus,

LES ANTICYCLONES

Les systèmes de haute pression, ou anticyclones, résultent normalement de l'affaissement de l'air puis de sa mise en rotation (dans le sens des aiguilles d'une montre dans l'hémisphère Nord, en sens inverse dans l'hémisphère Sud). Il existe plusieurs formations d'anticyclones :
– les semi-permanents ou anticyclones tropicaux, autour de 30 ° NS, tel celui des Açores, qui entourent la planète ;
– les locaux ou anticyclones polaires ; les plus connus sont ceux du Canada et de Sibérie ;
– les anticyclones dynamiques, qui résultent de la circulation générale couplée aux effets thermiques.

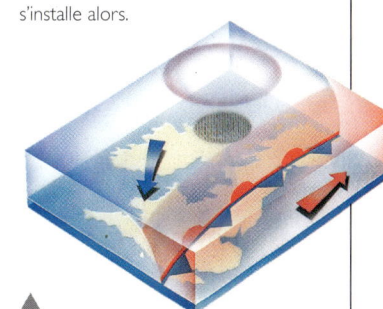

▲
❻ Le front occlus coupe l'apport d'air chaud : le vent tombe et les précipitations cessent. Si les deux masses d'air se reforment, le processus peut alors recommencer.

Comprendre le climat

L'INFLUENCE DES CONTINENTS

Les masses terrestres ont un impact énorme sur les conditions climatiques dans le monde.

LES PROPRIÉTÉS PHYSIQUES distinctes du sol et de l'océan jouent un grand rôle sur les systèmes climatiques globaux et locaux. Les océans absorbent et libèrent la chaleur lentement *(voir p. 38)* ; les terres se réchauffent rapidement le jour et se refroidissent vite la nuit. Il y a donc une plus grande différence entre les températures diurnes et nocturnes dans les régions continentales que dans les zones côtières. Le sol réémet plus efficacement la chaleur que la mer ; aussi le réchauffement diurne engendre-t-il une importante convection. Quand il y a suffisamment d'humidité, des nuages se forment facilement au-dessus des terres.
Les propriétés thermiques différentes du sol et de la mer jouent un rôle majeur dans la

NUAGES DE CONVECTION *au-dessus des terres (à droite). Un grand nuage lenticulaire au-dessus du Wyoming, États-Unis (ci-dessous).*

formation de plusieurs types de vents (le réchauffement des terres au nord du plateau tibétain est en partie responsable de la mousson indienne) ; elles engendrent aussi des vents appelés brises de mer *(voir p. 32)*.

L'IMPACT SUR LES DÉPRESSIONS

Quand un système dépressionnaire tel qu'un cyclone (appelé aussi ouragan ou typhon, selon les pays) se décale de l'océan vers l'intérieur des terres, la friction accrue due à la rugosité du sol, aux montagnes, bâtiments, arbres et autres, tend à ralentir la vitesse de rotation

DE NOMBREUSES ZONES ARIDES, *tel le désert de Mojave, en Amérique du Nord, résultent d'un effet d'écran aux pluies (à gauche).*

du système, et le cyclone finit par perdre de sa force *(voir p. 54)*. Toutefois, dans certains cas, après qu'un cyclone s'est affaibli de cette façon, il se renforce en s'avançant plus avant dans les terres, formant ce qu'on appelle une dépression extra-tropicale.

LE RÔLE DES RELIEFS

Les chaînes montagneuses ont aussi un effet sur les dépressions. Ces systèmes peuvent se comparer à de minces colonnes d'air verticales. Une colonne renferme une grande quantité d'énergie qui se manifeste dans sa rotation inversée dans les deux hémisphères.
À mesure qu'une dépression s'approche du versant au vent (celui où arrive le vent) d'une chaîne montagneuse, elle est forcée de s'élever et s'étale,

L'influence des continents

ralentissant la rotation. Quand ce qui reste de la dépression atteint l'autre versant (le versant sous le vent), la colonne d'air rétrécit. Sa rotation s'accélère alors, et la dépression se reforme, quelque peu affaiblie. Cet affaiblissement et la nouvelle formation de dépressions peut se comparer au mouvement d'un patineur sur glace tournant sur lui-même : quand il étend les bras, il tourne plus lentement ; s'il ramène les bras au-dessus de sa tête ou le long du corps, sa rotation s'accélère.

LE BROUILLARD DE VALLÉE, comme ici dans le Grand Canyon, se forme quand de l'air froid s'enfonce dans une vallée et refroidit durant la nuit jusqu'au point de condensation.

L'EFFET DE FŒHN

Les grandes masses terrestres ont une forte influence sur la répartition des précipitations. Aux latitudes moyennes, l'air se déplace généralement vers l'est, et rencontre donc le versant ouest des chaînes montagneuses. L'air, forcé de s'élever, se condense, d'où la formation de nuages. Ce mécanisme est appelé détente orographique et peut produire quelques types inhabituels de nuages, tels que les stratus orographiques *(voir p. 192)* et les nuages lenticulaires *(voir p. 210)*.

La plupart des précipitations issues des nuages formés au-dessus des montagnes tomberont sur les versants au vent ou les sommets. Selon la hauteur des montagnes, de grandes quantités d'humidité peuvent être ainsi extraites de l'air. Par exemple, au cours d'une année moyenne dans la chaîne montagneuse de la sierra Nevada, dans l'ouest des États-Unis, plus de 2 500 mm de neige et de pluie tombent sur le versant au vent de la chaîne. Sur le versant sous le vent, comme l'air s'affaisse à des altitudes plus basses, un processus naturel de réchauffement de l'air prend place, et il survient des changements brutaux de température et d'humidité. Dans certaines régions, il en résulte de forts vents chauds qui descendent des montagnes, les plus connus étant le chinook et le fœhn *(voir p. 32)*.

Le temps que l'air redescende au bas du versant sous le vent, il est devenu très sec, et il s'y crée une zone où les précipitations sont extrêmement faibles : les montagnes font écran aux pluies. Parmi ce type de régions sèches, citons les hautes plaines du centre des États-Unis, à l'est des Rocheuses, et la puna, à l'est des Andes (les Andes sèches), en Amérique du Sud, ainsi que les Pyrénées et les Alpes, mais plus localement. Bien des grands déserts du monde résultent d'un effet prolongé d'écran aux pluies.

MONTAGNES ET BROUILLARD

Les chaînes montagneuses tendent aussi à piéger l'air. Il peut alors se former d'épais brouillards. Par exemple, un brouillard d'advection (ou de vallée) se forme quand de l'air froid s'écoule dans une vallée et que la condensation survient pendant la nuit, quand la température chute *(voir p. 182)*. Le brouillard de détente se forme quand un air chaud et humide s'élève à flanc de montagne jusqu'au moment où il se refroidit et se condense *(voir p. 183)*.

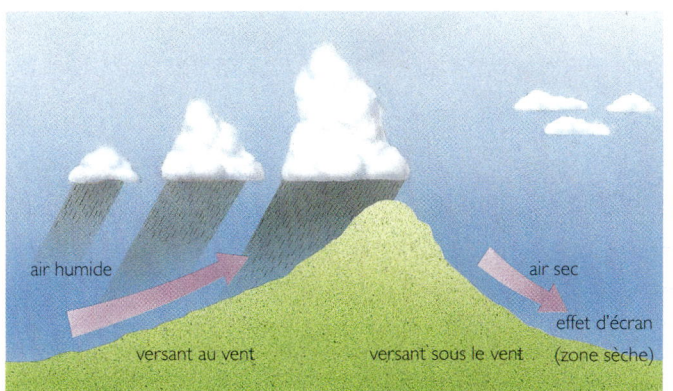

EFFET DE FŒHN Les montagnes obligent l'air à s'élever, d'où la formation de nuages et les précipitations, qui tombent sur les sommets ; quand l'air s'affaisse du côté sous le vent, l'augmentation de pression l'assèche un peu plus, créant un climat aride.

Comprendre le climat

L'INFLUENCE DES OCÉANS

Couvrant plus de 70 % de la surface de la Terre, mers et océans ont un énorme effet sur le climat en interaction avec l'atmosphère et les terres.

LES OCÉANS sont des réservoirs de chaleur incroyablement efficaces, et ils se réchauffent et se refroidissent bien plus lentement que les masses terrestres. Cela signifie que les courants océaniques peuvent transporter des eaux chaudes ou froides sur de grandes distances autour du globe. Ces courants modifient les températures de surface des mers, qui, à leur tour, influencent les climats, surtout dans les régions côtières. Ainsi, du fait des eaux chaudes du Gulf Stream, les hivers en Grande-Bretagne sont très doux comparés à ceux des autres pays situés à la même latitude mais loin de ce courant.

Les courants océaniques influencent aussi le régime des pluies, car l'air chaud et humide associé aux courants chauds augmente les précipitations. Par exemple, les variations de température des courants océaniques qui prennent naissance près du Pérou influencent les chutes de pluie en des lieux aussi éloignés que l'Australie. Une manifestation de ce mécanisme est l'anomalie thermique appelée El Niño (voir p. 102).

LES TEMPÊTES

Les courants marins jouent un rôle important dans le développement de tempêtes. C'est notamment le cas quand de l'air froid polaire rencontre l'air chaud associé aux courants océaniques chauds. L'interaction de ces masses d'air crée un front de perturbations où intervient un processus appelé cyclogenèse (voir p. 34).

LES PRINCIPAUX COURANTS OCÉANIQUES sont influencés par le régime général des vents. Les courants marins transportent des eaux chaudes ou froides sur de grandes distances autour du globe.

Les tempêtes hivernales sur la côte est des États-Unis, par exemple, se développent et forcissent rapidement du fait de l'instabilité atmosphérique due au mélange d'air froid venant du nord avec l'air relativement chaud associé au Gulf Stream. Ce processus est la cause de l'intensification rapide des perturbations.

LES CHANGEMENTS SAISONNIERS

Comme la mer garde la chaleur plus longtemps que les continents, elle est plus lente à refroidir en automne et en hiver, et plus longue à se réchauffer au printemps et en été. Aussi l'océan atteint-il ses températures les plus basses et les plus hautes de l'année plusieurs semaines

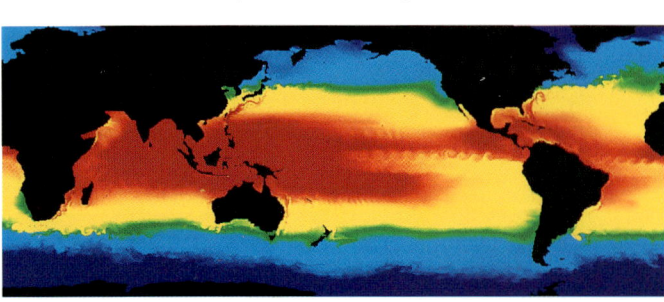

TEMPÉRATURES OCÉANIQUES *Les eaux chaudes apparaissent en rouge et les eaux froides, en bleu. Le Gulf Stream est bien visible au large de la côte est des États-Unis.*

L'influence des océans

LES CLIMATS CÔTIERS
L'interaction entre un air marin froid et un air réchauffé par les terres peut engendrer des brouillards denses.

après les solstices d'hiver et d'été. Les différences de température entre la terre et la mer qui en résultent auront une forte influence sur le climat local. Par exemple, au printemps, les régions côtières sont souvent bien plus fraîches que les régions continentales, et les brises de mer y sont fréquentes *(voir p. 32)*. De la même façon, si un air chaud et humide se déplace au-dessus d'eaux plus froides, il peut se former des nuages bas, du brouillard ou de la bruine par condensation.

LE CYCLE DE L'EAU

Un échange continuel d'humidité entre les océans, le sol, les plantes et les nuages alimente la majeure partie de notre climat. Ce processus est le cycle hydrologique, ou cycle de l'eau. On sait aujourd'hui que les océans fournissent presque 90 % de l'humidité de notre atmosphère. L'eau quitte les océans par évaporation *(voir p. 40)*. Celle-ci survient quand la surface de l'eau est chauffée : une partie de l'eau est convertie en vapeur et entraînée jusqu'à la troposphère par l'air ascendant. De l'eau s'évapore également des rivières, lacs et autres voies d'eau. Le reste de l'humidité atmosphérique est exsudée par les plantes selon une forme d'évaporation appelée évapotranspiration. La vapeur d'eau dans l'air se condense en nuages *(voir p. 42)*. Ces nuages tendent à gonfler puis se résorbent en précipitations au-dessus des terres, et surtout sur les chaînes de montagnes *(voir p. 36)*. Une partie de la pluie et de la neige tombées est absorbée par les plantes et le sol. Le reste s'écoule dans les rivières ou s'enfonce dans le sol jusqu'aux nappes souterraines. De là, l'eau fait son chemin jusqu'à la mer, et le cycle recommence. Les activités humaines – telles que la déforestation, le développement urbain et la construction de barrages et de réservoirs – affectent ce cycle en modifiant le régime des précipitations, le stockage de l'eau et la quantité d'eau qui s'évapore *(voir p. 120)*.

LE CYCLE DE L'EAU *est un échange continuel d'humidité entre les océans, l'atmosphère et les terres.*

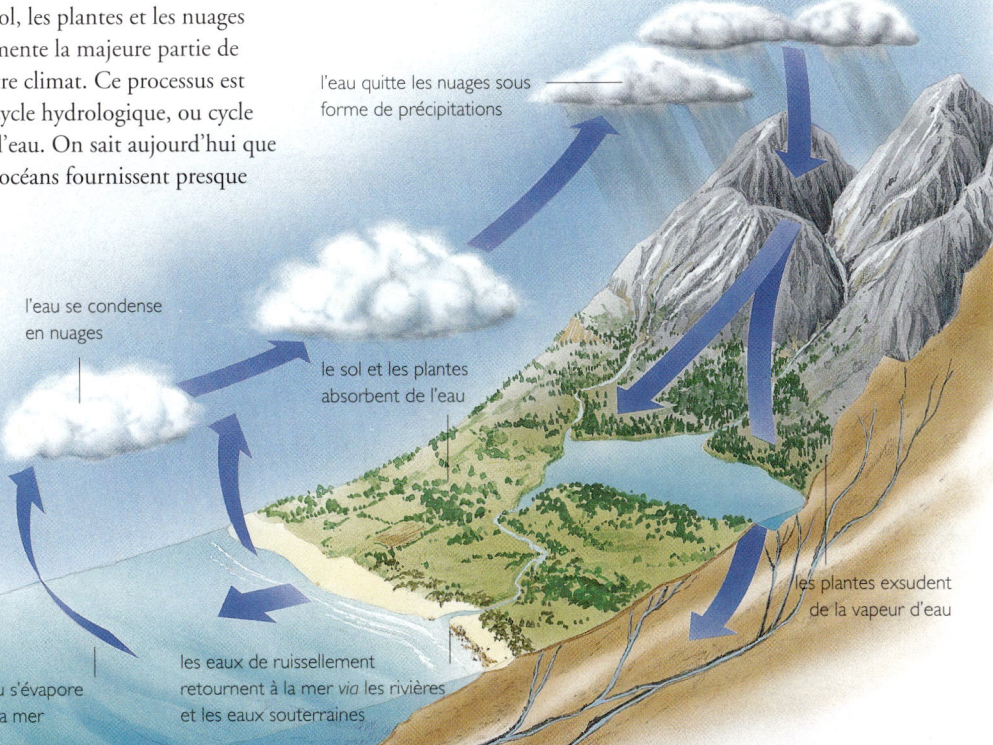

l'eau quitte les nuages sous forme de précipitations

l'eau se condense en nuages

le sol et les plantes absorbent de l'eau

les plantes exsudent de la vapeur d'eau

l'eau s'évapore de la mer

les eaux de ruissellement retournent à la mer *via* les rivières et les eaux souterraines

Comprendre le climat

L'EAU DANS L'AIR

L'eau est un élément essentiel de notre climat et existe sous diverses formes, de l'invisible vapeur au solide bloc de glace.

Nous avons l'habitude de voir l'eau sous sa forme liquide, ou solide comme la glace, mais elle est aussi présente dans l'air sous une forme invisible, la vapeur d'eau.

L'ÉVAPORATION

Environ 90 % de la vapeur d'eau contenue dans l'air provient des océans *(voir p. 39)*. L'eau passe de l'état liquide à l'état gazeux (la vapeur d'eau) par un processus appelé évaporation, qui survient quand le Soleil réchauffe l'eau. La molécule d'eau comporte des charges électriques opposées à ses extrémités. Aussi, même lorsque des molécules d'eau sont en mouvement, elles restent reliées les unes aux autres *via* l'attraction entre leurs charges. Le chauffage de l'eau liquide augmente la mobilité et la vitesse des molécules, et certaines d'entre elles réussissent à rompre l'attraction électrique et à s'échapper dans l'air sous forme de vapeur d'eau. Plus l'eau est chauffée, plus grande est la quantité de vapeur d'eau qui s'échappe dans l'air.

LA QUANTITÉ DE VAPEUR D'EAU que peut contenir une masse d'air augmente progressivement avec la température. Quand l'air ne peut contenir davantage de vapeur d'eau, on dit qu'il est saturé. La température à laquelle survient la saturation est appelée point de rosée. Par exemple, si une masse d'air contient 10,7 cm³ de vapeur d'eau par mètre cube, son point de rosée sera de 11,4 °C.

L'EAU existe dans notre atmosphère sous plusieurs formes, notamment le brouillard – des gouttelettes d'eau (ci-dessus) – et la glace (en haut à gauche).

LA CONDENSATION

L'air ne peut contenir qu'une certaine quantité de vapeur d'eau. Cette quantité varie en fonction de la température : plus il est chaud, plus il pourra contenir de vapeur d'eau. Lorsque la quantité maximale de vapeur d'eau est atteinte, on dit que l'air est saturé. Au-delà, la vapeur d'eau commence à se condenser, c'est-à-dire qu'elle se transforme en eau liquide. La température à partir de laquelle la vapeur d'eau se condense s'appelle point de rosée.

Si la condensation survient au niveau du sol, les molécules d'eau vont s'assembler en petites gouttes sur les surfaces : c'est la rosée *(voir p. 180)*. Quand la température des surfaces ou le point de rosée sont au-dessous de 0 °C, la vapeur d'eau se transforme directement en cristaux de glace (elle se sublime). Si la rosée se forme avant que la température chute au-dessous de 0 °C, les gouttes gèlent simplement. Dans le premier cas, il s'agit

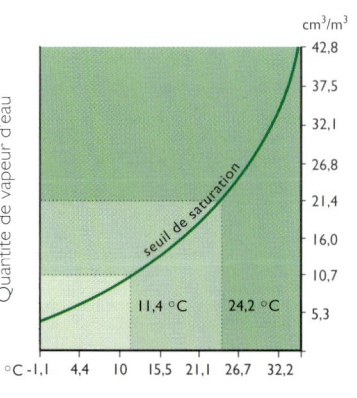

L'eau dans l'air

*Sous une brume printanière
la glace et l'eau oubliant
leurs vieilles différences…*

TEITOKU MATSUNAGA (1571-1653)

GELÉE BLANCHE *sur des feuilles de chêne et leurs noix de galle (ci-dessus). La rosée recouvre une araignée argiope et sa toile (ci-dessous à droite).*

peuvent rester liquides même si leur température descend au-dessous de 0 °C. Elles sont dites en surfusion. Ces gouttes auront tendance à geler instantanément au contact de toute surface dont la température sera inférieure à 0 °C. C'est ce qui se produit lors de la formation de givre ou de verglas *(voir p. 222)*.

DE MINUSCULES PARTICULES

Si l'atmosphère était pure, la condensation ne pourrait avoir lieu en altitude, car il n'y aurait aucune surface sur laquelle la vapeur d'eau pourrait se condenser. L'air étant plein de matériaux microscopiques en suspension, notamment de cristaux de sel marin, poussières, etc., ceux-ci servent de noyaux de condensation pour la vapeur d'eau. Quand la condensation survient juste au-dessus du sol, il se forme des brumes et des brouillards *(voir p. 181-185)*. Si elle survient en altitude, il se forme des nuages *(voir p. 42)*. Le processus est identique, et l'on peut considérer le brouillard comme un nuage posé sur le sol.

de gelée blanche et de givre *(voir p. 186)*; dans le second, d'eau gelée.
Dans certaines conditions, les minuscules gouttes de vapeur d'eau en suspension dans l'air

HUMIDITÉ ABSOLUE ET RELATIVE

La quantité de vapeur d'eau dans l'air est souvent appelée humidité. L'humidité absolue est la mesure du volume d'eau contenu dans un certain volume d'air à une température donnée. Cependant, comme la quantité de vapeur d'eau que l'air peut contenir augmente avec la température *(voir le schéma ci-contre)*, une mesure plus utile est l'humidité relative de l'air, ou degré hygrométrique : c'est le pourcentage de vapeur d'eau contenue dans l'air par rapport à la quantité de vapeur d'eau qui serait nécessaire pour saturer ce dernier à une température donnée. Un air saturé contient 100 % d'humidité relative, tandis que 75 % d'humidité relative signifie que l'air ne contient que les trois quarts de sa capacité. Si la quantité de vapeur d'eau reste constante, l'humidité relative chute quand la température augmente. Ainsi, une masse d'air à 11,4 °C et contenant 10,7 cm^3 de vapeur d'eau par mètre cube aura une humidité relative de 100 %. Si la température monte à 24,2 °C, l'humidité relative sera de 50 %, ce qui représente 21,4 cm^3 par mètre cube – le taux maximal d'humidité que l'air peut contenir à cette température.

UN HYGROMÈTRE *mesure le taux d'humidité. Ce modèle date du XVIIe siècle.*

LA FORMATION DES NUAGES

Un multitude de processus provoquent l'ascension de l'air et la formation de nuages de toutes formes et de toutes tailles.

QUAND L'AIR se condense au-dessus du sol *(voir p. 40)*, des nuages se forment. Si la condensation a lieu à des températures supérieures à 0 °C, la vapeur d'eau se change en gouttes de liquide. Si la condensation se fait à plus basse température, elle se sublime en cristaux de glace. Parfois, la vapeur d'eau reste à l'état liquide à des températures inférieures à 0 °C : les gouttelettes d'eau sont en surfusion *(voir p. 40)*. Normalement, la température décroît progressivement avec l'altitude *(voir p. 24)*. Les nuages qui se forment à haute altitude dans la troposphère sont constitués de cristaux de glace, tandis que ceux qui se situent plus bas sont formés de gouttelettes d'eau. À moyenne altitude, tous les états coexistent. Un nuage contient des centaines de millions de cristaux de glace et de gouttes. Le type exact du nuage dépend de facteurs tels que le taux d'humidité de l'air, l'altitude de formation du nuage et la stabilité atmosphérique.

L'ARRIVÉE D'UN FRONT *formé de stratus.*

LE POINT DE ROSÉE
Plus une masse d'air s'élève et refroidit, plus elle s'appauvrit en vapeur d'eau. Enfin, elle atteint son point de rosée *(voir p. 40)* et devient saturée. La condensation se produit. Le point de rosée et, par suite, l'altitude où survient la condensation varient suivant le taux d'humidité de l'air. Comme la température de l'air décroît avec l'altitude, plus le taux d'humidité est élevé, plus faible est l'altitude où surviendra la condensation.

MÉCANISMES ASCENSIONNELS
Trois processus provoquent la montée de l'air. Le premier est la convection *(voir p. 26)*. Quand le sol est chauffé par le Soleil, il réémet de la chaleur dans l'air au-dessus de lui. Certaines surfaces, comme les zones pavées, le sable des déserts et la terre nue, renvoient mieux que d'autres la chaleur, et des poches ou bulles d'air chaud tendent à se former au-dessus de telles surfaces. Ces poches d'air s'élèvent et, quand elles atteignent leur point de rosée, donnent naissance à des nuages. Plus le degré de réchauffement est grand, et plus la convection est importante. Le deuxième processus survient quand des fronts atmosphériques se développent *(voir p. 34)*. Quand

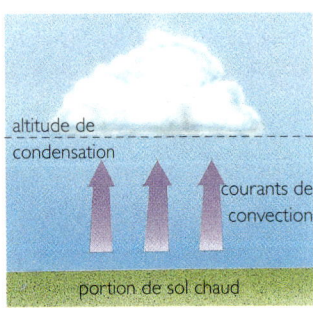

CONVECTION *Un sol chaud provoque l'ascension de poches d'air chaud jusqu'à l'altitude de condensation.*

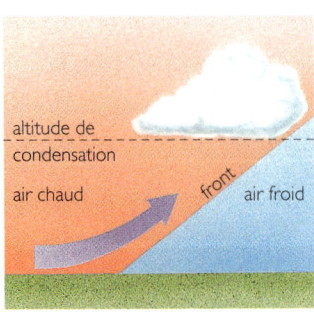

NUAGE DE FRONT *Deux masses d'air de températures différentes se rencontrent : la plus chaude est forcée de s'élever.*

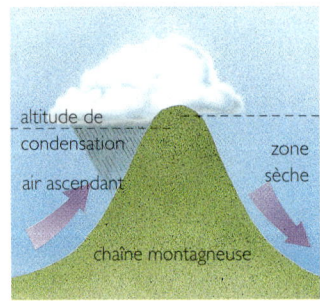

NUAGE OROGRAPHIQUE *L'air est poussé à flanc de montagne jusqu'à son altitude de condensation.*

La formation des nuages

LES CUMULUS *(ci-dessus) résultent de courants convectifs. Les nuages lenticulaires (à gauche) sont formés par ascension orographique.*

Le relief oblige l'air à grimper et, si celui-ci atteint l'altitude de condensation, des nuages se forment *(voir p. 36, 192, 210)*.

STABILITÉ ET CHALEUR LATENTE

Une masse d'air continuera à s'élever tant que sa température restera supérieure à celle de l'air ambiant. Si cette situation persiste alors que l'air monte, les conditions sont dites instables. En revanche, si la température d'une masse d'air atteint rapidement celle de l'air environnant (et cesse donc de s'élever), les conditions sont dites stables. Tant que la condensation ne commence pas, l'air ascendant se refroidit au rythme de 9,8 °C/km. Aussi, si nous connaissons la température d'une masse d'air au niveau du sol et la température de l'air aux différents étages de la troposphère, nous pouvons calculer jusqu'à quelle altitude l'air montera *(voir ci-dessous)*. Généralement, la température de l'air à haute altitude détermine la stabilité. Si de l'air froid est au-dessus d'air chaud, la situation sera instable. De l'air chaud au-dessus d'air froid créera normalement des conditions stables. C'est pourquoi il est très important pour les météorologues de connaître la température de l'air à chaque étage de la troposphère *(voir p. 82)*.

À mesure que la vapeur d'eau contenue dans une masse d'air ascendante se condense, elle libère de la chaleur latente. Celle-ci réchauffe la masse d'air, qui, par suite, s'élève encore plus. La chaleur latente est un facteur déterminant dans le développement des orages *(voir p. 48)*.

deux masses d'air de températures différentes se heurtent, l'air plus chaud passe par-dessus l'air plus froid. Si l'air qui s'élève contient assez d'humidité, des nuages se forment, différents selon les types de fronts. Le troisième processus, l'ascension orographique, a lieu quand une masse d'air en mouvement rencontre une chaîne montagneuse.

LA STABILITÉ DE L'AIR

Une masse d'air ascendante se refroidit au rythme de 9,8 °C/km. Tant que la masse d'air reste plus chaude que l'air environnant, elle continue de s'élever.

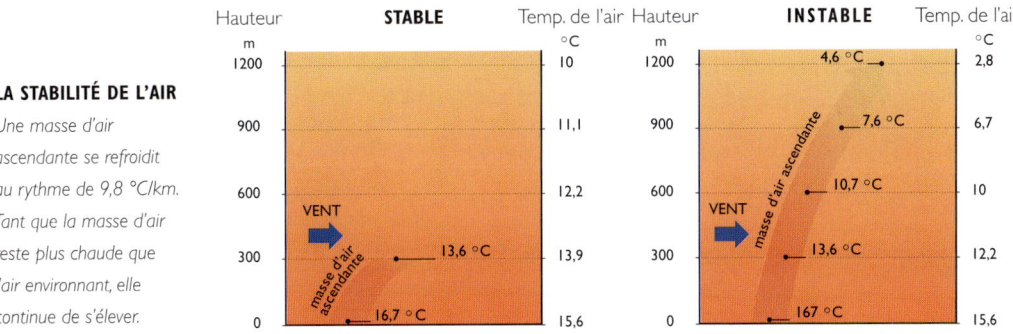

Comprendre le climat

LE NOM DES NUAGES

De formes et de couleurs très variées, les nuages sont classés en fonction de leur morphologie et de leur altitude.

FORMES BLANCHES et duveteuses comme du coton dérivant dans un ciel estival, ou tours gris sombre écrasant le paysage, les nuages sous toutes leurs formes ravissent les observateurs. Ce n'est qu'au XIXe siècle qu'un système de désignation a été établi, par Luke Howard *(voir ci-dessous)*. De nos jours, toutes les classifications sont basées sur ce système.

LES CATÉGORIES GÉNÉRALES

Il y a deux types de nuages : cumuliformes et stratiformes. Les nuages cumuliformes – du latin *cumulus,* amas – sont bourgeonnants et boursouflés. Le plus souvent, les cumulus se forment par convection localisée ou ascension orographique *(voir p. 42)*. Des cumulus bien développés sont le signe de conditions instables.
Les nuages stratiformes – du latin *stratus,* strate ou couche – ont une forme plate et stratifiée. Ils résultent de l'ascension uniforme de grandes masses d'air humide, souvent associées aux fronts des perturbations *(voir p. 34),* et indiquent habituellement une atmosphère localement stable.

NUAGES ET ALTITUDE

Ces deux types de nuages sont subdivisés en sous-catégories en fonction de l'altitude à laquelle ils se forment.
Les nuages dits de l'étage supérieur, ou de haute altitude, sont appelés cirrus (du latin *cirrus,* filament), ou bien leur nom commence par le préfixe cirro-. Ils se forment au-dessus de 5 000 m. Les nuages de l'étage moyen se forment entre 2 000 et 5 000 m d'altitude et ont généralement un nom commençant par le préfixe alto- (de *altus,* haut). Les nuages de l'étage inférieur se forment au-dessous de 2 000 m et n'ont pas de préfixe ; utilisés tels quels, les

DIVERS TYPES DE NUAGES *De basse altitude : des stratocumulus (ci-contre) ; de moyenne altitude : des altocumulus (ci-dessus) ; de haute altitude : des cirrus (en haut).*

LA CLASSIFICATION DES NUAGES

C'est le naturaliste Jean-Baptiste Lamarck qui, en 1802, osa classer les nuages en douze catégories – classification précise, mais jugée trop française.
En 1803, le savant anglais Luke Howard *(ci-contre)* présenta devant sa société savante locale une classification des nuages basée sur leurs formes les plus communes. Pour décrire ces formes, Howard utilisa le latin, le langage des érudits de l'époque. Ce travail fut terminé en 1887 par Hidebrandson. En 1896 sortit le premier *Atlas international des nuages,* qui comprenait dix genres de nuages. Cet ouvrage contenait vingt-huit planches en couleurs et était accompagné d'un texte en trois langues (français, allemand, anglais). Il donnait la définition et la description des nuages et proposait quelques instructions pour leur observation.

Le nom des nuages

*Je ne sais pas pourquoi la pluie
Quitte là-haut ses oripeaux
Que sont les lourds nuages gris
Pour se coucher sur nos coteaux*

JACQUES BREL, *Je ne sais pas.*

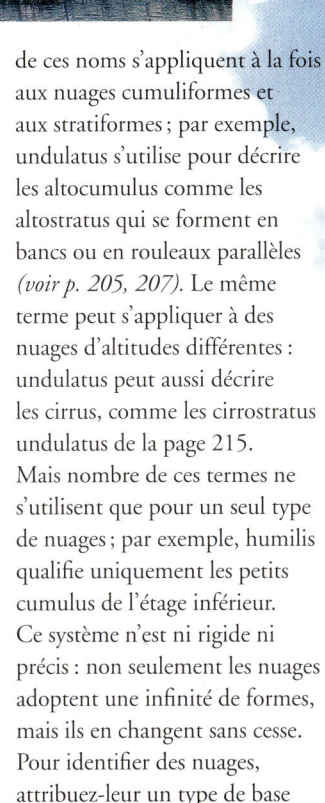

noms stratus et cumulus se rapportent donc à des nuages bas. Les catégories cumulus et stratus sont combinées avec les préfixes alto- et cirro- pour créer des noms pour les nuages de moyenne et haute altitude : ainsi, un altostratus est un nuage stratifié formé à l'étage moyen, et un cirrocumulus est un nuage de l'étage supérieur qui s'amoncelle en petits galets. Les cumulonimbus forment une catégorie à part, car ils ont un grand développement vertical et peuvent s'étendre des basses aux hautes altitudes. Certaines classifications incluent un troisième type de nuages, les nimbus. Nimbus (nuage, en latin) signifie simplement « qui apporte de la pluie » ; ainsi, un nimbostratus est un nuage stratiforme de basse altitude qui donne de la pluie.

DISTINCTIONS FINES

D'autres termes venus du latin décrivent mieux les nuages. Les plus communs sont les suivants : humilis : humble, petit ; mediocris : de taille moyenne ; congestus : enflé, en développement ; undulatus : ondulant, formant des vagues ou des bandes ; castellanus : avec des excroissances en forme de tours ; lenticularis : lenticulaire, en forme de lentille ; uncinus : en forme de crochet ; fibratus : fibreux, formant des fils ; nebulosis : nébuleux. Certains de ces noms s'appliquent à la fois aux nuages cumuliformes et aux stratiformes ; par exemple, undulatus s'utilise pour décrire les altocumulus comme les altostratus qui se forment en bancs ou en rouleaux parallèles *(voir p. 205, 207)*. Le même terme peut s'appliquer à des nuages d'altitudes différentes : undulatus peut aussi décrire les cirrus, comme les cirrostratus undulatus de la page 215. Mais nombre de ces termes ne s'utilisent que pour un seul type de nuages ; par exemple, humilis qualifie uniquement les petits cumulus de l'étage inférieur. Ce système n'est ni rigide ni précis : non seulement les nuages adoptent une infinité de formes, mais ils en changent sans cesse. Pour identifier des nuages, attribuez-leur un type de base – cumuliforme ou stratiforme –, puis essayez d'évaluer leur altitude.

LES NUAGES LES PLUS COMMUNS *se classent en fonction de l'altitude où ils se forment.*

Tropopause
cirrus
cirrocumulus
cirrostratus
5 000 m
altocumulus
altostratus
2 000 m
stratocumulus
stratus
cumulus
cumulonimbus
Niveau de la mer

Comprendre le climat

Les précipitations

Les précipitations résultent de l'accumulation de vapeur d'eau ou de cristaux de glace à l'intérieur d'un nuage.

DES PRÉCIPITATIONS surviennent quand les millions de minuscules gouttelettes d'eau ou de cristaux de glace qui constituent un nuage deviennent trop gros et tombent vers le sol sous l'action de la gravité. Deux processus en sont responsables, qui peuvent agir isolément ou ensemble.

Coalescence et effet Bergeron-Findeisen

Le premier processus, appelé coalescence, intervient souvent dans les nuages cumuliformes très humides où la température est supérieure à 0 °C. Dans un nuage, les gouttes d'eau sont généralement si petites qu'elles restent en suspension du fait de la résistance de l'air et des courants ascendants, malgré la pesanteur. Toutefois, si la turbulence au sein du nuage provoque la collision des gouttelettes, celles-ci se fondent les unes dans les autres et finissent par devenir assez lourdes pour tomber du nuage. En tombant, elles continuent de se cogner à d'autres gouttelettes et à grossir jusqu'au moment où elles atteignent le sol sous forme de pluie.

Le second processus nécessite la présence de cristaux de glace dans un nuage et est appelé effet Bergeron-Findeisen, du nom des scientifiques suédois et allemand qui l'étudièrent dans les années 1930. Il survient plutôt dans les nuages épais de moyenne et de haute altitude, où des gouttes d'eau en surfusion (à moins de 0 °C mais non cristallisées) cohabitent avec des cristaux de glace *(voir p. 40)*, dont les points de saturation sont différents. Quand ils coexistent ainsi dans un même nuage, des molécules d'eau quittent les gouttelettes pour aller sur les cristaux de glace. Ceux-ci grossissent rapidement, aux dépens des gouttelettes, jusqu'à ce qu'ils soient si lourds qu'ils tombent. Dans leur chute, ils grossissent encore plus par coalescence et fondent ou restent gelés suivant la température de l'air au-dessous du nuage.

Classer les précipitations

Les précipitations sont classées suivant leur aspect quand elles

LES PRÉCIPITATIONS GLACÉES peuvent prendre la forme de grêle (en haut à gauche) ou de neige (ci-contre).

QUELLE EST LA TAILLE D'UNE GOUTTE DE PLUIE ? *Le diamètre moyen d'une goutte d'eau dans un nuage est d'environ 20 microns (0,02 mm). Le diamètre moyen d'une goutte de pluie est d'environ 2 000 microns (2 mm), soit 100 fois plus, comme le montre la comparaison à gauche. Le dessin de droite (1835) illustre l'expression anglaise « It's raining cats and dogs » (« Il pleut des chats et des chiens »), équivalent de notre « Il tombe des cordes ».*

Les précipitations

UNE AVERSE en Tanzanie. Les averses issues de cumulus bien développés peuvent être très violentes.

La pluie a des gouttes plus grosses, de 0,5 à 5 mm de diamètre. Au-delà de 6,35 mm, toute goutte sera cassée par la résistance de l'air. Les précipitations peuvent aussi être continues ou intermittentes. Cela dépend du type de nuages dont elles sont issues. En général, les nuages stratiformes étendus, comme les stratus et les stratocumulus, apportent des chutes stables de pluie ou de neige. Ils accompagnent souvent des fronts de perturbation *(voir p. 34)*, communs aux moyennes latitudes.

Les précipitations intermittentes, ou averses, tombent généralement des nuages cumuliformes qui résultent d'une combinaison de courants convectifs et d'instabilité atmosphérique *(voir p. 42)*.

touchent le sol. Cela dépend du processus de leur formation et de la température de l'air à l'intérieur et au-dessous du nuage. Par exemple, un air très froid à l'intérieur du nuage peut donner de la pluie, de la pluie verglaçante, de la grêle, du grésil ou de la neige, suivant la température des couches atmosphériques sous le nuage. La pluie peut passer en surfusion et donner de la pluie verglaçante ou de la grêle en traversant une couche d'air à moins de 0 °C *(voir p. 222)*. Les cristaux de glace peuvent fondre et devenir pluie *(voir p. 220)*, ou rester gelés, grossir par accrétion et atteindre le sol sous forme de neige *(voir p. 224)* ; ou encore, ils peuvent fondre partiellement et arriver au sol comme neige mouillée, ou regeler et donner du grésil. Enfin, pluie ou cristaux de glace peuvent traverser une couche d'air chaud et sec, et s'évaporer totalement en formant des virga *(voir p. 220)*.

Pluies et averses

Les précipitations, regroupées simplement sous le nom de pluies, se distinguent par la taille des gouttes, la visibilité associée et le type de nuages qui les produisent.
La plus légère forme de pluie est la bruine (ou crachin) : de fines gouttes tombant assez serrées. La brume, encore plus fine, ne tombe pas vraiment ; elle est donc plutôt considérée comme un brouillard peu épais.

LE TYPE DE PRÉCIPITATION qui atteint le sol dépend du processus survenant dans le nuage et de la température de l'air traversé entre le nuage et le sol. Dans ce diagramme, les cartouches bleus représentent un air au-dessous de 0 °C et les roses, un air plus chaud.

coalescence

coalescence et effet Bergeron-Findeisen

cristaux de glace et effet Bergeron-Findeisen

bruine | pluie | pluie verglaçante | neige sèche | neige mouillée | pluie

Comprendre le climat

Le cycle d'un orage

Éclairs zébrant un ciel noir violacé, fracas du tonnerre, pluie ou grêle fouettant l'air, les orages se donnent en spectacle !

CHAQUE JOUR, environ 50 000 orages éclatent de par le monde, le plus souvent dans les régions équatoriales. La puissance d'un orage peut être impressionnante quand la pluie, la grêle, les vents violents ou les tornades se déchaînent, accompagnés des lueurs éblouissantes des éclairs et du fracas du tonnerre. Il faut trois principaux ingrédients – humidité, instabilité et courants ascendants – pour qu'un orage se forme, et sa vie se déroule en trois étapes : le développement, la maturité et la dissipation.

L'AMONCELLEMENT DES NUAGES

La phase de développement survient quand de l'air chaud et humide s'élève dans le ciel. À mesure que l'air ascendant refroidit, il se condense et des nuages se forment. Si la convection est assez forte, les nuages continuent de se développer jusqu'au stade congestus *(voir p. 196)*. Pour que le nuage se développe encore, les étages moyen et supérieur de la troposphère doivent être instables *(voir p. 42)*. La chaleur latente libérée par le processus de condensation va accroître cette instabilité en réchauffant l'air ascendant. Une fois que le nuage est devenu cumulonimbus *(voir p. 200)*, il se développe en hauteur jusqu'à ce que son sommet atteigne la tropopause *(voir p. 24)*, où il s'étale alors et prend la forme caractéristique d'une enclume. À cette altitude, la température est bien inférieure à 0 °C et le haut du nuage est constitué de cristaux de glace. Parfois, les courants ascendants franchissent la tropopause et débordent dans la stratosphère : ce phénomène est un signe d'orage sérieux ou de tornade.

LES PHASES D'UN ORAGE *Quand de l'air chaud monte, il se condense et des nuages se forment. S'il existe une puissante convection, le nuage se développe au stade congestus (ci-dessus). Dans la phase mature, le sommet du nuage s'étale et de l'air froid redescend. Quand les courants aériens descendants coupent l'alimentation du nuage en air chaud, l'orage se dissipe, laissant place à des traînées de cirrus et à de petits altocumulus.*

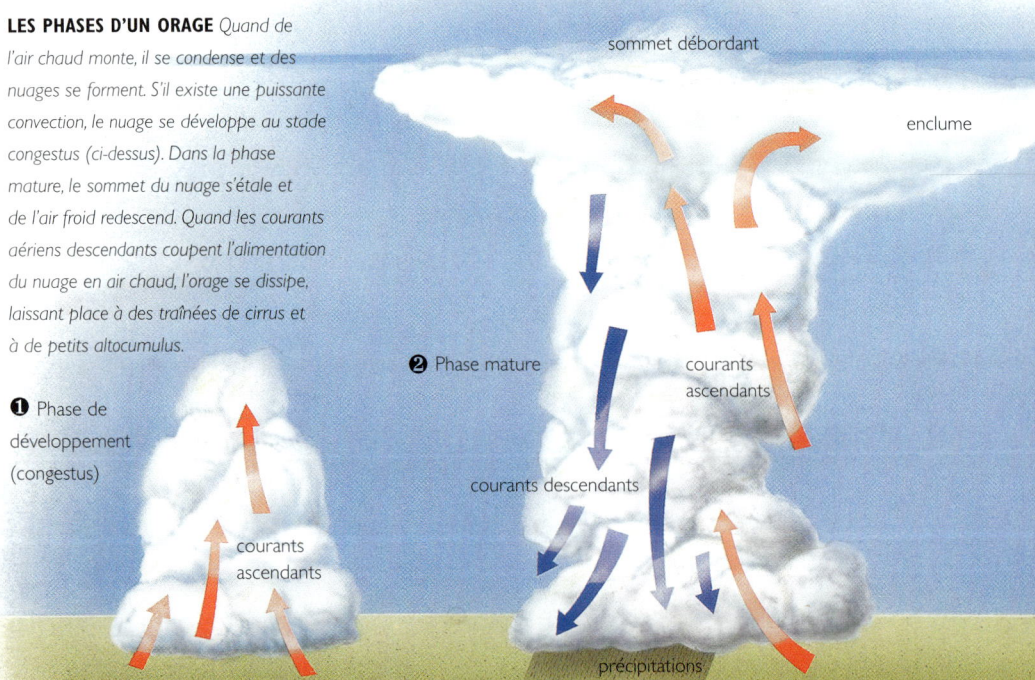

❶ Phase de développement (congestus)

courants ascendants

❷ Phase mature

sommet débordant

enclume

courants ascendants

courants descendants

précipitations

Le cycle d'un orage

L'ENCLUME d'un nuage d'orage à maturité (à gauche). Les cirrus peuvent être entraînés au loin par des vents de haute altitude (ci-dessus).

Ciels d'orage

À mesure que l'air se refroidit au sommet, il s'affaisse, aidé par la gravité et les précipitations, et engendre des courants descendants. Le nuage entre dans son âge mûr, la phase la plus destructrice d'un orage. Les courants ascendants et descendants de l'air activent la création de charges électriques opposées, qui produisent une décharge électrique *(voir p. 50)*. Quand l'éclair traverse l'air, sa chaleur dilate ce dernier et crée une onde acoustique : le tonnerre. Les charges électriques libres accélèrent aussi la coalescence dans le nuage *(voir p. 42)*, ce qui renforce les pluies. Un orage mature peut donner jusqu'à 100 mm de pluie à l'heure et provoquer des inondations. Les gros orages engendrent aussi la grêle *(voir p. 226)*, les tornades *(voir p. 52)* et des vents destructeurs causés par de violents courants aériens descendants *(voir p. 246)*.

À mesure que le nombre et la force des courants descendants froids augmentent, l'orage entre dans sa phase dissipative. Les courants descendants répandent un air froid sur le sol, et ces bourrasques de vent coupent l'alimentation de l'orage en air chaud et humide, d'où son affaiblissement. Selon le type de l'orage, son cycle de vie complet dure de quinze minutes à plusieurs heures.

LES ORAGES EN LIGNE DE GRAINS *se forment le long d'un front froid qui les entretient. Sur cette photo satellite de la Côte-d'Ivoire (ci-dessous), une ligne de grains est clairement visible.*

Les types d'orages

Les orages convectifs sont dus à la seule convection d'une masse d'air chaud et ne sont alors pas associés à un front de perturbation. Un tel orage peut être uni- ou multicellulaire. Un orage unicellulaire est bref. Un orage multicellulaire est formé d'un groupe d'orages qui s'alimentent les uns les autres : les courants descendants de chaque orage s'écrasent au sol, forçant l'air chaud de surface à monter ; si d'autres orages sont à proximité, cet air ascendant entretient leur développement. Les orages associés à un front froid de perturbation forment une ligne appelée ligne de grains. Ces orages sont alimentés par le front et ont en abondance humidité, mouvements ascensionnels et instabilité. Parfois, il se forme des orages auto-entretenus très violents à l'extrémité d'une ligne de grains. Appelés orages supercellulaires, ils peuvent durer plusieurs heures, car le front froid leur fournit un flux continu d'air plus froid à moyenne altitude qui augmente l'instabilité atmosphérique. Ils engendrent les vents, les averses de grêle et les tornades les plus destructeurs.

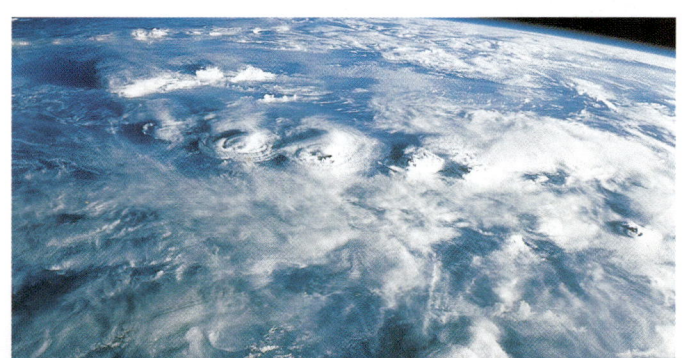

Comprendre le climat

Les phénomènes électriques

*L'étourdissant spectacle visuel et sonore qu'offre un orage est dû à la foudre,
une décharge électrique qui provoque l'expansion subite de l'air.*

LA FOUDRE est le résultat d'une accumulation de charges électriques opposées au sein d'un cumulonimbus. La façon dont cela se passe exactement n'est toujours pas bien claire, mais il semble que les cristaux de glace qui se forment dans la partie supérieure d'un nuage *(voir p. 48)* soient généralement chargés positivement, alors que les gouttelettes qui tendent à tomber dans le bas du nuage sont normalement chargées négativement. Il est possible que les courants ascendants entraînent les charges positives vers le haut, et les courants descendants, les charges négatives vers le bas.

LES ÉRUPTIONS VOLCANIQUES,
*telle celle du mont Kilauea, à Hawaii,
s'accompagnent souvent d'éclairs.*

Parallèlement à cette accumulation, une zone de charges positives se forme à proximité du sol, sous le nuage, et se déplace avec lui.

LES CONTRAIRES S'ATTIRENT

Deux charges électriques opposées sont fortement attirées l'une vers l'autre. Au bout d'un moment, la couche d'air intermédiaire, isolante, ne peut plus empêcher les charges de se rejoindre, et une **décharge électrique a lieu**. Les charges négatives se déplacent vers les charges positives selon un parcours aléatoire en zigzag (invisible) appelé traceur ou amorce échelonnée. Quand une charge électrique négative rejoint une charge positive, il se crée un courant électrique intense, le coup de foudre, qui est entretenu par un retour de charge positive au nuage. Cette charge positive se propage extrêmement vite – à environ 96 000 km par seconde. Tout cela se répète rapidement dans le même coup de foudre, ce qui donne à l'éclair son apparence vacillante. Le processus continue jusqu'à ce que toutes les charges du nuage se soient dissipées.
La plupart des décharges ont lieu à l'intérieur du nuage, entre des nuages ou entre un nuage et l'air, s'il y a assez de charges dans l'air. Seul un coup de foudre sur quatre frappe le sol. Lorsque c'est le cas, le précurseur descendant draine vers le haut les charges positives au niveau du sol, généralement depuis un endroit élevé comme un

LES TYPES DE COUPS DE FOUDRE
dépendent de la répartition des charges électriques opposées dans et autour du nuage.

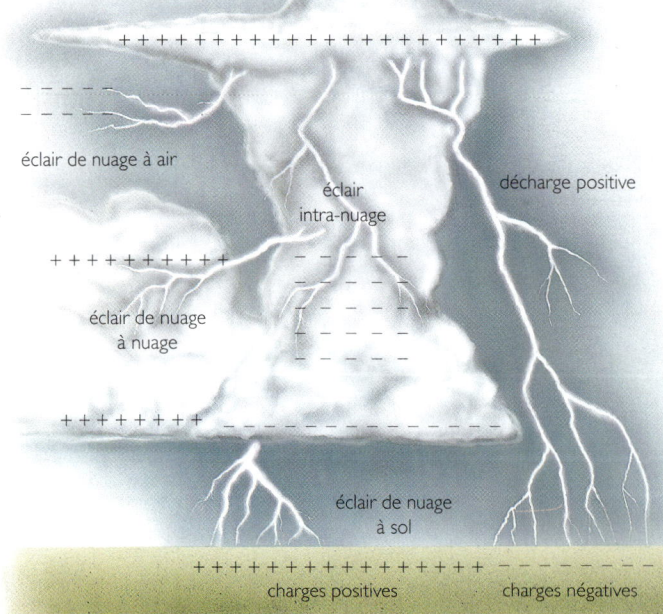

Les phénomènes électriques

UN COUP DE FOUDRE NUAGE-SOL *frappe le bord du Grand Canyon, en Arizona (ci-dessus). Cette photographie (à droite), prise par des astronautes à bord de la navette spatiale Discovery, montre un cumulonimbus éclairé par un éclair survenant à l'intérieur du nuage.*

arbre ou un immeuble. Un coup de foudre qui chemine depuis le sommet d'un nuage jusqu'à une portion de sol chargée négativement et située ailleurs qu'au-dessous du nuage est appelé une décharge positive. Tous les types d'éclairs – la partie visible du coup de foudre, qui résulte de l'échauffement de l'air par la décharge – peuvent sembler fourchus, en nappe ou en trait selon la distance où l'on observe la décharge *(voir p. 240-243)*.

SON ET LUMIÈRE

La température d'une décharge dépasse les 22 000 °C. Quand la foudre se forme, l'air qui l'entoure est surchauffé et se dilate puis se contracte brusquement. Cela crée une onde acoustique, le tonnerre. Comme la lumière se propage bien plus vite que le son, nous voyons l'éclair avant d'entendre le coup de tonnerre. Celui-ci met environ trois secondes pour parcourir 1 km ; on peut donc calculer à quelle distance se trouve un orage en comptant le nombre de secondes qui séparent la vue d'un éclair et le bruit du tonnerre, puis en le divisant par trois. Généralement, le tonnerre est inaudible à plus d'une trentaine de kilomètres.

FOUDRE EN BOULE ET FEU SAINT-ELME

Il existe deux autres formes d'électricité atmosphérique. L'une, très rare, est la foudre en boule ; elle survient quand une partie de la charge électrique d'un coup de foudre nuage-sol forme une petite boule. Celle-ci peut rouler sur le sol ou grimper aux objets jusqu'à ce qu'elle explose ou se dissipe. Parfois, quand l'accumulation des charges opposées est insuffisante pour déclencher un coup de foudre, une quantité d'étincelles bleues apparaissent en hauteur au sommet d'objets pointus à proximité du nuage d'orage. Ce phénomène, remarqué très tôt au bout des vergues et en haut des mâts des navires, fut appelé feu Saint-Elme, du nom du saint patron des marins.

LES EXPÉRIENCES DE FRANKLIN SUR LA FOUDRE

Benjamin Franklin (1706-1790), auteur, inventeur, savant et diplomate américain, proposa une série d'expériences conduites en France en 1752, qui prouvèrent que la foudre est une décharge électrique. Au cours de cette même année, à Philadelphie, Franklin mena une expérience lors d'un orage avec un cerf-volant relié à un fil conducteur au bout duquel était attachée une clé. Quand il lança le cerf-volant, un éclair frappa ce dernier, se propagea le long du fil et électrifia la clé. Franklin eut de la chance de n'avoir pas été tué. Plusieurs années auparavant, il avait imaginé qu'une longue et fine tige métallique fixée en haut d'un toit et raccordée à un fil plongeant dans le sol hors du bâtiment conduirait le courant électrique de la foudre en toute sécurité jusque dans le sol. Cette invention, présentée au public en 1753, est le paratonnerre, devenu depuis un équipement standard de tous les immeubles.

Comprendre le climat

LES TOURBILLONS DE VENT

Des petits tourbillons de poussière jusqu'aux plus violents d'entre eux : les tornades.

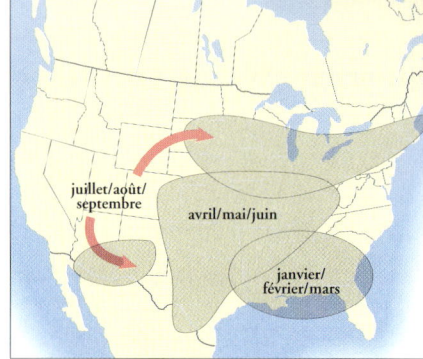

LES VENTS tourbillonnaires comprennent les trombes d'eau, les tourbillons de poussière et, bien sûr, les tornades *(voir p. 244-248)*. Tous se caractérisent par une colonne d'air en rotation, mais ils se forment de diverses façons. Les tourbillons de poussière et les faibles vents tourbillonnants sont créés par un échauffement local intense du sol entraînant l'ascension de l'air, tandis que les tornades résultent de l'interaction de courants aériens chauds et froids en altitude et sont toujours associés à des orages sérieux.

TERRIBLES TORNADES

Les tornades sont, de loin, les vents tourbillonnaires les plus caractéristiques et les plus destructeurs. Leur vitesse peut dépasser 500 km/h. Elles ravagent tout sur leur passage, arrachant de gros objets comme des toits et des voitures, et les emportant dans les airs ; elles constituent une réelle menace. La tornade la plus meurtrière fut la Tri-State Tornado, aux États-Unis. Comme son nom l'indique, elle traversa trois États – Missouri, Illinois et Indiana – le 18 mars 1925 ; en trois heures et demie, elle tua 695 personnes et parcourut 350 km. C'est aux États-Unis et en Australie que les tornades sont le plus fréquentes, mais elles surviennent également parfois dans d'autres régions, comme au Canada et en France, où on en recense 100 par an.

LES TORNADES (à droite) provoquent de graves dégâts aux États-Unis, durant les périodes indiquées ci-dessous.

LES TROMBES émergent souvent de nuages congestus. Elles sont parfois associées à des orages violents et se forment alors comme les tornades.

LA FORMATION D'UNE TORNADE

Les tornades se développent toujours à partir d'orages violents tels que les orages supercellulaires *(voir p. 49)*. Le mouvement tourbillonnaire

L'ÉCHELLE DE FUJITA

Cette échelle fournit la mesure de la force d'une tornade. Elle a été développée en 1981 par le Dr Theodore Fujita, de l'université de Chicago, qui étudie les tornades depuis des décennies.

Force	Vitesse des vents (km/h)	Niveau des dommages
F0	60-110	Léger
F1	110-170	Modéré
F2	170-240	Considérable
F3	240-320	Sévère
F4	320-410	Dévastateur
F5	supérieure à 410	Exceptionnel

Les tourbillons de vents

COMMENT SE FORME UNE TORNADE Les vents de grande vitesse, aux hautes altitudes du nuage orageux, mettent celui-ci en rotation (ci-dessous). La vitesse de rotation sera bien plus grande au centre de la tempête, près de l'arrivée principale d'air chaud. Une colonne d'air tourbillonnant descend à travers la région de courants ascendants et émerge sous la base du nuage (voir les détails à droite). Quand elle atteint le sol, une tornade se forme. Ses vents furieux, spiralants, et ses courants ascendants intenses détruiront tout sur son passage (en bas).

s'amorce habituellement quand des vents de haute altitude soufflant plus fort et dans une direction différente de celle des vents de basse altitude provoquent la rotation de l'ensemble du système orageux. Tout objet en rotation accélère cette dernière lorsqu'il est étiré suivant son axe de rotation. Aussi, à mesure que la dépression de la zone principale de courants ascendants de l'orage attire à elle des vents, ceux-ci tourbillonnent de plus en plus vite.
Dans certains cas, la rotation est amplifiée par une puissante colonne d'air ascendant et tourbillonnant au cœur de la tempête. Ce mésocyclone est causé par l'interaction de courants aériens chauds et froids dans une zone donnée de l'orage. Parfois, le mésocyclone engendre un nuage annulaire à la base du nuage d'orage, signe indéniable de tornade en formation.
À mesure que le mouvement tourbillonnaire au centre de la tempête s'accélère, il commence à se frayer un chemin le long du courant ascendant principal en direction du sol. Pour comprendre ce processus, imaginez que vous tenez un élastique tendu verticalement. Si vous tordez en vissant le haut de l'élastique, vous verrez les torsions se déplacer vers le bas. Finalement, une colonne d'air en rotation rapide émerge de la base du nuage. Cette colonne peut devenir visible sous la forme d'un nuage en entonnoir si la pression y est assez basse pour qu'il y ait condensation.
Quand l'entonnoir (ou tuba) touche le sol, la tornade est complètement opérationnelle. Ses contours seront soulignés par les débris qu'elle aspire, et la tornade peut alors prendre des formes diverses, depuis une fine corde blanche jusqu'à une épaisse masse noire.

DANS LE VORTEX

La tornade va se déplacer horizontalement avec la formation orageuse qui lui a donné naissance à une vitesse moyenne de 55 km/h, bien que certaines tornades aient atteint 105 km/h. Elle peut faire entre 90 et 800 m de large, et effectuer un parcours destructeur de quelques mètres à plusieurs centaines de kilomètres.
La vitesse des vents à l'intérieur de la tornade est difficile à mesurer car... les instruments de mesure sont généralement détruits! Mais les vents au sommet sont estimés à environ 500 km/h, tandis que les courants aériens ascendants atteindraient 300 km/h.
La durée de vie d'une tornade varie de quelques minutes à une heure, mais la plupart durent environ quinze minutes. Après que la tornade a atteint son intensité maximale, l'entonnoir (ou tuba) rétrécit et s'incline à l'horizontale, et la largeur de la zone de destruction diminue. L'entonnoir prend la forme d'une corde puis se déforme, et finit par mourir.

LES DÉPRESSIONS TROPICALES

Les tempêtes les plus violentes et les plus destructrices naissent au-dessus des eaux tièdes des tropiques et peuvent durer un mois.

LES RÉGIONS TROPICALES génèrent une grande quantité de chaleur, dont la majeure partie est dispersée aux moyennes latitudes par les perturbations tropicales. Les plus puissantes de ces dépressions sont les cyclones *(voir p. 250)*. Le terme ouragan est utilisé en Amérique du Nord et dans les Caraïbes ; dans le Sud-Est asiatique, on dit typhon, et dans l'océan Indien et en Australie, on parle de cyclones tropicaux et de willy-willy.

COMMENT SE FORMENT LES CYCLONES

Les dépressions tropicales commencent au-dessus des océans par une évaporation et une convection à grande échelle dues aux températures marines de surface très élevées. Ces processus donnent naissance à de grandes formations nuageuses, qui engendrent souvent des grappes d'orages. Si les dépressions se forment assez loin de l'équateur pour que la force de Coriolis *(voir p. 31)* devienne significative (soit, normalement, au-delà de 5° de latitudes nord et sud), elles vont commencer à tourner sur elles-mêmes, dans le sens contraire des aiguilles d'une montre dans l'hémisphère Nord, et en sens inverse dans l'hémisphère Sud.

Une formation nuageuse en rotation à ces latitudes est le premier signe d'un cyclone tropical. Les météorologues peuvent alors identifier la perturbation sur les images satellite et donner l'alerte. La dépression tropicale peut s'intensifier si la chaleur latente, l'instabilité atmosphérique *(voir p. 42)* et les eaux océaniques chaudes continuent de l'entretenir. Pour qu'elle se transforme en cyclone, des vents spiralants centrifuges doivent souffler à haute altitude et drainer une partie de l'air ascendant hors de la tempête, ce qui accentue la dépression en son centre et permet la poursuite de son développement. Si la perturbation continue de s'éloigner de l'équateur, la rotation s'accroît et les vents forcissent. Quand ils atteignent 60 km/h, la perturbation est

LA RÉPARTITION DES CYCLONES
et leurs principales routes. La saison des cyclones va de juin à novembre dans l'hémisphère Nord, et de novembre à mai dans l'hémisphère Sud.

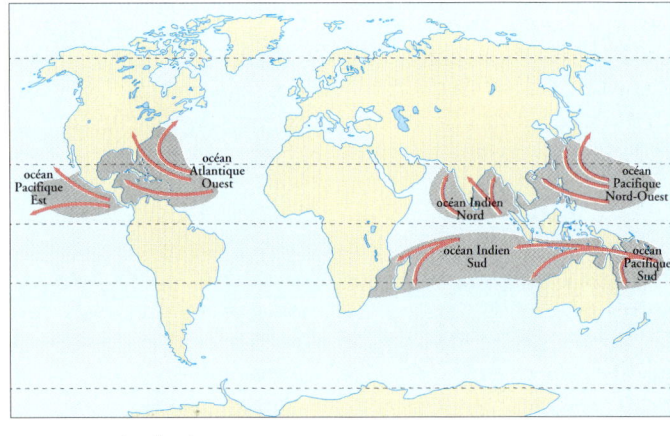

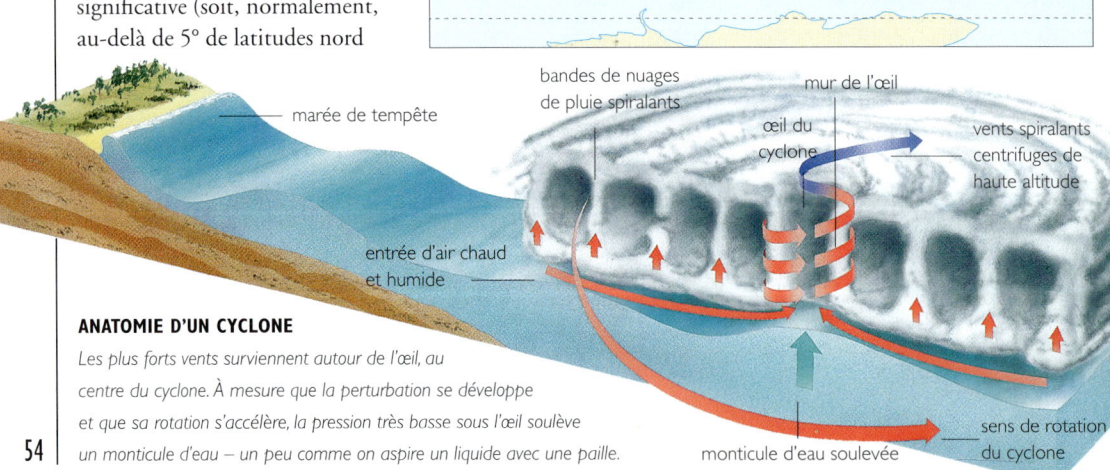

ANATOMIE D'UN CYCLONE
Les plus forts vents surviennent autour de l'œil, au centre du cyclone. À mesure que la perturbation se développe et que sa rotation s'accélère, la pression très basse sous l'œil soulève un monticule d'eau – un peu comme on aspire un liquide avec une paille.

Les dépressions tropicales

classée dépression tropicale. S'ils dépassent 120 km/h, cela devient un cyclone. Depuis 1978, les services de prévisions météo ont attribué aux cyclones des noms alternativement masculins et féminins.

L'ŒIL DU CYCLONE

L'œil qui se forme au centre d'un cyclone est une zone relativement calme d'une trentaine de kilomètres de large où la pression atmosphérique est le plus basse. Les orages et les vents les plus violents se trouvent habituellement aux abords immédiats de l'œil, dans le mur annulaire de nuages (ou mur de l'œil), qui s'étend bien au-dessus du niveau de la mer. Les cyclones peuvent s'élever à plusieurs kilomètres au-dessus de la Terre et faire des centaines de kilomètres de diamètre. Ces tempêtes destructrices sont accompagnées de pluies diluviennes. De 300 à 600 mm de pluie ne sont pas rares lorsqu'une telle perturbation atteint les terres. Les rafales de vent peuvent dépasser 240 km/h, et la zone dévastée sur le passage

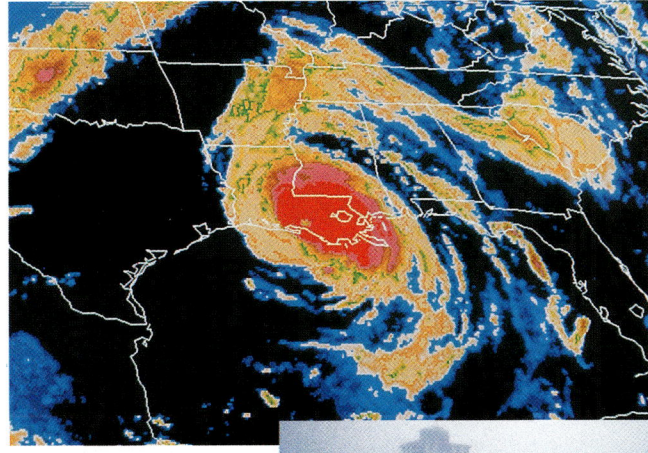

L'OURAGAN ANDREW *frappa la Floride et la Louisiane en août 1992 (ci-dessus). La tempête occasionna de vastes destructions (à droite) et fit 23 morts.*

du cyclone peut faire de 300 à 800 km de large. Des tornades *(voir p. 52)* se forment parfois lorsque le cyclone touche terre.

LA MARÉE DE TEMPÊTE

Le plus grand danger, lorsqu'un cyclone touche terre après un parcours au-dessus de la mer, est la marée de tempête – une sorte de raz de marée. Un monticule d'eau se forme sous le centre du cyclone, où les très basses pressions soulèvent l'eau par aspiration. Au-dessus de l'océan, cette bosse est à peine notable, mais elle grossit à mesure que le cyclone se rapproche des côtes.

EN VUE DES TERRES *Quand un cyclone touche terre, les dégâts sont considérables.*

Sa hauteur, quand elle touche terre, dépend de la pente du plancher océanique qui borde les côtes. Plus la pente est graduelle – c'est-à-dire moins le volume de mer où la marée de tempête pourra se dissiper sera grand –, plus celle-ci s'enfoncera loin dans les terres.

Les cyclones s'affaiblissent quand ils touchent terre parce que leur ravitaillement en air humide est coupé et que la friction avec le sol les ralentit. À mesure qu'ils s'éloignent de la côte, ils perdent leurs caractéristiques tropicales pour devenir des dépressions pluvieuses. Celles-ci amènent souvent des pluies intenses à l'intérieur des terres, causant des inondations très étendues.

L'ÉCHELLE DES CYCLONES TROPICAUX

Depuis les années 1970, le Centre national des ouragans, aux États-Unis, utilise l'échelle de Saffir-Simpson pour classer la force des cyclones. Cette échelle a été établie par l'ingénieur Herbert Saffir et un ancien directeur du Centre national des ouragans, Robert Simpson.

Classe	Pression (hectopascals)	Vitesse des vents (km/h)	Marée de tempête (m)	Dégâts
1	supérieure à 980	118-153	1,2-1,6	Minimes
2	965-980	154-177	1,7-2,5	Modérés
3	945-964	178-209	2,6-3,7	Intenses
4	920-944	210-249	3,8-5,4	Extrêmes
5	inférieure à 920	supérieure à 249	supérieure à 5,4	Catastrophiques

Comprendre le climat

Les couleurs du ciel

Les couleurs changeantes du ciel résultent de l'interaction de la vapeur d'eau et des particules de poussière en suspension dans l'atmosphère avec les couleurs de la lumière solaire.

LES COULEURS sous la forme de pigments n'existent pas dans le ciel. En fait, les couleurs que nous y voyons résultent de phénomènes physiques tels que la diffusion, la réfraction et la diffraction de la lumière solaire par des particules dans l'atmosphère.

Couleur et lumière

Les rayons solaires se propagent dans le système solaire sous forme d'ondes rectilignes invisibles. Cette lumière « blanche » est un mélange des couleurs de la partie visible du spectre électromagnétique : rouge, orange, jaune, vert, bleu, indigo et violet. Chaque couleur du spectre visible se propage avec une longueur d'onde distincte : le rouge et l'orange ont les plus longues longueurs d'onde, tandis que l'indigo et le violet ont les plus courtes. Quand la lumière solaire frappe l'atmosphère, chaque type de longueurs d'onde est diffusé dans une direction distincte par les particules de poussière et les molécules d'air. Les ondes les plus courtes, le violet et l'indigo, sont diffusées plus efficacement que les ondes plus longues, comme l'orange et le rouge. Un mélange de violet, d'indigo, de bleu, de vert et une petite fraction des autres couleurs sont diffusés dans tout le ciel. Le résultat est ce bleu ciel si familier. La nuance exacte de ce bleu varie suivant la quantité de poussières et de vapeur d'eau dans l'air. Les gouttes d'eau et les poussières amplifient la diffusion, augmentant la proportion de vert et de jaune et faisant virer le ciel au bleu plus clair. C'est pourquoi le ciel estival

RAYONS CRÉPUSCULAIRES *La diffusion sur des particules dans la basse atmosphère rend visibles ces rayons de soleil.*

des pays européens, densément peuplés, est plus pâle que celui des vastes contrées peu peuplées d'Australie et d'Afrique.

La couleur des nuages

Les nuages sont blancs car toutes les couleurs du spectre sont diffusées par les gouttelettes d'eau dont ils sont formés et que le mélange des couleurs diffusées reconstitue la lumière blanche. Si la lumière ne peut les traverser jusqu'à l'observateur, ou si un autre nuage projette son ombre dessus, les nuages paraissent gris.

LE BLEU DU CIEL *L'atmosphère diffuse les couleurs de la lumière solaire une à une, en commençant par l'extrémité violette du spectre visible. Quand le Soleil est haut dans le ciel (à gauche), seuls le violet, l'indigo, le bleu et un peu de vert sont diffusés, donnant un ciel bleu.*

Les couleurs du ciel

LA DIFFUSION DE LA LUMIÈRE est la cause à la fois du bleu du ciel et de la blancheur des nuages. Dans le cas des nuages, les gouttelettes d'eau diffusent pareillement toutes les couleurs du spectre (à droite) ; la lumière blanche est ainsi reconstituée, et les nuages apparaissent blancs.

CIELS CHANGEANTS

Quand le Soleil se lève ou se couche, sa lumière traverse une plus grande épaisseur d'atmosphère. Les couleurs à l'extrémité rouge du spectre sont alors de plus en plus diffusées, et le ciel vire du jaune à l'orange puis au rouge. Les couleurs orange et rouge des couchers de soleil sont intensifiées par la pollution, ainsi que par les cendres et la fumée rejetées par les incendies ou les éruptions volcaniques (voir p. 266-271). La diffusion peut créer d'autres effets. Si quelque chose dans la basse atmosphère, comme une colline ou un nuage, bloque une partie de la lumière solaire, le reste de celle-ci apparaît sous forme de rayons. Ces rayons dits crépusculaires sont intensifiés par la diffusion de la lumière dans l'air situé entre l'objet et l'observateur. Les rayons semblent diverger.

LES COUCHERS DE SOLEIL ROUGES

Quand le Soleil est bas sur l'horizon, le chemin parcouru par sa lumière dans l'atmosphère est plus long, et les couleurs jaune, orange et rouge sont intensément diffusées à proximité du sol.

ARC-EN-CIEL ET HALO

Quand la lumière traverse une matière transparente comme le verre ou l'eau, elle est infléchie, ou réfractée, d'un petit angle. Comme les couleurs des différentes longueurs d'onde sont réfractées selon des angles différents, ce processus provoque la séparation des couleurs du spectre.
Un arc-en-ciel se forme quand la lumière est réfractée par les bords d'une goutte d'eau puis réfléchie par l'arrière de celle-ci. Chaque couleur ressort de la goutte d'eau selon un angle légèrement différent. Comme la même couleur ressort selon le même angle de chacune des millions de gouttes présentes dans un nuage, l'observateur voit des bandes colorées distinctes. Une combinaison différente de réfraction et de réflexion crée les effets optiques connus sous le nom de halos et de parhélies, ou images du Soleil (voir p. 260-261). Un autre processus, la diffraction, qui implique la déviation de la lumière sur le bord d'un objet, produit des anneaux colorés, les couronnes (voir p. 258), généralement dans les nuages de moyenne altitude.

L'arc-en-ciel est vapeur,

le nuage est fumée.

VICTOR HUGO, *les Feuilles d'automne.*

Comprendre le climat

QUELQUES RECORDS

Le plus gros grêlon, le lieu le plus chaud de la Terre : les records ne sont enregistrés que depuis moins de deux siècles.

BIEN QUE des records ponctuels aient été enregistrés au cours des siècles, les observations météorologiques systématiques et routinières n'ont débuté qu'en 1814, quand l'observatoire Radcliffe d'Oxford, en Grande-Bretagne, commença à consigner les changements de temps. En France, Jacques Charles (1748-1823) effectua les premières observations météorologiques en ballon en 1783 ; mais ce n'est qu'en 1863 que débuta la première série définitive de cartes météo, établies par Urbain Le Verrier et Edmé Marié-Davy.

C'EST UN RECORD

Un temps extrême est qualifié de record si la station météorologique qui l'a enregistré a établi une climatologie locale sérieuse, c'est-à-dire une série d'observations météorologiques de long terme. Les extrêmes enregistrés durant la première année de mesures ne devraient pas être appelés des records, sauf s'ils sont comparés avec des observations prises de longue date par d'autres stations locales. Toutefois, la durée de conservation des données nécessaire avant que les stations météorologiques puissent annoncer des records continue d'être l'objet de grands débats : il a été suggéré qu'une station devrait effectuer dix années d'observations avant de pouvoir qualifier de record une mesure extrême.

RECORDS MONDIAUX

Avec le réseau mondial de stations accumulant des données météorologiques depuis de nombreuses années, des comparaisons peuvent être conduites pour déterminer les records climatiques mondiaux. Figurent ici un certain nombre de ces records.

❶ **La plus forte rafale de vent :** *372 km/h, enregistrée le 12 avril 1934 au mont Washington, dans le New Hampshire (États-Unis) à une altitude de 1 916 m.*
L'observatoire de Radcliffe, *à Oxford, en Angleterre (en haut à gauche)*

❸ **Les plus forts vents dans un cyclone tropical touchant terre :** 322 km/h, avec des rafales atteignant 338 km/h, du 17 au 18 août 1969 le long des côtes de l'Alabama et du Mississippi (États-Unis) durant l'ouragan Camille.

❹ **La couche de neige la plus épaisse :** 11 455 m, en mars 1911, à Tamarack (États-Unis).

❷ **Le lieu le plus sec :** *Le désert d'Atacama, au Chili, ne connaît virtuellement aucune chute de pluie, à l'exception d'une averse passagère quelques fois par siècle (avant 1971, il n'avait pas plu depuis quatre cents ans !).*

Quelques records

❺ Les plus fortes chutes de neige en un an : 31,102 m, entre le 19 février 1971 et le 8 février 1972, à Paradise, sur le mont Rainier (État de Washington, États-Unis).

❻ La plus grande variation de température en un jour : 55,6 °C ; la température chuta de 6,7 °C à −49 °C dans la nuit du 23 au 24 janvier 1916 dans le Montana (États-Unis).

❼ Le changement de température le plus rapide : 27 °C ; en deux minutes, la température monta de −20 °C à 7 °C le 22 janvier 1943 à Spearfish, dans le Dakota du Sud (États-Unis).

❿ Le lieu le plus chaud : Al'Aziziyah, en Libye, où il a fait 57,8 °C le 13 sept. 1922.

⓫ Les plus fortes chutes de pluie en un an : 26 461,7 mm du 1ᵉʳ août 1860 au 31 juillet 1861 à Cherrapunji, au Meghalaya, en Inde (à droite).

⓬ La plus forte pression atmosphérique : 1083,5 hPa le 31 décembre 1968 à Agata, en Sibérie (Russie).

⓭ La moyenne annuelle de pluie la plus élevée : 11 874,5 mm à Mawsynram, au Meghalaya (Inde).

⓮ Le plus gros grêlon : 1 kg, lors d'une tempête de grêle le 14 avril 1986 dans le district de Gopalganj, au Bangladesh.

❽ Les plus fortes pluies en vingt-quatre heures : 1 869,9 mm de pluie du 15 au 16 mars 1952 à Chilaos, à la Réunion.

❾ La température moyenne annuelle la plus basse : −57,8 °C au pôle de l'Inaccessibilité (Antarctique).

⓯ Le lieu le plus venteux : Les vents atteignent 322 km/h sur la côte George V, dans la baie du Commonwealth, en Antarctique.

⓰ Les températures moyennes annuelles maximales : 34,4 °C à Dallol, en Éthiopie, de 1960 à 1966 (ci-dessus).

⓱ La plus basse pression atmosphérique : 870 hPa le 12 octobre 1979 durant le typhon Tip ; le cyclone était alors à 483 km à l'ouest de Guam, dans l'océan Pacifique (photo satellite).

⓲ Le lieu le plus froid : La station Vostok, en Antarctique (à gauche) avec −89,2 °C le 21 juillet 1983.

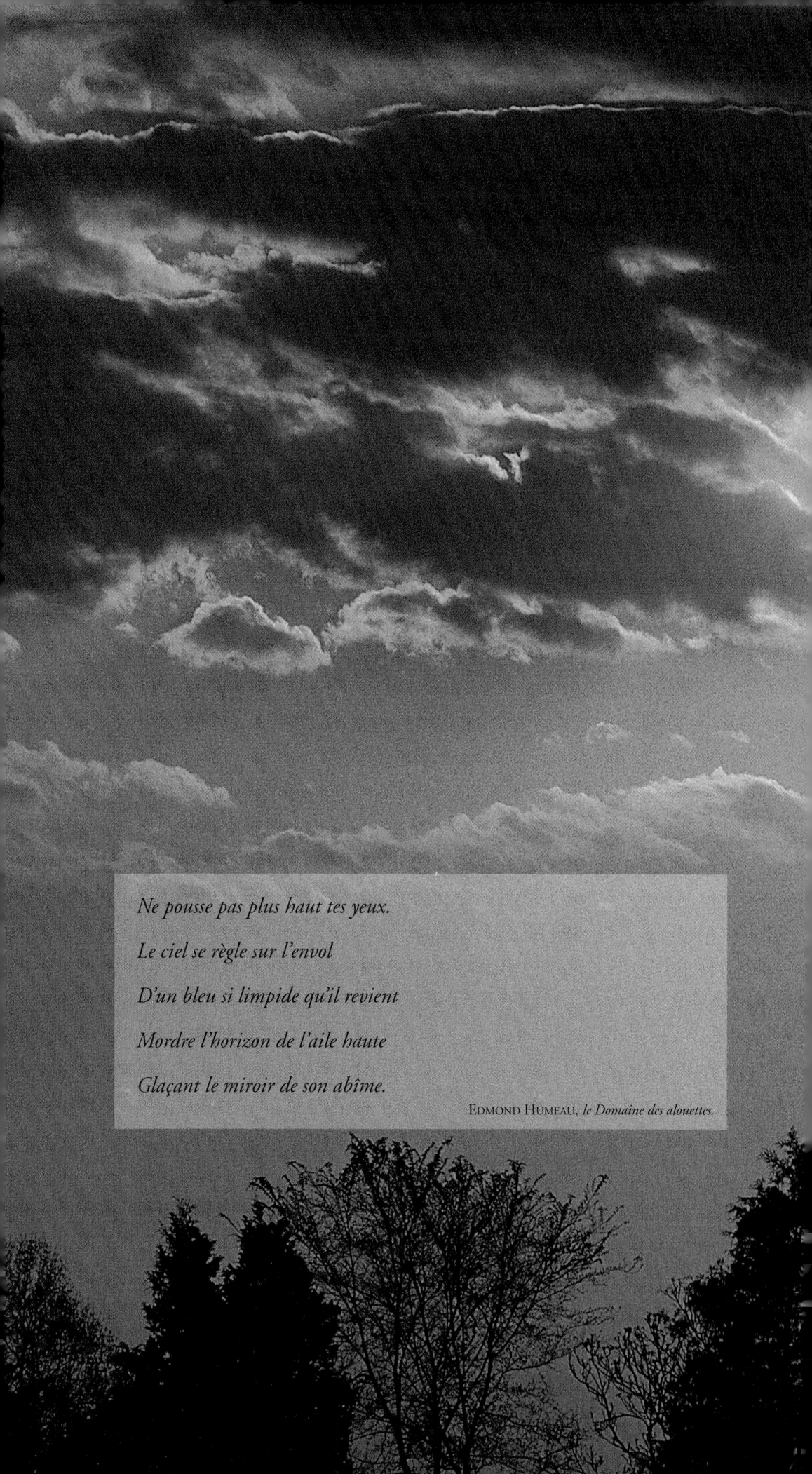

Ne pousse pas plus haut tes yeux.

Le ciel se règle sur l'envol

D'un bleu si limpide qu'il revient

Mordre l'horizon de l'aile haute

Glaçant le miroir de son abîme.

EDMOND HUMEAU, *le Domaine des alouettes.*

Chapitre III
La météorologie à travers les âges

La météorologie à travers les âges

Premières civilisations

Les phénomènes météorologiques et le mouvement des corps célestes fascinaient les sociétés primitives, qui les expliquaient par la mythologie.

Les premiers « météorologues » étaient des chamans et des prêtres de communautés primitives. Leur mission consistait à apaiser les dieux, qui, selon la croyance, commandaient à la nature. La réputation de ces médiateurs, et parfois leur existence même, dépendait de leur capacité à faire venir le beau temps.

Le berceau de la civilisation

L'ancienne Égypte fut le berceau d'une grande civilisation. Au temps chaud et ensoleillé s'ajoutait l'action des eaux du Nil, qui pourvoyaient à l'irrigation. Ainsi, la prospérité des communautés qui s'y étaient établies 3 500 ans av. J.-C. dépendait presque entièrement du Nil. C'est pourquoi les Égyptiens essayaient de déchiffrer le mouvement des étoiles pour prédire les crues et les décrues du fleuve et leur durée.

DIEUX DU TEMPS *Pour les peuples primitifs d'Europe du Nord, le dieu Thor (à gauche) amenait l'orage. Osiris (à droite) était le dieu de la Fécondité dans la mythologie égyptienne.*

La dépendance à l'égard du Nil et du caprice des cieux trouva son expression à travers le culte de deux puissantes divinités : Râ (ou Rê) et Osiris. Pour les Égyptiens, Râ, dieu du Soleil, dirigeait le mouvement des corps célestes en sillonnant le ciel dans sa barque solaire avant de retourner, la nuit, dans le monde inférieur. Osiris régnait sur les morts et représentait la source de la fécondité pour les vivants – il contrôlait la croissance de la végétation et les crues du Nil.

Le temps des dieux

D'autres grands fleuves ont aussi contribué au rayonnement des civilisations apparues en Mésopotamie vers 3500 av. J.-C. dans les plaines alluviales du Tigre et de l'Euphrate, et, plus tard, dans la vallée de l'Indus, sur le subcontinent indien. Mais si ces cultures étaient tributaires des eaux fluviales, leur mythologie indique que la pluie avait aussi son importance. Ainsi, Mardouk, dieu de Babylone – dont le royaume se développa dans le sud de la Mésopotamie –, était à l'origine le dieu de l'orage ; il devint ensuite le maître du cosmos. Dans la religion védique de l'Inde ancienne, Indra, dieu de la pluie et de l'orage, était l'une des divinités les plus importantes.

Dans les cultures primitives d'Europe du Nord, Thor était tout-puissant. Ce dieu scandinave, dont le nom est dérivé d'un mot germanique qui signifie tonnerre, était incarné par un guerrier brandissant un marteau symbolisant la foudre.

Premières observations

Plusieurs civilisations primitives eurent recours à l'observation

TONATIUH, *dieu du Soleil chez les Aztèques, figure ici au centre d'une pierre calendrier. Comme la plupart des anciennes civilisations, les Aztèques voyaient dans le Soleil une divinité qui régnait sur les corps célestes, le temps et, par conséquent, la vie humaine.*

Premières civilisations

ALERTE DE CRUE *Cette tablette assyrienne du VIIe siècle av. J.-C. prédit des pluies et des crues abondantes.*

Ce jour-là les écluses du ciel s'ouvrirent. La pluie tomba sur terre pendant quarante jours et quarante nuits.

GENÈSE VII, 11-12

des astres pour suivre les changements de temps selon les saisons.
En 300 av. J.-C., des astronomes chinois inventèrent un calendrier qui divisait l'année en vingt-quatre « festivals », dont chacun était associé à un type de temps.
Le pluviomètre est sans doute le plus ancien instrument météorologique : une première allusion y est faite dans *la Science de la politique*, d'après Chanakaya, ministre de Chandragupta Maurya, qui régna sur l'Inde de 321 à 296 av. J.-C.
Des relevés pluviométriques étaient également pratiqués par la civilisation installée en Palestine il y a deux mille ans.

CROYANCES DE L'ANTIQUITÉ

Certains peuples, comme les Babyloniens, tentaient de prévoir les variations à court terme. Leurs pronostics étaient fondés sur l'observation des astres, l'aspect des nuages et les effets optiques, comme le halo. Voici l'une des prédictions consignées sur une tablette en terre cuite de la bibliothèque du roi assyrien Assourbanipal (v. 668-626 av. J.-C.) : « Lorsqu'un halo sombre entoure la Lune, le mois sera pluvieux ou bien nuageux... » Ce sont ces premières observations qui forment la base des prévisions pour les siècles à venir.

L'OISEAU DE FEU *Dans la mythologie amérindienne, cet oiseau géant déclenchait l'orage, les éclairs et la pluie.*

MÉTÉOROLOGUES BIBLIQUES

Deux célèbres « météorologues » sont souvent cités dans l'Ancien Testament : Joseph et Noé. Selon le livre de la Genèse, c'est en Égypte que Joseph fit la prédiction la plus ancienne de tous les temps en interprétant les rêves de Pharaon (les sept vaches maigres et les sept vaches grasses). Il annonça que sept années d'abondance seraient suivies de sept années de famine. Son conseil, qui consistait à faire des réserves en période faste pour survivre dans l'adversité, est toujours de mise dans les régions où sévit la sécheresse.
Dans un autre récit de la Bible, Dieu avertit Noé de l'imminence du Déluge et lui enjoint de construire une arche pour se mettre à l'abri. Ainsi, grâce à l'intervention divine, Noé « prédit » ce phénomène apocalyptique.

La mythologie babylonienne évoque aussi le Déluge dans l'épopée de Gilgamesh. Ces deux récits sont probablement fondés sur un même fait historique. Des fouilles en Irak ont révélé que de grandes crues avaient envahi les plaines alluviales du Tigre et de l'Euphrate entre 3000 et 2000 av. J.-C.

NOÉ *embarque les animaux dans l'arche. Fresque de la basilique Saint-Marc, à Venise.*

La météorologie à travers les âges

La Grèce antique

Les œuvres des grands philosophes grecs, notamment Aristote, ont induit une longue tradition de recherche scientifique et donné naissance au terme « météorologie ».

La Grèce antique n'avait pas de grand fleuve, comme l'Égypte, et ses habitants étaient donc tributaires de la pluie pour leur alimentation en eau. La mythologie grecque compte de nombreuses divinités qui personnifiaient et contrôlaient tous les éléments du ciel et de la terre, y compris le temps.

Zeus, maître incontesté du ciel, gouvernait les nuages, la pluie et l'orage. Son frère Poséidon était le dieu de la mer et des rivages, et son autre frère, Hadès (ou Pluton), régnait sur le monde des ténèbres. Hélios était le dieu du Soleil, et Éole, celui du vent. L'attitude des Grecs anciens face à la religion permet de comprendre l'émergence des philosophes, qui cherchaient des explications rationnelles aux phénomènes naturels.

Les premiers philosophes

L'un des premiers grands philosophes, Thalès de Milet (v. 625-547 av. J.-C.), consigna les observations d'astronomes babyloniens qu'il utilisa pour prédire avec justesse une éclipse solaire en 585 av. J.-C. Selon lui, l'eau était à l'origine de la matière. Il établit également le premier calendrier météorologique.

Plus tard, Empédocle (v. 495-435 av. J.-C.) élabora une cosmogonie à partir des quatre éléments (le feu, l'air, l'eau et la terre), responsables du climat et des saisons. Ces érudits ne firent pas de grandes découvertes en sciences physiques, mais leurs travaux sont à l'origine d'une tradition de recherche rigoureuse et d'analyse rationnelle de tous les phénomènes naturels.

LES QUATRE ÉLÉMENTS D'EMPÉDOCLE *(terre, air, feu, eau), illustrés dans une édition de 1472 de* De natura rerum, *de Lucrèce (en haut à gauche). Les ouvrages de Théophraste (à gauche) font référence depuis deux mille ans.*

Aristote et Théophraste

L'âge d'or de l'érudition grecque connut son apogée avec Aristote (384-322 av. J.-C.), dont les écrits couvrent tous les aspects de la connaissance humaine de l'époque. Dans son traité *les Météorologiques* (334), il tente d'expliquer tout ce qui présente un caractère physique dans le ciel, l'air, la mer et sur la Terre, y compris toutes les manifestations du temps. Le titre de son ouvrage a donné naissance au mot météorologie. Aristote fait des observations remarquablement précises sur le vent et le temps, et quelques déductions pertinentes sur les phénomènes naturels, mais il commet aussi de sérieuses erreurs quand il affirme, par exemple : « La Terre étant immobile [faux], l'humidité qui l'entoure se vaporise

ZEUS *lançant la foudre de son trône de l'Olympe. Détail d'une fresque de Jules Romain (1499-1546)*

La Grèce antique

VESTIGES MÉTÉOROLOGIQUES *La tour des Vents, qui se dresse encore de nos jours à Athènes, date du Ier siècle av. J.-C. Les parois de cet édifice octogonal sont ornées d'une frise où figurent les huit directions des vents. L'ouvrage de Pline* Historia naturalis *(à droite) rassemble des observations sur les phénomènes naturels d'Égypte, de Babylone, de Grèce et de l'Empire romain.*

sous l'influence des rayons du Soleil [vrai]... »
Théophraste (v. 372-287 av. J.-C.), disciple d'Aristote, reprend ses théories. Dans son livre *les Manifestations du temps*, il énumère quelque 80 signes différents de pluie, 50 signes d'orage, 45 signes de vent et 24 signes de beau temps. Certains étaient assez fiables, par exemple : « Quand il y a du brouillard, il n'y a pas ou peu de pluie. » C'est souvent vrai, car le brouillard se forme en général avec un temps stable lié aux zones de hautes pressions. D'autres n'étaient pas fondés : « Si les étoiles filantes sont fréquentes, c'est un signe de pluie ou de vent ; et le vent ou la pluie viennent de la zone d'où elles émanent. »
D'autres travaux de Théophraste sur les rapports entre le temps et les nuages avec la direction du vent étaient justes en général et fondés sur de solides observations.
Plus tard, le poète grec Aratos (v. 315-240 av. J.-C.), dans son poème *Phaenomena*, immortalisa les manifestations du temps. Cet ouvrage, qui contient une somme d'observations météorologiques, fit autorité en Grèce et, plus tard, à Rome.

L'HÉRITAGE D'ARISTOTE

Les Latins aussi s'intéressèrent beaucoup à la météorologie et furent très influencés par Aristote. Pline l'Ancien (23-79 apr. J.-C.) publia *Historia naturalis,* une encyclopédie monumentale groupant les œuvres de quelque deux mille écrivains grecs et romains, et relatant les légendes et les superstitions d'Égypte et de Babylone.
Après la chute de l'Empire romain, au Ve siècle apr. J.-C., le centre de la civilisation se déplaça vers le monde islamique. Plus tard, au Moyen Âge, Aristote fut redécouvert par les savants européens *(voir p. 66)*.
Ce fut à la fois une bonne et une mauvaise chose, car ces derniers étaient plus soucieux d'interpréter la pensée d'Aristote que de développer la leur.

LES JOURS D'ALCYON

L'expression « les jours d'Alcyon » trouve son origine dans la mythologie grecque associée au temps. Deux amants, Céyx et Alcyoné, provoquèrent la colère de Zeus et d'Héra (maîtres des dieux). Céyx périt dans un naufrage, tandis qu'Alcyoné, prise de désespoir, se précipita dans la mer. Unis dans la mort, les amants furent métamorphosés en alcyons, oiseaux qui, disait-on, couvaient sur l'eau. Pour protéger leur nid chaque année, Éole, père d'Alcyoné et gardien des vents, voulut que la mer fût tranquille sept jours avant et sept jours après le solstice d'hiver (le jour marquant le milieu de l'hiver, vers le 22 décembre dans l'hémisphère Nord). L'alcyon représentant la paix, les jours d'Alcyon sont devenus symbole de paix et de tranquillité.

La météorologie à travers les âges

Le Moyen Âge & la Renaissance

La Renaissance marque l'essor de la pensée scientifique et des idées, et l'invention de plusieurs instruments météorologiques.

Les progrès de la météorologie furent muselés au Moyen Âge par un culte presque sacré pour Aristote et par la montée de l'astrométéorologie. Cette science vit le jour en Arabie, où les pronostics saisonniers étaient réalisés d'après la position des étoiles et des planètes. Ces présages étaient inscrits dans des almanachs – d'un mot arabe désignant à l'origine l'endroit où s'agenouillent les chameaux. L'astrométéorologie donna lieu à des élucubrations apocalyptiques, comme la « lettre de Tolède » : en 1185, l'astronome Jean de Tolède, en Espagne, prétendit qu'il y aurait conjonction de toutes les planètes en septembre de l'année suivante, ce qui déclencherait tempêtes, famine et autres calamités. La prédiction ne se réalisa pas, mais l'astrométéorologie fut très prisée jusqu'au XVIIIe siècle.

L'HYGROMÈTRE À CONDENSATION *(à droite) a été inventé par Ferdinand II. De la glace était placée dans l'appareil pour que l'humidité se condense à l'extérieur et s'écoule dans le verre gradué placé au-dessous. Le volume d'humidité ainsi recueilli indiquait le degré d'humidité de l'air.*

Les almanachs étaient répandus en Europe et en Amérique du Nord, surtout aux XVIIe et XVIIIe siècles. Ils contenaient des prédictions sur le temps et des conseils pour les paysans, ainsi que des informations sur les événements astronomiques et les fêtes religieuses.

La Renaissance

La Renaissance, qui commença au début du XVe siècle, fut marquée par de nombreuses découvertes scientifiques qui contribuèrent aux progrès de la météorologie. Les explorateurs européens rapportèrent une somme d'informations sur les conditions climatiques au-dessus des océans (notamment dans les régions équatoriales). La théorie de Copernic (1473-1543) selon laquelle la Terre tourne sur elle-même en vingt-quatre heures et autour du Soleil stationnaire en une année sert de base à une explication satisfaisante des équinoxes, des solstices et des saisons. Parmi les savants de l'époque, l'artiste, ingénieur et inventeur Léonard de Vinci (1452-1519) est celui qui incarna le mieux l'esprit de la Renaissance. Ses carnets renferment de

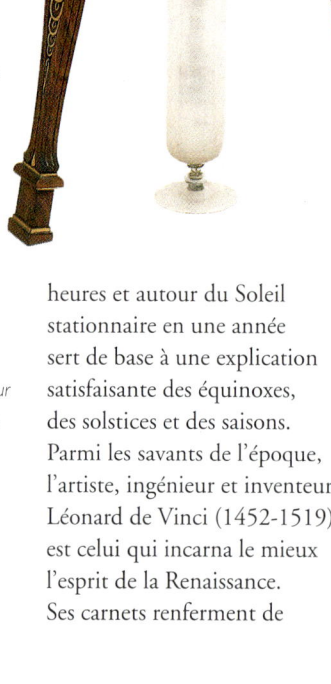

GALILÉE, *auteur d'ouvrages novateurs sur l'astronomie, comme* Dialogue sur les deux grands systèmes du monde *(à gauche), est aussi l'inventeur du thermomètre. C'est sur ce modèle qu'a été conçu le thermomètre florentin (en haut à gauche) mis au point par l'Accademia del Cimento, lequel, à son tour, est devenu un instrument normalisé à travers l'Europe du XVIIe siècle.*

Le Moyen Âge & la Renaissance

nombreuses études des phénomènes atmosphériques et des schémas d'instruments météorologiques, en particulier un hygromètre – pour mesurer le degré d'humidité de l'air. Le mathématicien et astronome Galileo Galilei, dit Galilée (1564-1642), fut le premier à mettre au point un thermomètre, qu'il appela thermoscope. Malheureusement, il ne laissa aucune note sur les observations effectuées avec cet instrument. Evangelista Torricelli (1608-1647), élève de Galilée, conçut le premier baromètre. Il remplit de mercure un tube en verre d'environ 1,20 m de long et en retourna l'extrémité ouverte dans un plat contenant le même métal. Il constata alors qu'une grande partie du mercure restait dans le tube au lieu de tomber dans le plat et que l'espace au-dessus du mercure dans le tube était du vide. Il en conclut que la colonne de mercure était maintenue par la pression de l'air et que les variations de la hauteur de la colonne étaient dues aux fluctuations de la pression de l'air.
Le savant et philosophe français Blaise Pascal (1623-1662) fut l'un des premiers à comprendre que ces variations de la pression atmosphérique pouvaient avoir un lien avec le changement de temps, ce qui ouvrit la voie à l'utilisation du baromètre dans les prévisions météorologiques.

CET HYGROMÈTRE du XVIIIe siècle est basé sur les principes énoncés dans ses carnets par Léonard de Vinci (ci-dessous). Les disques en papier absorbent la vapeur d'eau qui se trouve dans l'air. À mesure que le poids du papier augmente, l'aiguille remonte en indiquant le taux d'humidité sur l'échelle graduée à droite.

Il réalisa une expérience à la tour Saint-Jacques, à Paris, démontrant que la pression atmosphérique baissait avec l'altitude.

L'Accademia del Cimento

L'Accademia del Cimento (ou Académie des expériences) fut fondée à Florence en 1657 par le grand-duc de Toscane Ferdinand II de Médicis et son frère Léopold.
Des instruments perfectionnés furent conçus sous les auspices de l'académie, comme l'hygromètre à condensation et le thermomètre florentin. En 1654, Ferdinand II créa aussi le premier réseau d'observation météorologique. Des stations implantées à Florence, à Pise, à Parme, à Curtigliano, à Vallombrosa, à Bologne, à Milan, à Innsbruck, à Osnabrück, à Paris et à Varsovie furent équipées d'instruments météorologiques normalisés, utilisés pour enregistrer la pression atmosphérique, la direction du vent, la température, l'humidité et les conditions météorologiques. Ces observations étaient envoyées à l'académie à titre comparatif. Le réseau mit fin à ses activités lors de la fermeture de l'académie, en 1667.

FERDINAND II, assis à gauche de la table, préside une expérience menée à l'Accademia del Cimento.

La météorologie à travers les âges

L'ÂGE DE RAISON

*À la fin du XVIIᵉ siècle et au XVIIIᵉ, la physique et
la météorologie marquèrent des progrès sur plusieurs fronts.*

LA COHÉRENCE et la précision des observations météorologiques progressèrent aux XVIIᵉ et XVIIIᵉ siècles grâce à l'invention de nouveaux instruments et à l'essor des réseaux d'observation.

FAHRENHEIT ET CELSIUS

Le physicien allemand Daniel Gabriel Fahrenheit (1686-1736) passa une bonne partie de sa vie à inventer et à fabriquer des instruments météorologiques. Il est aussi l'inventeur de l'échelle thermométrique qui porte son nom et est encore en usage dans certains pays, comme les États-Unis. La division de l'échelle est fonction de trois points : la température d'un mélange d'eau, de glace et de sel marin (0 °F), le point de congélation de l'eau (32 °F) et la température d'un corps humain en bonne santé (96 °F). En 1742, l'astronome suédois Anders Celsius (1701-1744) inventa une échelle en plaçant à 0 °C le point d'ébullition de l'eau et à 100 °C son point de congélation. Cette échelle, connue aujourd'hui sous le nom d'échelle Celsius, était conçue pour éviter les températures négatives en hiver. En 1743, le savant lyonnais Pierre Christin l'inversa.

LES SOCIÉTÉS SAVANTES, comme l'Académie des sciences à Paris (ci-dessus), devinrent des centres de recherche météorologique au XVIIIᵉ siècle. Les termes beau fixe et tempête commencèrent à apparaître sur les baromètres (en haut à gauche) à la fin du XVIIᵉ siècle.

MESURE DE L'HUMIDITÉ

L'humidité est plus difficile à mesurer que la température, et les premiers hygromètres étaient succincts. En 1781, Horace Bénédict de Saussure (1740-1799) constata que les cheveux humains bouillis dans une solution d'eau gazeuse constituaient un bon indicateur d'humidité. L'hygromètre à cheveu a perduré jusqu'à nos jours.

Des progrès importants ont été réalisés en hygrométrie en 1802, grâce au physicien britannique John Dalton (1766-1844), qui démontra que le volume de vapeur d'eau requis pour saturer l'air varie beaucoup en fonction de la température. Cela aboutit aux notions de pression de vapeur, de pression de vapeur saturante et d'humidité relative *(voir p. 41)*.

DE NOUVEAUX INSTRUMENTS

La pression atmosphérique est assez facile à mesurer, et les premiers baromètres étaient relativement précis. La plupart étaient fondés sur le principe du baromètre de Torricelli *(voir p. 67)*, mais utilisaient divers liquides.

TRAÎNÉE DE DESTRUCTION
Cette ancienne carte météorologique montre la trajectoire d'un orage qui a balayé le nord de la France le 13 juillet 1788.

L'âge de raison

Robert Boyle (1627-1691), un chimiste irlandais, conçut deux modèles : le baromètre à eau et le baromètre à syphon, plus facile à transporter. Le baromètre à roue, inventé par Robert Hooke (1635-1703), un confrère de Boyle, utilisait du mercure et était le premier, dit-on, à porter les inscriptions : TRÈS SEC, CLAIR, VARIABLE, PLUIE, TEMPÊTE. Hooke inventa aussi un pluviomètre. Des anémomètres avec tube à pression apparurent vers 1740. Le plus connu d'entre eux, inventé en 1891 par le météorologue anglais W.H. Dines, est toujours en usage.

DES RÉSEAUX INTERNATIONAUX

Au XVIIIe siècle, plusieurs réseaux météorologiques furent établis sous l'égide de sociétés savantes comme la Royal Society, en Grande-Bretagne, l'Académie des sciences, en France, et la Société météorologique de Mannheim, en Allemagne. La requête formulée en 1723 par James Jurin, secrétaire de la Royal Society, permit de réunir des observations venant d'Europe, d'Amérique du Nord et d'Inde. Vers 1730, des réseaux d'observation furent implantés en Sibérie par des chercheurs qui participaient à l'expédition dans le Grand Nord mise sur pied par Vitus Béring.

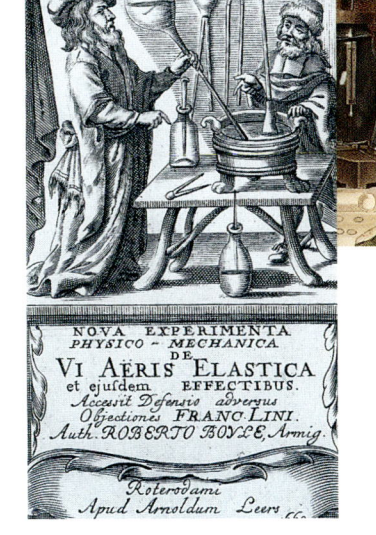

LES PREMIERS OUVRAGES de R. Boyle (à gauche) traitaient essentiellement des propriétés physiques de l'air. Les études menées par l'Anglais John Dalton (ci-dessus) donnèrent la première explication de la condensation et démontrèrent que l'aurore boréale est un phénomène magnétique.

La Société de Mannheim établit l'un des premiers réseaux les plus importants. De 14 stations en 1781, le réseau arriva peu à peu à 39 observatoires, en Russie, en Europe, au Groenland et en Amérique du Nord. La Société ferma en 1799, mais elle avait déjà établi des procédures qui allaient se révéler inestimables, avec l'apparition des prévisions synoptiques au XIXe siècle *(voir p. 72)*.

LES PREMIERS MÉTÉOROLOGUES

C'est Louis Cotte (1740-1815), auteur d'un *Traité de météorologie* (1774), qui mit en action un réseau d'observation du temps. En 1784, ce réseau comptait 73 météorologues, principalement en Europe mais aussi aux États-Unis. Ces premiers météorologues devaient inscrire leurs travaux et mesures sur des imprimés spéciaux. Déjà, on envisageait l'idée de faire des observations à des heures régulières. Louis Cotte conseilla aussi sur les types de matériels à utiliser, leurs principes de fonctionnement et leurs lieux d'implantation.

THOMAS JEFFERSON (ci-dessus) et James Madison firent les premières observations simultanées du temps aux États-Unis.

Antoine de Lavoisier (1743-1794), après avoir eu connaissance de cette initiative, eut l'idée d'étendre ce réseau de mesures et d'observations au monde entier. Il pensait que ce projet permettrait de connaître le temps deux jours à l'avance. Le principal obstacle était l'absence de moyens de transmission (le premier télégraphe ne fut inventé qu'en 1792). Et c'est un siècle plus tard que cette idée fut concrétisée.

Aux États-Unis, Thomas Jefferson (1743-1826) aurait fait, dit-on, l'acquisition de son premier thermomètre en rédigeant la Déclaration d'indépendance, et de son premier baromètre, quelques jours après la signature du document. Pendant une cinquantaine d'années, il nota régulièrement ses observations et, entre 1776 et 1778, avec le professeur James Madison, il fit les premières observations simultanées en Amérique.

La météorologie à travers les âges

VOX POPULI

Au début du XIXe siècle, les prévisions étaient fondées avant tout sur les croyances populaires, comme au temps des Babyloniens.

Jusqu'au début du XIXe siècle, la météorologie populaire fut un curieux mélange de bon sens et de pure superstition, avec des milliers de règles, de dictons et de proverbes plaisants, dont l'usage perdure encore de nos jours.

Du simple bon sens

Les traditions primitives s'inspiraient des connexions manifestes entre les vents, les nuages et le temps. Par exemple, des bandes de cirrus se forment régulièrement avant l'orage ; le développement de cumulus en convection en matinée annonce souvent un orage pour l'après-midi ; il risque de pleuvoir quand un halo entoure la Lune – la plupart de ces constatations figurent dans d'innombrables observations, dictons et proverbes.
Les Grecs ont formulé bien des dictons, en particulier Théophraste *(voir p. 65)*, puis on les a étoffés et enjolivés au Moyen Âge.
À la fin du XVe siècle, les marins qui accompagnaient Christophe Colomb sur les mers du Nouveau Monde adaptèrent ces traditions liées au bon sens : ils tinrent compte, au cours de leurs voyages lointains, des systèmes de vents et des différents climats qu'ils rencontraient ; ils constatèrent que les nombreux proverbes et adages qui s'appliquaient localement aux régions tempérées se révélaient inexacts sous d'autres latitudes.
Ainsi, le fameux proverbe *Soleil se levant comme un rouge miroir annonce de l'eau pour le soir* est basé sur le mouvement ouest-est des systèmes atmosphériques des hautes et moyennes latitudes des deux hémisphères, mais il ne s'applique pas aux tropiques.

La Lune et le temps

Les proverbes les plus courants, qui sont d'ailleurs assez fiables, établissent un lien entre la Lune et les nuages. Le gel et le brouillard qui se forment le matin viennent souvent après une nuit froide et bien éclairée par la Lune. Les couronnes et les halos *(voir p. 258, 260)* autour de la Lune indiquent la présence de nuages de moyenne ou haute altitude, souvent signes de pluie ou d'orage. D'où : *Lune cerclée, pluie assurée.*
Le jardinier amateur fait parfois référence à la lune rousse, qui a lieu en avril. Elle coïncide souvent avec les dernières gelées après une nuit claire, alors que

LES PREMIERS DICTONS *établissaient souvent un lien entre le temps et les vents. Cette gravure sur bois d'Albrecht Dürer (à gauche) montre la direction des vents selon la description de Ptolémée. L'invention du baromètre (ci-dessus), au XVIIe siècle, donna lieu à une nouvelle série de dictons.*

PROVERBES FAVORIS *Les plus courants évoquent le halo autour de la Lune (ci-dessus) et le ciel rouge (à droite).*

Vox populi

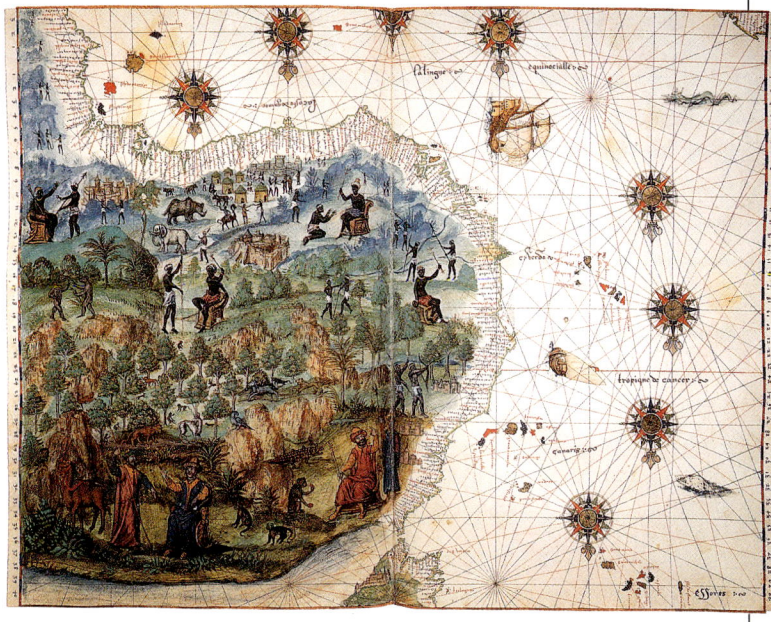

CARTES DES OCÉANS Les expéditions d'explorateurs comme Christophe Colomb révélèrent l'existence de climats inconnus des marins européens. Les cartes des vents devinrent alors essentielles. Sur cette carte de 1547, l'Afrique de l'Ouest vue d'Europe apparaît « la tête en bas ».

pointent les premiers bourgeons et semis, d'où ces dictons certes incomplets, mais souvent fondés.

*L'hiver n'est point passé
Que la lune rousse n'est déclinée.*

*Les gelées de la lune rousse
De la plante brûlent la pousse.*

*Quand la lune rousse est passée
On ne craint pas la gelée.*

Par ailleurs, les dictons qui relient les phases de la Lune au temps sont de la pure superstition.

Signes naturels

Les dictons liés au comportement apparemment prémonitoire des animaux, des insectes et des plantes abondent dans la météorologie populaire. On dit ainsi que les vaches s'allongent avant la pluie et que les abeilles rejoignent la ruche avant l'orage. Toutefois, la plupart de ces proverbes reflètent plus la sensibilité des animaux, des insectes et des plantes aux variations des conditions atmosphériques (notamment, les écarts hygrométriques) que leur réelle capacité à prédire un changement de temps *(voir p. 82)*.

Dictons et prévisions

Au fil des siècles, les marins et les paysans ont tenté d'établir des pronostics fondés sur les croyances populaires et sur leurs propres observations. Malheureusement, ces prévisions étaient souvent erronées. La mauvaise qualité des communications faisait qu'ils ne savaient pas ce qui se tramait à l'horizon, et ils étaient souvent surpris par l'orage, qui les prenait de court. Tout changea avec l'invention du télégraphe et l'avènement des prévisions synoptiques, dans les années 1860 *(voir p. 72)*.

PROVERBES DE SAISON

En général, les proverbes qui associent le temps de la saison avec les bonnes ou les mauvaises saisons suivantes sont fondés, alors que ceux qui relient le temps à un jour (ou un mois) particulier de la saison suivante ne sont statistiquement guère fiables. Les dictons suivants datent, pour la plupart, du Moyen Âge.

Ail mince de peau, hiver court et beau.
Araignée tissant, mauvais temps.
Brouillard d'automne, beau temps nous donne.
Brume basse, beau temps amasse.
À la chandeleur, le froid fait douleur.
Ciel pommelé, femme fardée ne sont pas de longue durée.
Firmament bien étoilé, changement de temps peu éloigné.
Si chantent les grenouilles, demain temps de gribouille.
Quand les hirondelles volent haut, le temps sera beau.
Quand le pivert crie, pas loin est la pluie.

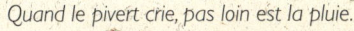

En février, si au soleil ton chat tend sa peau, en mars, il l'exposera au fourneau.

La météorologie à travers les âges

Les pionniers du XIXᵉ siècle

Le XIXᵉ siècle marque le début des prévisions synoptiques, qui allaient changer à jamais la face de la météorologie.

Les prévisions synoptiques supposent la collecte rapide et l'analyse des observations du temps d'une région aussi vaste que possible. Le concept des cartes synoptiques a été élaboré par Heinrich Brandes (1777-1834) à l'université de Wrocław, en Silésie polonaise. De 1816 à 1820, il mit au point une série de cartes d'après les observations du réseau de la Société de Mannheim *(voir p. 69)*. Elles montraient les systèmes de hautes et de basses pressions sur l'Europe. Mais elles ne serviront à rien pour les prévisions, car il fallut tant de temps pour recueillir les données que les conditions météorologiques avaient déjà évolué. C'est seulement après l'invention du télégraphe par Samuel Morse (1791-1872), vers 1830, que les télécommunications rapides, donc les prévisions synoptiques, devinrent envisageables.

ROBERT FITZROY *(à gauche) conçut un baromètre (à droite) pour les marins. Matthew Fontaine Maury (ci-dessous).*

Système de signaux de tempête
Joseph Henry (1797-1878), secrétaire de la Smithsonian Institution, créa en 1849, aux États-Unis, le premier réseau météo relié par télégraphe. Les données étaient rassemblées par des bénévoles et une carte synoptique était dressée chaque jour.

Durant la guerre de Crimée, une tempête meurtrière décima la flotte franco-britannique pendant la bataille de Balaklava, en 1854. Ce désastre fit prendre conscience aux alliés de l'utilité d'un système de signaux de tempête et aboutit à la création d'un réseau météorologique en France, qui collecta, à partir de 1857, des données à travers toute l'Europe.

Robert FitzRoy
En 1854, l'amiral Robert FitzRoy (1805-1865) fut placé à la tête du nouveau Comité météorologique du Board of Trade (Comptoir commercial) du Royaume-Uni. FitzRoy équipa les navires anglais du baromètre qu'il avait conçu. Il commença aussi à publier des cartes synoptiques et, en 1861, organisa un service chargé de signaler les avis de tempête aux marins. Au départ, son initiative remporta un vif succès et FitzRoy communiqua ses

LA TEMPÊTE DÉVASTATRICE *durant la bataille de Balaklava, en 1854, incita l'Angleterre et la France à mettre en place un réseau d'observations météorologiques.*

Les pionniers du XIXe siècle

LES MEMBRES DE L'OMI
réunis pour leur congrès de 1879 (à gauche). À la fin du XIXe siècle, les bulletins des stations météorologiques britanniques servaient à compiler des rapports nationaux (ci-dessous).

prévisions à la presse. Mais des erreurs inévitables ayant été commises, l'opinion publique et les milieux scientifiques se déchaînèrent contre lui. FitzRoy en fut si affecté qu'il se suicida.

MATTHEW F. MAURY

Aux États-Unis, Matthew Fontaine Maury (1806-1873), fondateur du Bureau hydrographique américain, utilisait les données de journaux de bord des navires pour dresser des cartes des vents et des courants océaniques, et trouver les meilleures routes maritimes. Les cartes de Maury permirent de réduire sensiblement la durée des transports maritimes, et l'on fit de plus en plus appel à ses services.

L'ORGANISATION MÉTÉOROLOGIQUE MONDIALE

Grâce à sa renommée, Maury réussit à persuader les gouvernements anglais et américain de tenir une conférence à Bruxelles, en 1853, afin de promouvoir l'échange des données météorologiques au niveau international. D'autres conférences suivirent, qui aboutirent à la création de l'Organisation météorologique internationale (OMI) en 1873. En 1950, l'OMI prit le nom d'OMM – Organisation météorologique mondiale (voir p. 80).

EXPLORATION AÉRIENNE

De courageux aérostiers risquèrent leur vie pour observer le ciel et contribuèrent largement aux progrès de la météorologie en réunissant des informations sur les vents et la température de la haute atmosphère. Les premières expériences libres commencèrent le 15 octobre 1783 avec François Pilâtre de Rozier, premier homme à s'élever dans les airs avec une montgolfière. Dans les mois qui suivirent, on associa rapidement la météorologie à ces expériences. Louis Joseph Gay-Lussac (1778-1850), en montant à plus de 7 000 m en 1804, entreprit une étude scientifique de l'atmosphère. C'est à partir de 1867 que les études aérostatiques à but météorologique se multiplièrent, à la suite des essais de James Glaisher et Robert Coxwell, deux Britanniques audacieux, qui effectuèrent 28 vols au-dessus de l'Angleterre entre 1862 et 1866. Léon Teisserenc de Bort, un météorologue français, fit des centaines d'expériences de ce genre dans son observatoire privé, près de Paris. Elles révélèrent quelque chose d'inattendu : au lieu de baisser, la température atmosphérique s'élève avec l'altitude, entre 9 et 13 km. En 1902, de Bort parvint à convaincre ses collègues que ces données chiffrées n'étaient pas erronées. La stratosphère, une nouvelle couche atmosphérique (voir p. 24), venait d'être découverte.

EN AVANT Les premiers ballons « habités » s'élèvent dans le ciel de Paris en 1783.

La météorologie à travers les âges

L'ÂGE DES PRÉVISIONS SYNOPTIQUES

De la fin du XIXᵉ siècle au début du XXᵉ, la pratique des prévisions synoptiques s'est peu à peu affinée.

Les prévisions synoptiques ont commencé à s'améliorer après 1860, avec la création de services météorologiques nationaux à travers le monde.

Services météo nationaux

En 1854, au cours de la guerre de Crimée, une violente tempête engloutit 38 navires et fit 400 victimes. À la suite de ce drame, l'astronome Le Verrier fut chargé par le ministre de la Guerre, le maréchal Vaillant, d'étudier le phénomène ; le premier service météorologique national venait d'être créé. Outre la France, les États-Unis et le Royaume-Uni *(voir p. 72)*, d'autres pays comme l'Autriche, le Danemark, l'Italie, la Norvège, le Portugal, la Russie et la Suède fondèrent des services nationaux. Malgré les efforts de ces organismes naissants, l'exactitude des prévisions météo ne progressa que très lentement.

VILHELM BJERKNES *inventa le terme de « front » pour désigner les limites entre les masses d'air chaud et froid.*

L'école de Bergen

Un grand pas fut franchi entre 1918 et 1923, grâce à un groupe de météorologues scandinaves dirigé par le professeur Vilhelm Bjerknes (1862-1951) et désigné sous le nom d'école de Bergen. Ils élaborèrent une théorie selon laquelle l'activité météorologique est concentrée dans des zones relativement étroites qui délimitent les masses d'air chaud et les masses d'air froid. Ils appelèrent ces zones des « fronts », en référence aux fronts des batailles de la Première Guerre mondiale. On a pu confirmer par la suite que ces fronts sont en grande partie à l'origine du temps qu'il fait *(voir p. 34)* ; des méthodes ont alors été mises au point pour permettre aux météorologues de prévoir le déplacement des fronts avec une extrême précision.

La météo de guerre

Au cours des deux guerres mondiales, les états-majors ont accru leurs exigences en matière de prévisions météo, dont l'incidence peut être directe sur l'issue des combats. Ainsi, le débarquement des Alliés s'est déroulé le 6 juin 1944 à la faveur d'une amélioration temporaire des conditions météorologiques que les spécialistes américains et britanniques avaient annoncée avec une extrême précision. La météorologie a donc fait des progrès considérables grâce aux moyens déployés dans le cadre des efforts de guerre. Les expériences menées à la fin du XIXᵉ siècle avec des instruments météo embarqués dans des ballons *(voir p. 73)* ont permis d'inventer le radiosondage dans les années 1930. Il s'agit d'un ensemble d'instruments attachés à un ballon : des détecteurs de pression, de température et d'humidité, et un émetteur qui envoie les données à une station

LES PREMIERS SERVICES MÉTÉO FRANÇAIS *étaient très efficaces. En 1877, 1 230 coopératives agricoles françaises recevaient des informations concernant les gelées et les orages, ce qui permettait aux agriculteurs de limiter les dégâts (à gauche).*

L'âge des prévisions synoptiques

INVENTIONS EN TEMPS DE GUERRE *Au Japon, en 1944, les pilotes des B-29 (à gauche) se heurtèrent à des vents forts à haute altitude, connus aujourd'hui sous le nom de jet-streams (voir p. 31). Les radars (ci-dessous), conçus à l'origine pour repérer les avions, furent utilisés pour suivre le régime des précipitations.*

Ils sont à l'origine de la vie, ils préoccupaient chaque jour nos ancêtres ; aujourd'hui encore, de quoi parlerions-nous si nous n'avions pas comme sujets le temps et le climat ?

PATRICK MARLIÈRE,
météorologue français

CARTES DE L'ATMOSPHÈRE

Les données fournies par les réseaux de radiosondage et les radars ont permis aux météorologues de tracer des cartes des couches supérieures de l'atmosphère. Ces cartes ont marqué une étape importante dans les progrès de la météorologie, car la pression atmosphérique, la température et la vitesse du vent ont une forte influence sur le temps.

au sol. Durant la Seconde Guerre mondiale, les réseaux de radiosondage se sont multipliés, de nombreux vols allant jusque dans la stratosphère.
Ces expériences apportèrent une foule d'informations aux chercheurs. Le parcours des ballons était suivi au sol à l'aide de théodolites optiques (instruments de mesure d'angles horizontaux et verticaux) afin de calculer la vitesse du vent. Toutefois, les ballons s'écartaient du champ de vision ou étaient cachés par les nuages. Les radars *(voir p. 100)*, mis en place de manière intensive pendant la Seconde Guerre mondiale pour détecter et suivre les avions, résolurent ce problème.
Les scientifiques s'aperçurent qu'ils pouvaient aussi utiliser les radars pour suivre l'évolution des précipitations.
C'est ce qui permit aux stations météorologiques de surveiller les cyclones, les fronts, les orages et les tornades.

CARL-GUSTAF ROSSBY

Carl-Gustaf Rossby (1898-1957), disciple de Vilhelm Bjerknes, fut l'un des météorologues les plus influents du XXe siècle. Né en Suède, il s'installa aux États-Unis en 1926. Il fut le premier à étudier la circulation générale de l'atmosphère et les méandres des masses d'air venant de l'ouest en ondes longues dans la troposphère supérieure, désignés sous le nom d'ondes de Rossby *(voir p. 31)*. Rossby étudia aussi les modèles mathématiques pour les prévisions météorologiques et formula la base des premiers modèles de prévisions numériques (par ordinateur). On lui doit d'avoir découvert l'existence des jet-streams et élaboré les théories fondamentales qui expliquent leur mouvement.

La météorologie à travers les âges

Vers les temps modernes

Les techniques modernes, en particulier les ordinateurs et les satellites, ont permis d'affiner considérablement les prévisions météorologiques et les avis de tempête.

Les prévisions numériques sont fondées sur des modèles où le mouvement de l'atmosphère et les phénomènes physiques qui s'y opèrent sont traduits sous forme d'équations mathématiques. Le concept de prévision numérique est dû au mathématicien anglais Lewis Fry Richardson (1881-1953), dont la communication publiée en 1922 était prémonitoire.

Il fallut des mois à Richardson pour effectuer les calculs ardus indispensables pour établir des prévisions vingt-quatre heures à l'avance, mais les changements de pression qu'il avait prévus étaient de dix à cent fois trop grands. Cependant, il avait posé le premier jalon des prévisions numériques.

POUR LEWIS FRY RICHARDSON *(à droite), les prévisions numériques régulières nécessitaient 64 000 mathématiciens équipés de calculateurs électroniques. Le logo de l'Organisation météorologique mondiale (en haut à gauche).*

Relever le défi

Les travaux de Richardson ont fait ressortir certains obstacles fondamentaux à la fiabilité des prévisions numériques : il fallait faire très vite un nombre considérable de calculs ; les données d'observation de base étaient inadéquates ; les modèles n'étaient que des représentations brutes de l'atmosphère ; et les problèmes liés aux raisonnements mathématiques risquaient d'introduire des petites erreurs qui augmentaient à mesure que les calculs progressaient.

Les ordinateurs ont résolu le problème des calculs. En 1949, les premières prévisions numériques relativement satisfaisantes ont été faites aux États-Unis. Le mathématicien d'origine hongroise John von Neumann (1903-1957) et son équipe ont réalisé ces calculs à l'aide de l'un des premiers ordinateurs, l'ENIAC *(Electronic Numerical Integrator and Computer)*. À partir d'avril 1955, les prévisions numériques se pratiquaient de manière courante aux États-Unis. À l'origine, elles n'étaient guère mieux que celles fournies par les moyens traditionnels, mais elles n'ont pas tardé à s'améliorer avec des ordinateurs plus rapides, des données plus fiables et des modèles plus élaborés.

Les satellites météorologiques

Après la Seconde Guerre mondiale, les savants américains remplacèrent les têtes des fusées V2 – missiles propulsés par des fusées que les Allemands avaient inventés pendant la guerre – par des caméras. Ils furent émerveillés par les résultats. Il était enfin devenu possible d'observer les tempêtes

LES V2 *donnèrent les premières images de l'espace relatives aux processus météorologiques terrestres.*

Vers les temps modernes

de l'espace et d'obtenir une image panoramique du temps. Peu après, le 1er avril 1960, on lança le satellite sur orbite polaire Tiros 1 *(Television and Infra Red Observation Satellite)* qui prit 23 000 images de la Terre et des nuages sur une période de soixante-dix-huit jours. Les météorologues du monde entier étaient admiratifs. L'intérêt des satellites apparut clairement au public. En septembre 1961, les images satellite du cyclone Carla permirent d'évacuer plus de 350 000 personnes le long des côtes du golfe du Mexique – la plus grande opération d'évacuation jamais réalisée aux États-Unis.

Dans les années 1960, la météorologie par satellite fit des progrès fulgurants. Les perfectionnements des techniques d'infrarouges ont permis de prendre des photos de nuit. On a pu obtenir, dès 1963, des photographies de satellites qui évoluaient au-dessus de ces zones et en 1966 eut lieu le lancement du premier satellite géostationaire – ces satellites sont placés au-dessus de l'équateur et peuvent observer environ un tiers du globe.

TIROS 1, *premier satellite sur orbite polaire, lancé le 1er avril 1960.*

LA VEILLE MÉTÉOROLOGIQUE MONDIALE

Les succès remportés grâce aux satellites incitèrent les nations à coopérer pour rassembler leurs données. En 1961, l'assemblée générale des Nations unies adopte à l'intention de l'Organisation météorologique mondiale (OMM) une résolution sur les sciences de l'atmosphère. Malgré la guerre froide, cent cinquante pays, dont l'ex-URSS, répondirent à l'appel du président américain. C'est ainsi que fut créée, en 1963, la Veille météorologique mondiale (VMM), sous les auspices de l'OMM. Ce programme permet aux membres de l'OMM de procéder à l'échange des données communiquées par leurs réseaux d'observation, ce qui facilite l'établissement de cartes météorologiques mondiales.

LE MONDE SELON GARP

Les membres de l'OMM participent également au Programme de recherches sur l'atmosphère globale (GARP), qui comporte un certain nombre d'études, comme l'Expérience météorologique mondiale, le plus grand exercice scientifique international jamais entrepris sur le terrain. Pendant un an, du 1er décembre 1978 au 1er décembre 1979, les membres de l'OMM déployèrent des moyens technologiques permanents en vue de soumettre l'atmosphère à une analyse aussi complète que possible.

L'ENIAC, *utilisé pour le calcul des premières prévisions numériques, était un dinosaure : il comportait 18 000 tubes à vide, 70 000 résistances, 10 000 condensateurs et 6 000 commutateurs. L'alimentation de la machine occupait moitié plus de place que l'ordinateur lui-même.*

Eh ! qu'aimes-tu donc, extraordinaire étranger ?

J'aime les nuages… les nuages qui passent… là-bas… là bas…

les merveilleux nuages !

CHARLES BAUDELAIRE, *le Spleen de Paris.*

Chapitre IV
La météorologie moderne

La météorologie moderne

LES ORGANISATIONS MÉTÉOROLOGIQUES

Des organisations nationales et internationales observent et prévoient le temps, travaillant ensemble dans un esprit de coopération mondiale.

LES SERVICES météorologiques nationaux forment les nœuds d'un réseau complexe d'activités liées à la météorologie. Ces services sont destinés à répondre aux besoins propres à chaque nation, et se concentrent sur les aspects du temps ayant le plus d'impact sur la bonne marche du pays : en France, c'est la prévision des risques d'inondations, ou de fortes gelées et averses de grêle dans les régions productrices de primeurs, des ouragans pour les départements d'outre-mer, etc. Les services météorologiques rassemblent et coordonnent les efforts combinés des universités, de l'industrie et de leurs propres centres de recherche.
Le personnel impliqué dans la prévision du temps doit avoir de vastes compétences.
En effet, les météorologues mesurent et interprètent les données de nombreux

LES MESURES *sont prises à des endroits très divers. En Australie, par exemple, il y a des stations météorologiques dans les rues passantes de Melbourne (à droite) comme dans les terres reculées de l'Australie-Occidentale (ci-dessous).*

instruments, puis utilisent ces informations synthétiques pour les prévisions.
Des systèmes informatiques très puissants effectuent l'analyse scientifique et mathématique des données. Cette énorme masse d'informations est ensuite ramenée à une forme accessible. Des réseaux complexes transmettent les informations aux médias (télévision, presse, radio, etc.) à destination du grand public.
Outre les prévisions standards, ce peut être aussi des alertes en cas de forte pluie, de brouillard, de gelée ou de chute de neige. Les services météorologiques fournissent des informations spécialisées aux agriculteurs, aux forces armées et aux transports.

LES ORDINATEURS, *qui traitent quantités de données, sont aujourd'hui un outil de prévision clé des services météorologiques, comme à l'agence du Japon (ci-dessus).*

UNE VISION GLOBALE

Le climat étant global par nature, une coopération mondiale est indispensable. La plupart des services nationaux s'efforcent de fournir en priorité des prévisions détaillées sur un ou deux jours pour leur propre pays, mais tous contribuent à un travail international.
Trois services météorologiques nationaux sont particulièrement impliqués dans la prévision à l'échelle mondiale : le Centre national météorologique américain de Camp Springs, dans le Maryland (États-Unis), l'Office météorologique britannique de Bracknell, en Angleterre, et le Centre européen de prévisions météorologiques à moyen terme (ou CEPMMT), près de Reading

Les organisations météorologiques

UN SERVICE MÉTÉOROLOGIQUE
(photo en bas à droite) étudie les phénomènes particuliers : tempête de neige au Canada (à gauche), pluies de mousson dans les pays subtropicaux (ci-dessous).

(Angleterre). Le CEPMMT doit fournir des prévisions sur un à dix jours pour ses dix-sept pays membres. Comme il n'a pas à fournir de bulletins météorologiques à court terme, il peut consacrer du temps à collecter et à assimiler les données ; il est considéré comme le leader de la prévision à moyen terme. Il échange ses résultats avec les autres services météorologiques du monde.
L'Organisation météorologique mondiale (ou OMM), créée en 1951, est une agence spécialisée de l'Organisation des Nations unies. Elle compte plus de 170 pays membres et supervise trois centres météorologiques mondiaux : l'un à Melbourne (Australie), l'autre à Moscou (Russie) et le dernier à Washington (États-Unis).
Elle a pour tâche principale d'améliorer les observations météorologiques, d'uniformiser la collecte des données et d'optimiser la redistribution des informations météorologiques. L'OMM joue un rôle central dans l'établissement de standards pour les procédures météorologiques. Elle comprend huit commissions techniques, qui collaborent avec les services météorologiques nationaux. Ces commissions couvrent les domaines de la météorologie synoptique, la météorologie aéronautique la climatologie, la physique de l'atmosphère, la météorologie agricole, l'hydrologie, la météorologie marine, et les méthodes et instruments d'observation.
La Veille météorologique mondiale (VMM), créée en 1963, est un système météorologique global qui utilise les équipements et l'infrastructure des services nationaux membres de l'OMM. La VMM collecte les données reçues par les stations terrestres de réception satellitaire de réseaux spécialisés tels que les stations radar. Elle reçoit en outre les observations provenant de quelque 12 000 stations terrestres (dont 152 stations françaises), plus de 7 000 bateaux et plates-formes pétrolières, 700 stations faisant des relevés en altitude par ballons-sondes *(voir p. 100),* et de nombreuses lignes aériennes commerciales. Toutes ces données sont transmises aux centres régionaux et nationaux en code, *via* des télétypes et des liens radio, et de là sont injectées dans le système mondial de transmission à grande vitesse qui relie les trois centres météorologiques mondiaux de l'OMM.
Les centres nationaux analysent ces données pour fournir des cartes synoptiques et pour alimenter les modèles météorologiques numériques qui fournissent des prévisions à intervalles réguliers, diffusées ensuite à chaque service météorologique (national, régionaux et locaux).

La météorologie moderne

PRÉPARER UN BULLETIN MÉTÉO

Un vaste réseau de personnes et de matériels fournit les données nécessaires pour des prévisions précises.

LES MÉTÉOROLOGUES font la différence entre les prévisions empiriques et celles élaborées par ordinateur. Si l'on considère la prévision des chutes de pluie, deux méthodes empiriques donnent des résultats impressionnants. La première est le « principe de continuité », qui consiste à prévoir pour demain le même temps pluvieux qu'aujourd'hui. Aux latitudes moyennes, il donne des résultats précis à environ 70 %. L'autre méthode empirique, la méthode climatologique, utilise les moyennes à long terme. Si, par exemple, les statistiques pour un lieu particulier montrent qu'en janvier il y a en moyenne dix jours de pluie, alors on prévoira de la pluie tous les trois jours. Là encore, la précision de la « prévision » sera autour de 70 % pour bien des régions de moyenne latitude.

LA VEILLE MÉTÉO *Une carte dessinée à la main (en haut à gauche). Lecture d'un thermomètre à bord d'un navire météorologique (ci-dessus). Suivi des signaux radar (à droite).*

Ces méthodes ne prennent toutefois pas en compte le temps véritable. Une technique de prévision ne fera donc la preuve de son expertise que si elle est plus précise que ces deux précédentes approches. Les méthodes sophistiquées utilisent des données provenant d'une grande diversité de sources.

Les informations sont entrées dans des modèles numériques globaux (traitant l'atmosphère dans sa globalité), qui sont ensuite utilisés pour simuler le futur état atmosphérique. Les situations en cours et prévue sont toutes deux représentées par des cartes *(voir p. 84)*.

L'ÉLÉMENT HUMAIN

Les observateurs humains sont au cœur du système de mesures météorologiques ; ce sont eux qui fournissent les données brutes. Ce réseau, mondial et terrestre, englobe des professionnels des services météorologiques, des gens travaillant dans des industries sensibles aux conditions

MESURE DE LA VITESSE DU VENT *aux abords de la station météorologique française Dumont-d'Urville, en Antarctique.*

météorologiques, et des citoyens devenus observateurs officiels. Ces observateurs suivent une routine bien établie. Les relevés sont pris à des moments précis – toutes les une, trois ou six heures. Les principales mesures sont le taux d'humidité, les températures maximale et minimale, la hauteur des précipitations, la vitesse et la direction du vent, la direction de déplacement des nuages, leur type et leur altitude, l'importance de la couverture nuageuse, enfin, la pression atmosphérique. Aussi vite que possible, ces informations sont converties en codes numériques et transmises au centre météorologique régional. Là, tous les rapports venant d'une région donnée sont rassemblés et envoyés au service central de prévisions. Les équipages des bateaux, des plates-formes pétrolières et des avions communiquent aussi des données. En outre, des instruments électroniques fournissent une moisson d'informations *(voir p. 100)*. Les stations météorologiques automatiques sont programmées pour faire des relevés réguliers. Des mesures en haute atmosphère sont faites par des ballons-sondes – instruments

DEPUIS L'ESPACE *Notre planète vue d'un satellite géostationnaire (à gauche). Une tempête sur la mer de Béring (ci-dessous), vue par un satellite sur orbite polaire.*

embarqués à bord de ballons. Les données sur les chutes de pluie sont fournies par des radars ; les satellites mesurent le rayonnement infrarouge émis par la surface de la Terre, la mer et les nuages, ainsi que la vapeur d'eau dans la haute atmosphère.

DONNER UNE IMAGE RÉALISTE

Les météorologues doivent commencer leurs calculs avec une image aussi précise que possible de l'état atmosphérique mondial. Plus les erreurs introduites au début seront grandes, plus rapidement les prévisions cesseront d'être utiles *(voir p. 104)*.
Toutefois, les mesures effectuées sur terre sont bien plus nombreuses que celles prises en mer ou en avion. Les satellites contribuent à rééquilibrer l'apport des données, mais ils ont leurs limites. Par exemple, des mesures en un lieu précis ne sont réalisables que si un satellite est en orbite juste au-dessus à ce moment.
La quantité de données qui doit être traitée chaque jour dépasse l'imagination. Un seul satellite fournit 150 000 observations par jour. En l'espace des six (ou trois) heures séparant deux rapports, tout centre de prévision doit collecter l'ensemble des données de l'ensemble de ses différentes sources, repérer les erreurs, ramener les données à un format standard, puis les entrer dans les modèles numériques globaux. En pratique, environ 90 % des données sont traitées en trois ou quatre heures.

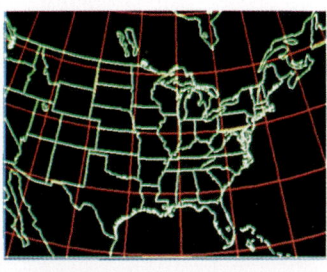
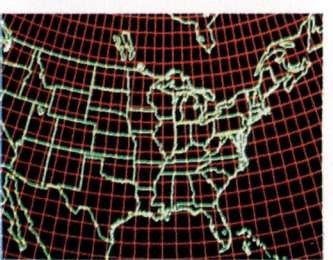
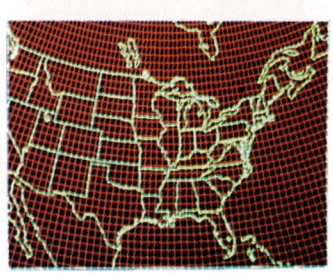
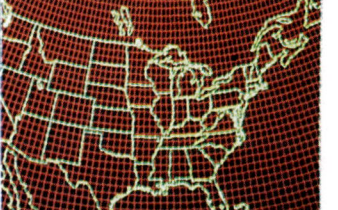

CES GRILLES *(à gauche) délimitent les points d'entrée des données pour les modèles numériques de prévision météorologique. La résolution d'une grille varie suivant les objectifs du modèle ; la maille va de 8° en latitude et longitude pour les modèles climatiques globaux, à 1° pour les prévisions plus détaillées.*

La météorologie moderne

ÉTABLIR UNE CARTE

Jusque récemment, les cartes météorologiques étaient dessinées à la main, mais cette tâche est désormais dévolue en majeure partie aux ordinateurs. Dans tous les cas, la procédure est la même. Les conditions météorologiques en chaque lieu, telles que relevées par les observateurs et les équipements automatiques, sont portées sur une carte de surface en employant des symboles standardisés *(voir page ci-contre)* utilisés dans le monde entier, de sorte que n'importe quel utilisateur comprendra la carte. Tous les points d'égale pression sont reliés par des lignes pour former des isobares – les isobares indiquent une zone de haute pression (un anticyclone, signalé par la lettre A ou H), ou de basse pression (une dépression, signalée par la lettre D ou L). Puis les fronts froids et chauds – les frontières entre les masses d'air –, identifiés avec l'assistance des images satellite, sont reportés sur la carte. Les régions de chutes de pluie sont parfois hachurées ou ombrées *(voir p. 88).*

Des cartes sont aussi établies pour les étages supérieurs de l'atmosphère, en utilisant la vaste gamme d'informations fournies par les ballons-sondes, les avions, les radars et les satellites.

INTERPRÉTER UN MODÈLE GLOBAL

Les plus puissants supercalculateurs qui font tourner les programmes des modèles climatiques peuvent aujourd'hui exécuter plus d'un milliard d'opérations par seconde. En une heure, ils produisent un assortiment de prévisions nécessaires à une grande diversité d'usagers, allant des médias à l'industrie aéronautique.

L'interprétation humaine des résultats produits par les modèles est une part essentielle de l'établissement des prévisions. En se servant d'éléments repérés sur les images satellite et radar mais impossibles à incorporer aux modèles, il est souvent possible de voir où les simulations se trompent. Les météorologues disposent aussi des données satellite et radar arrivées après l'heure limite de début d'analyse par les ordinateurs. Leur interprétation de ce matériel permet d'affiner encore les prévisions, ce qui est particulièrement précieux quand on doit prévoir à court terme. Les jugements de cette nature doivent s'exercer dans le cadre d'un horaire serré. Les prévisions définitives paraissent juste avant que la nouvelle vague de mesures n'arrive, et l'ensemble du processus recommence alors.

LES CARTES MÉTÉO, *ou cartes synoptiques, sont dessinées manuellement (à gauche) ou préparées par ordinateur. Des météorologues à l'Office météorologique d'Adélaïde, en Australie (ci-contre à droite).*

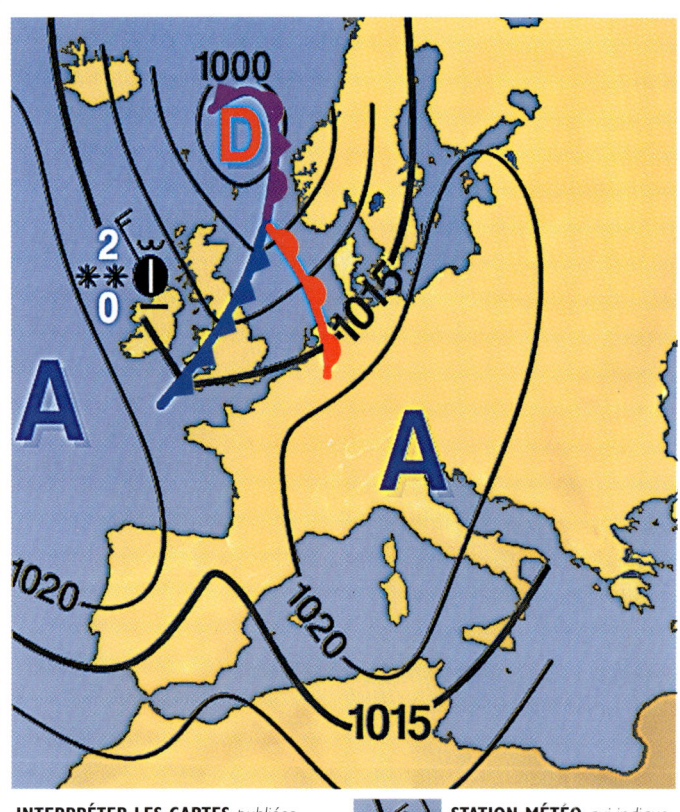

INTERPRÉTER LES CARTES publiées dans les journaux et sur les chaînes spécialisées ne présente pas de difficultés majeures ; il faut juste un peu d'habitude.

- 🟥 front chaud
- 🟦 front froid
- 🟪 front occlus
- **D** dépression
- **A** anticyclone
- —1015 : isobare (hPa)

STATION MÉTÉO *qui indique la nébulosité ●, la force et la direction du vent ___, la température de l'air sec (2) et du point de rosée (0), le type des nuages (— : bas, ⌣ : moyens), le type de précipitations (✶✶ : neige).*

Préparer un bulletin météo

SYMBOLES MÉTÉOROLOGIQUES INTERNATIONAUX

SITUATION PRÉSENTE		COUVERTURE NUAGEUSE		NUAGES DE MOYENNE ALTITUDE	
9	bruine faible	○	clair	∠	altostratus
9 9	bruine faible, continue	◐	couvert au 1/8	﹀	altocumulus
9 9	bruine modérée, intermittente	◐	couvert aux 2/8	M	altocumulus castellanus
9 9 9	bruine modérée, continue	◐	couvert aux 3/8	**NUAGES DE HAUTE ALTITUDE**	
9 9 9	bruine forte, intermittente	◐	couvert aux 4/8	⌒	cirrus
9 9 9 9	bruine forte, continue	◐	couvert aux 5/8	2	cirrostratus
●	pluie faible	◐	couvert aux 6/8	∽	cirrocumulus
● ●	pluie faible, continue	◐	couvert aux 7/8	**VITESSE DU VENT**	
● ●	pluie modérée, intermittente	●	totalement couvert	**km/h**	
● ● ●	pluie modérée, continue			◎	calme
● ● ●	pluie forte, intermittente	**NUAGES DE BASSE ALTITUDE**		──	1–3
● ● ● ●	pluie forte, continue	─	stratus	⊥	4–13
✶	neige faible	⌣	stratocumulus	⊥	14–23
✶ ✶	neige faible, continue	⌒	cumulus	⊥	24–33
✶ ✶	neige modérée, intermittente	⌒	cumulus congestus	⊥	34–40
✶ ✶ ✶	neige modérée, continue	⌒	cumulonimbus calvus	▙	89–97
✶ ✶ ✶	neige forte, intermittente	⌓	cumulonimbus avec enclume	▙▙	192–198
✶ ✶ ✶ ✶	neige forte, continue				
▽	grêle				
∿	pluie verglaçante				
⌒⌒	fumée				
)(	tornade				
⅄	tourbillon de poussière				
S	tempête de poussière				
≡	brouillard				
⌐	orage				
<	éclair				
⌀	cyclone				

La météorologie moderne

La diffusion des informations météo

Des millions d'observations et de calculs sont condensés sous forme de prévisions en quelques mots et images.

Les météorologues présentent leurs prévisions sous une multitude de formes. Les médias fournissent au grand public des prévisions générales simplifiées concernant le monde, un pays, des régions. Certains groupes et industries ont, eux, besoin d'informations particulières, qui sont délivrées par divers services.

Les médias
Télévision, radios et journaux nous fournissent beaucoup d'informations sur le temps. Dans les journaux et à la radio, les prévisions sont réduites à l'essentiel, bien que la plupart des journaux fournissent une carte et que certains donnent une photo satellite récente. Les bulletins télévisés n'offrent souvent guère plus de détails, mais une abondance de cartes pour les jours à venir, des photos satellite animées, voire des images radar des précipitations.

Des services spécialisés
L'information peut aussi être accessible par fax, par téléphone et par les serveurs informatiques (Minitel et Internet). On peut obtenir des prévisions détaillées pour des régions particulières – par exemple, les zones montagneuses ou les eaux continentales (lacs, canaux, etc.). Des services spécialisés informent certains groupes d'intérêt comme les professionnels de la montagne, les marins ou l'aviation de tourisme. Quiconque est intéressé par le temps peut accéder à une profusion d'informations récentes. Météo-France élabore des prévisions à cinq jours et fournit des informations nationales, régionales et locales, terrestres, marines ou aériennes, mises à jour régulièrement, sur kiosque téléphonique, par Minitel et par les programmes télétextes de la télévision. Météo-France utilise ses propres modèles atmosphériques : Arpège, qui couvre une grande partie du globe et dont la maille est d'environ 30 km au-dessus de l'Europe ; Aladin, pour les prévisions régionales, dont la maille est de 10 km ; un modèle à maille de 3,5 km avait été mis en œuvre pour les jeux Olympiques d'Albertville. Les gens qui, comme les marins, ne peuvent obtenir de cartes météorologiques imprimées, écoutent sur leur radio les bulletins de météorologie marine que publient à intervalles réguliers les services météorologiques nationaux du monde entier.
Dans bien des pays, des

LA MÉTÉO *est présente dans toute la presse quotidienne (en haut) et à la télévision, où elle bénéficie d'une très forte audience. Des chaînes spécialisées comme, en France, La Chaîne Météo (ci-dessus et ci-contre), et, au Canada, Météomédia, ont été créées à la plus grande satisfaction du public.*

La diffusion des informations météo

UNE ALERTE PRÉCOCE
au mauvais temps contribue à sauver des vies humaines et laisse parfois aux gens un délai suffisant pour protéger leurs biens. La météorologie fournit des avertissements précieux pour prévenir les risques d'inondation (à droite) ou d'incendie (en bas).

pays, des informations plus complètes sont diffusées en morse pour les radios et sous forme codée pour les télétypes. Des détails sur ces services et sur les fréquences d'émission sont fournis par Météo-France et par l'Organisation météorologique mondiale. Les services météorologiques adressent des informations directement à certaines industries. L'aviation civile dépend de prévisions détaillées et précises pour assurer la sécurité de ses vols. Par exemple, si du brouillard est prévu sur tel aéroport, tous les avions au décollage pour cette destination devront emporter assez de carburant pour atteindre éventuellement un autre aéroport.

LES CYCLONES *sont signalés aux États-Unis par des drapeaux spéciaux (ci-contre). Les tornades, comme celle qui a dévasté la ville de Saragosa, au Texas (à droite), sont trop petites pour être détectées par les modèles numériques.*

DES ALERTES GRAVES
L'un des aspects les plus frappants de l'amélioration des prévisions est la capacité des services à faire paraître à temps des avertissements. Les modèles numériques peuvent désormais anticiper le développement des tempêtes majeures bien avant qu'aucun signe n'apparaisse, et prévoir avec une précision croissante le trajet des cyclones. Ces progrès ont conforté la confiance des météorologues et encouragé le public à tenir compte des alertes. Prévoir les tornades reste toutefois difficile, car elles sont souvent de trop petite taille pour pouvoir être discernées par les modèles numériques *(voir p. 104).*

SE SERVIR DES PRÉVISIONS
À mesure que vous connaîtrez mieux les mécanismes météorologiques, vous pourrez exercer votre jugement et essayer d'interpréter les données présentées par les médias *(voir p. 88).* Utilisez votre connaissance du climat local pour peaufiner le tableau, cela vous aidera à organiser vos activités d'extérieur, de l'allumage d'un barbecue dans le jardin à la randonnée pédestre dans l'arrière-pays.
Quand un très mauvais temps menace, il est vital de rester à l'écoute des prévisions météorologiques. Si vous combinez ces informations avec ce que vous observez et expérimentez – vents qui forcissent, plafond nuageux qui s'abaisse, neige ou forte pluie –, vous adapterez vos activités (sports nautiques, randonnées...) en conséquence. Cependant, quelle que soit votre confiance en vos capacités d'observation du temps, ne négligez jamais les avertissements donnés par les professionnels sur des conditions dangereuses, car celles-ci peuvent parfois se développer avec une rapidité extrême.

La météorologie moderne

LIRE UNE CARTE MÉTÉO

Une fois les éléments de base d'une carte météo assimilés, vous saurez interpréter les prévisions.

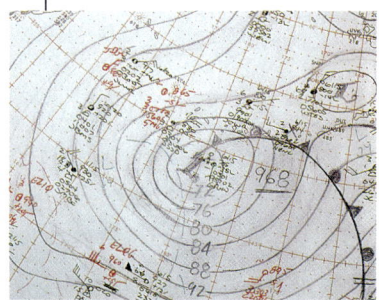

UNE CARTE MÉTÉO est un condensé d'énormes quantités d'informations dans un format standardisé. Elle expose les plus récentes observations de la situation présente (carte d'analyse) ou les résultats de modèles pour une date future (carte de prévision).

QU'Y A-T-IL SUR UNE CARTE ?

Les premières choses à observer sont les zones de hautes et de basses pressions. Elles sont en général indiquées, au centre des zones, par les lettres A pour anticyclone (ou H pour *High Pressure*) et D pour dépression (ou L pour *Low Pressure*). De nombreuses cartes indiquent aussi les isobares, ou lignes d'égale pression atmosphérique. Sur certaines cartes, chaque isobare porte un nombre, qui représente la pression de l'air en hectopascals *(voir p. 96)*. Dans un anticyclone, la pression de l'air croît vers le centre de la zone, tandis que, dans une dépression, c'est l'inverse. Des isobares rapprochées impliquent des vents forts, normalement associés aux dépressions. Inversement, quand les isobares sont très écartées, un temps relativement calme prévaut, en général associé à un anticyclone (qui donne souvent un ciel dégagé). En hiver, les hautes pressions peuvent signifier des températures basses la nuit *(voir p. 35)* et, hiver comme été, provoquer la stagnation de

ANTICYCLONES ET DÉPRESSIONS
Cette carte dessinée à la main (en haut à gauche) montre une dépression. Le niveau de la pollution de l'air dans les villes (ci-dessus) augmente souvent par temps calme en présence d'un anticyclone.

l'air, ce qui fait monter en flèche le niveau de la pollution.
Il est utile de comprendre comment les vents soufflent autour des principales zones de hautes et basses pressions, et s'ils viennent de latitudes plus hautes ou plus basses. Vous pouvez le savoir en observant les isobares. Dans l'hémisphère Nord, les vents soufflent dans le sens des aiguilles d'une montre autour d'un anticyclone, et en sens inverse autour d'une dépression. (C'est le contraire dans l'hémisphère Sud.) En déterminant la direction du vent et en suivant les isobares

LES JOURNAUX *proposent des cartes simplifiées (à droite) qui montrent ou non les isobares avec les contours d'un front froid (ci-dessus) par une ligne portant des triangles.*

Lire une carte météo

CARTES MÉTÉO ET IMAGES SATELLITE

Combiner les informations des cartes météo et des images satellite permet d'obtenir des aperçus supplémentaires sur le temps. Les médias les diffusent régulièrement et elles sont désormais disponibles par fax ou Internet. Les photos satellite montrent les formations nuageuses, tandis que la distribution des pressions donnée par les cartes indique comment l'air se déplace, où sont situés les principaux fronts et d'où viennent les masses d'air. Ensemble, elles montrent comment l'atmosphère engendre des conditions particulières.

L'exemple ci-contre illustre la super-tempête de mars 1993 qui longea la côte est des États-Unis. Elle commença, le 12 mars, par une dépression « ordinaire » au-dessus du golfe du Mexique, qui se creusa ensuite en se déplaçant vers le nord-est au-dessus de la Floride au cours des vingt-quatre heures suivantes.

Dans l'image satellite (en haut), nous voyons un air froid drainé depuis l'extrême nord vers les États du Sud, et une ligne de grains bien développée *(voir p. 49)* qui précède le front. La carte météo (ci-contre) montre la tempête centrée au sud-est au-dessus de la Géorgie, et le front froid (triangles) et la ligne de grains (tirets) juste à l'est de la Floride. La super-tempête engendra des inondations et des tornades en Floride, et des chutes de neige dans des États de l'Est (en bas : 33 cm à Birmingham, en Alabama).

Le Service météorologique national accède à des cartes météorologiques et à des images satellite mises à jour, ainsi qu'aux observations de dispositifs radar et aux simulations numériques, et émet des avertissements très détaillés vingt-quatre heures avant la première chute de neige.

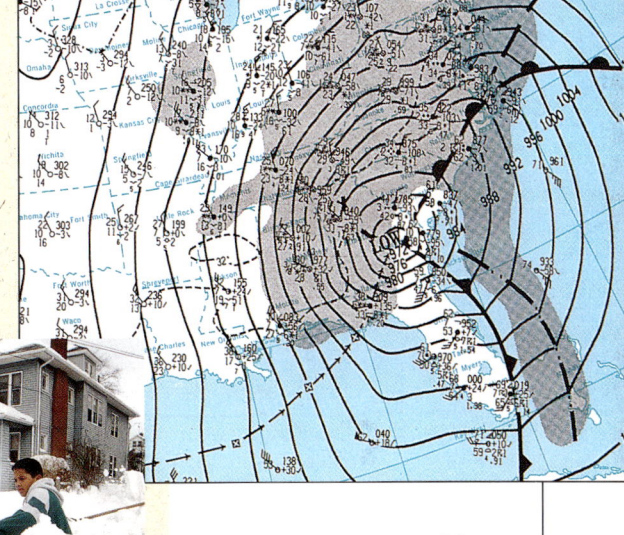

Neige neige reste en Norvège jusqu'à ce que j'apprenne le solfège

PHILIPPE SOUPAULT, *Décembre.*

à partir du centre des anticyclones et des dépressions, on peut dire d'où proviennent les vents dans une partie du monde. De l'air venant des hautes latitudes en hiver est froid et sec, mais, s'il passe au-dessus d'océans, il se réchauffe et se charge d'humidité, donc de nuages. Les vagues de froid aux États-Unis ou en Europe surviennent lorsque l'air arctique descend du Canada ou de Sibérie. Inversement, l'air venant des basses latitudes sera doux et humide *(voir p. 30)*. Les cartes signalent aussi les fronts, qui marquent le contact entre des masses d'air de températures différentes. Les lignes portant des triangles représentent les fronts froids, et celles portant des demi-cercles, les fronts chauds. Les fronts des perturbations impliquent des changements de temps *(voir p. 34)*.

FAIRE LA SYNTHÈSE

Quand vous saurez lire les cartes météo, vous trouverez les prévisions plus instructives. Cherchez-y les éléments majeurs afin de voir quel temps ils amènent dans votre région. Vous pourrez ensuite interpréter ce qui est dit des mouvements des zones de pression et des fronts atmosphériques, et en déduire quelles conditions atmosphériques en attendre.

La météorologie moderne

Le météorologue amateur

Se familiariser avec les conditions climatiques locales est le premier pas pour devenir météorologue amateur.

L'INTÉRÊT porté à la météorologie amateur sera d'autant plus grand que l'on aura recours à des techniques de professionnels. Un grand nombre d'instruments météorologiques peuvent d'ailleurs être utilisés à la maison *(voir p. 96-99)*. Vous voudrez peut-être vous servir de vos observations pour confirmer les prévisions météorologiques, ou établir vos propres prévisions.

Cependant, la meilleure façon de commencer à comprendre le temps est tout simplement de regarder le ciel et de suivre son spectacle toujours changeant.

Les signes dans le ciel

Apprendre le nom des nuages est une activité passionnante en soi *(voir p. 188-217)*. En vous familiarisant avec les différents types de nuages et leurs mouvements, vous deviendrez également capable de faire des suppositions éclairées sur l'évolution des conditions atmosphériques.

La plupart d'entre nous savent qu'un ciel noir et menaçant annonce une tempête de pluie ou de neige imminente, et que la diminution constante du nombre des nuages signifie que le temps s'améliore. Les trois types de nuages à identifier sont ceux de haute, moyenne et basse altitude *(voir p. 44)*. Une accumulation de nuages de haute ou moyenne altitude, comme des cirrus ou des altocumulus, indique souvent l'approche d'une perturbation. Quand des nuages bas comme les stratus bougent, mais en retard par rapport aux nuages de l'étage moyen et supérieur, la pluie ou la neige est à craindre. Les cumulus se développent verticalement et peuvent s'étendre de l'étage inférieur à l'étage supérieur.

Les cumulus humilis indiquent habituellement un temps calme stable.

À l'opposé, des cumulus qui grossissent en quelques heures

LES ACTIVITÉS DE PLEIN AIR *bénéficent toujours d'une étude préalable du ciel. Pour un sport comme le deltaplane (en haut), la compréhension du temps est vitale.*

DANS LES NUAGES *Une accumulation d'altocumulus (ci-dessus) annonce souvent l'arrivée d'un front. Les cumulus congestus (à droite) peuvent donner des pluies intenses.*

L'observateur amateur

DE PRÈS ET DE LOIN *La photographie saisit toutes sortes de phénomènes climatiques, du givre sur une fenêtre (ci-dessous) aux zébrures de l'éclair (en bas).*

PHOTOGRAPHIER LE TEMPS

Les phénomènes climatiques sont des sujets idéaux à photographier. Ce sont des événements fugitifs qui doivent être capturés dans l'instant. Le mieux est de garder votre appareil photo toujours à portée de la main. Il y a deux catégories principales de phénomènes. D'abord, les événements distants, de grande ampleur et spectaculaires, tels que les formations nuageuses, les couchers de soleil, les orages et les éclairs, et bien d'autres effets optiques. Ensuite, les manifestations minuscules – gelée blanche sur des plantes, givre sur une vitre – ou microscopiques – flocon de neige ou grêlon –, qui offrent des images exquises. Prendre des photographies aussi différentes nécessite un équipement approprié. Le matériel le plus souple d'utilisation est un appareil reflex, qui permet de changer d'objectif selon le sujet. Pour prendre la totalité du ciel, utilisez un objectif grand angle, tandis qu'un objectif macro grossira les petits sujets. Sinon, un téléobjectif est pratique pour photographier aussi bien de loin que de près, mais il exige beaucoup de lumière. Pour réussir vos clichés d'éclairs, faites des essais, à l'aide d'un pied, en vitesse lente ou en pause. Le bon moment pour admirer les détails du gel et de la rosée est tôt le matin. Les meilleurs clichés de grands sujets sont obtenus en pleine campagne. Mieux encore, les montagnes, les immeubles très hauts et les avions vous offriront une vue panoramique rendant bien plus facile le cadrage d'images spectaculaires.

sont un signe d'instabilité et de menace d'orage pouvant amener des vents violents en rafales, de forts courants ascendants, de grosses pluies et de la grêle. Aux latitudes moyennes, le temps change généralement par l'ouest, mais les vents locaux sont influencés par d'autres facteurs. Ainsi, sur le littoral, les brises de mer peuvent souffler dans une direction totalement différente de celle des vents à quelques kilomètres dans les terres *(voir p. 32)*.

En outre, à mesure qu'un gros orage approche, il draine l'air vers lui, de sorte que les vents de surface soufflent alors dans sa direction, en sens opposé au déplacement de la tempête. Cela explique le vieil adage disant que les orages remontent contre le vent.

En observant le vent et en surveillant le baromètre *(voir p. 96)*, vous pouvez parfois vous faire une idée du prochain changement de temps. Aux latitudes moyennes de l'hémisphère Nord, par exemple, une chute de la pression atmosphérique s'accompagnant d'un vent de sud-ouest forcissant indique l'approche d'une perturbation.

UN HALO *apparaît à l'occasion autour du Soleil (à droite) ou de la Lune. Il est souvent associé à la présence de cirrus.*

EFFETS SPÉCIAUX

Certaines conditions atmosphériques produisent des phénomènes optiques à la fois beaux et instructifs. Les arcs-en-ciel sont sans doute les plus connus, mais il en existe beaucoup d'autres. Tous résultent de l'interaction de la lumière solaire ou lunaire avec des particules dans l'atmosphère et peuvent vous indiquer comment le temps est susceptible de changer. Des halos apparaissent parfois autour du Soleil ou de la Lune. Ils ont tendance à être associés à des cirrus ; ces derniers sont souvent le signe annonciateur de l'arrivée d'une perturbation.

La météorologie moderne

LES SIGNES DANS LA NATURE

Le temps qu'il fait agit sur le comportement des animaux sauvages et la croissance des plantes ; aussi l'observation de la nature approfondira-t-elle votre connaissance technique.

Plantes et animaux réagissent aux changements de temps. Bien qu'ils ne soient certainement pas des outils de prévision fiables, ils montrent les liens entre la nature et le climat.

Maximes populaires

Dans le folklore, maints comportements animaux sont interprétés comme l'annonce d'un changement de temps, notamment l'approche de la pluie. La nature réagit en effet à l'arrivée des tempêtes de nombreuses façons : les insectes sont plus actifs, les abeilles retournent à leur ruche, oiseaux et chauves-souris volent plus bas, les grenouilles coassent plus fort, certaines fleurs s'ouvrent et d'autres se ferment – tout cela en réponse aux changements de pression atmosphérique et d'humidité. Des vaches qui se couchent ou se rassemblent dans un coin du pré ont longtemps été considérées comme annonçant la pluie. De fait, quand l'orage arrive, elles

LES DICTONS contiennent souvent une part de vérité, fondée sur l'observation de l'environnement. Les pommes de pin (à gauche) s'ouvrent et se ferment selon l'humidité. Les vaches, qui n'aiment pas se coucher sur l'herbe humide, s'installent avant la pluie (ci-dessous), tandis que les araignées comme cette argiope (à droite) cessent de tisser leur toile par fortes pluies.

s'allongent pour garder un coin d'herbe sec ou se blottissent les unes contre les autres pour se protéger. Des hirondelles et des martinets volant haut à la recherche d'insectes indiquent un temps temporairement calme avec risque d'orage ; en effet, lors des soirs d'été très chauds, l'air qui s'élève entraîne avec lui les insectes ; or ces courants ascendants sont souvent associés au temps étouffant qui précède

LE FOLKLORE nord-américain prédit que si la marmotte (à gauche) voit son ombre à midi le 2 février, les six semaines suivantes seront froides.

les orages. Un certain nombre de dictons associent le tissage des toiles d'araignée à un temps calme et stable, et leur absence, à des risques de pluie. Il y a peu de preuves à l'appui de ces adages, si ce n'est que les araignées ne tissent effectivement pas de toile par fortes pluies, car celles-ci endommageraient leur ouvrage. Le lien entre le temps qu'il fait et le bourgeonnement ou la floraison au début du printemps est le sujet de nombreuses études *(voir encadré)*. Bien des plantes réagissent aux variations d'humidité, qui peuvent annoncer la pluie. Si l'air est sec, le risque

Les signes dans la nature

PREMIÈRES FLEURS

L'étude de l'évolution de la végétation au cours des saisons, appelée phénologie, est fascinante. Le naturaliste suédois Carl von Linné (1707-1778) esquissa le premier une méthode pour noter les feuillaisons, floraisons, fructifications et chutes des feuilles. L'une des plus longues suites de données phénologiques a été prise par la famille Marsham, dans le Norfolk, en Angleterre. Un journal, commencé par Robert Marsham en 1736, fut tenu par six générations jusqu'en 1947. Il y était notamment noté la date de première floraison de 4 espèces (perce-neige, anémone des bois, aubépine et navet), de feuillaison de 13 essences d'arbres, et dix autres dates concernant les oiseaux, les papillons et les grenouilles. Les archives phénologiques fournissent d'importantes données sur le climat avant l'avènement des observations instrumentales modernes *(voir p.114)*. Les archives anglaises montrent que la date de feuillaison de certains arbres indigènes a fluctué jusqu'à trois mois entre le printemps le plus doux et le plus froid. Cela illustre la grande capacité d'adaptation des plantes.

« **DU PERCE-NEIGE,** *la blanche fleur est la violette de la chandeleur.* »

de pluie est faible. En France, on dit qu'en cas de pluie le liseron, la pimprenelle, le chardon et le mouron referment leurs pétales, alors que les feuilles de laitue et la quintefeuille s'épanouissent. Les pommes de pin resserrent leurs écailles par temps humide, tandis que les algues échouées sur la grève, rigides par temps sec, se ramollissent à l'approche de la pluie.

LES SIGNES SAISONNIERS

Le retour des oiseaux migrateurs chaque année est le premier signe du printemps. En France, le retour des cigognes et des hirondelles est attendu pour cette raison. En revanche, quand elles partent tôt et que les étourneaux arrivent tôt du nord, l'hiver sera rigoureux. En fait, ces mouvements migratoires sont plus indicatifs du temps que les oiseaux laissent derrière eux que du temps à venir. D'autres signes naturels annonceraient la douceur ou la dureté d'une saison : ainsi, si le poil des chats est épais dès octobre, si les oignons ont une triple pelure ou si les cocons d'insectes sont très épais, l'hiver sera rude ; mais si les pies nichent au sommet des arbres, l'année sera chaude.

Si le chêne fait ses feuilles avant le frêne, il n'y aura qu'une averse. Sinon, il pleuvra à verse.

<small>PROVERBE ANGLAIS</small>

L'OBSERVATION DU PAYSAGE

Observer le paysage peut aider à identifier les conditions atmosphériques. Prenez note des arbres, des collines et des bâtiments qui vous entourent. La distance maximale à laquelle vous les distinguez est une mesure grossière de la limpidité de l'air. En général, plus l'humidité est élevée, moins la visibilité est bonne, et vice versa.

LE MERLE BLEU est l'équivalent en Amérique du Nord de l'hirondelle du printemps.

LA VISIBILITÉ *donne une indication du taux d'humidité dans l'air. Le brouillard (ci-dessous) est une situation extrême.*

La météorologie moderne

L'OBSERVATION À LA MAISON

Avec quelques instruments de base et une approche méthodique, vous pouvez établir une chronique du climat local et de son impact sur votre vie.

S I VOUS DÉCIDEZ d'installer votre propre station météorologique, répondez d'abord à cette question : à quel point prenez-vous la chose au sérieux ? Il existe une gamme d'instruments météorologiques très étendue, mais vous pouvez commencer avec quelques-uns des plus simples. Certaines observations n'en requièrent d'ailleurs aucun : par exemple, l'estimation de la couverture nuageuse, ou la vitesse du vent si vous utilisez l'échelle de Beaufort *(voir ci-contre).*

Ce que vous pouvez faire dépend en partie de l'endroit où vous vivez. Si vous ne pouvez pas installer les instruments loin de toute construction, vous devrez vous faire à l'idée que, si vos relevés représentent bien les conditions locales, ils ne donnent pas une mesure précise du climat réel.

ÉCHELLE ANÉMOMÉTRIQUE DE BEAUFORT			
Échelle	Vitesse km/h	Description	Impact dans les terres
0	< 1	calme	fumée verticale
1	1-5	très légère brise	fumée déviée
2	6-11	légère brise	les feuilles frémissent, les girouettes sont déviées
3	12-19	petite brise	feuilles et rameaux constamment agités
4	20-29	jolie brise	petites branches agitées, la poussière est soulevée
5	30-38	bonne brise	les arbustes sont balancés
6	39-51	vent frais	grosses branches agitées, les fils télégraphiques sifflent
7	51-61	grand frais	les arbres oscillent en entier
8	62-74	coup de vent	branches cassées, marche contre le vent difficile
9	75-86	fort coup de vent	légers dommages aux habitations
10	87-101	tempête	arbres déracinés, dégâts structurels importants
11	102-120	violente tempête	très gros dégâts } rarement observés
12	> 120	ouragan	destruction étendue

QUELS RELEVÉS, ET QUAND ?

Une fois vos instruments installés, vous souhaiterez peut-être enregistrer les variations du temps d'un jour sur l'autre. Toute mesure prise chez vous peut être complétée par les informations données par les médias, mais soyez sélectif pour ne pas être submergé par les données. En décidant de mesurer, rappelez-vous que des relevés méthodiques et réguliers sont bien plus utiles à terme que des relevés occasionnels d'événements extrêmes.

La plupart des services météorologiques nationaux ont des fiches standardisées de relevés journaliers. Celles-ci comportent au minimum une colonne pour l'importance de la couverture nuageuse (notez aussi le type et la hauteur des nuages), la direction et la vitesse du vent, la visibilité, le taux d'humidité relative, les températures maximale et minimale, la température à 10 cm du sol à diverses profondeurs, l'épaisseur totale de neige et celle de la neige fraîche, la hauteur et le type de pluie au cours des dernières vingt-quatre heures, l'ensoleillement global pour la journée, enfin des commentaires sur l'évolution du temps au cours des dernières vingt-quatre heures.

LE RELEVÉ DES INSTRUMENTS *(à gauche) doit être effectué deux fois par jour, tôt le matin et dans l'après-midi. Ces relevés, ainsi que les autres observations, seront consignés sur une fiche ou dans un journal.*

L'observation à la maison

CETTE AVERSE DE GROS GRÊLONS
(ci-dessous) est spectaculaire, mais les données les plus utiles sont celles relevées régulièrement sur une longue période.

Vous pouvez décider de remplir une fiche de relevés simplifiée couvrant uniquement les mesures prises régulièrement. Par ailleurs, un journal offre tout l'espace souhaité pour les observations personnelles, notamment si vous voulez détailler les événements climatiques inhabituels comme les éclairs, la grêle ou la neige, ou noter l'impact du gel ou de la sécheresse sur votre jardin, et quels animaux étaient plus actifs avant la tempête, ou encore l'arrivée d'oiseaux migrateurs. Familiarisez-vous avec les symboles météorologiques standards *(voir p. 85)* afin d'avoir un moyen graphique rapide pour décrire le temps. Faire un croquis des formations nuageuses est un excellent moyen d'améliorer votre capacité d'observation, tout comme prendre des photographies *(voir p. 91)*.

LES ANNALES FAMILIALES

Des trésors d'informations météorologiques sont collectés par les bénévoles. Ainsi, l'une des plus anciennes annales météorologiques de l'est de l'Australie a été établie dans la propriété de Buckalong, dans le sud-est de la Nouvelle-Galles du Sud. Depuis 137 ans, ses propriétaires successifs ont effectué des relevés journaliers des chutes de pluie. L'actuel propriétaire, Tony Garnock (à droite), a fait ces mesures ces cinquante dernières années. Chaque matin à 9 heures, il vérifie sa station météo et note toute chute de pluie sur un formulaire qu'il envoie au bureau météorologique de Melbourne. Des relevés des précipitations comme ceux-ci fournissent des informations sur la distribution locale des pluies à long terme très précieuses pour les fermiers qui planifient leurs récoltes.

FAIRE DES PRÉVISIONS

Malgré la qualité des prévisions météorologiques actuelles, vos propres observations vous aideront à prévoir plus précisément l'évolution des conditions locales. Quand il est prévu que les températures nocturnes chuteront autour de 0 °C, les conditions locales déterminent s'il surviendra une gelée sévère et si les routes seront verglacées. Alors que les météorologues ont du mal à prédire le trajet précis d'une tempête de neige, si vous surveillez de près les températures, vous pourrez déterminer si la neige continuera de tomber ou tournera à la pluie. Quand une forte tempête approche, regardez le baromètre : la rapidité de la baisse de la pression atmosphérique vous dira si le temps sera aussi mauvais que prévu.

L'ÉTAPE SUIVANTE

Si vous devenez très intéressé et que vous vouliez échanger des informations ou rencontrer d'autres passionnés, la première étape est de contacter l'association de météorologues amateurs la plus proche *(voir p. 274 et suivantes)*. Si vous disposez d'une connexion avec des réseaux informatiques, envoyez des messages par le biais de votre ordinateur.
Si vous êtes motivé et que vous ayez su prendre des relevés fiables pendant au moins deux ans, vous pouvez demander à devenir observateur et bénévole officiel *(voir p. 82)*. Vous devrez toutefois disposer d'un équipement approprié et vivre là où il y a un manque dans le réseau météorologique local. Votre service météorologique national vous dira si vous entrez dans cette catégorie.

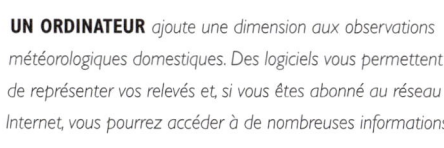

UN ORDINATEUR *ajoute une dimension aux observations météorologiques domestiques. Des logiciels vous permettent de représenter vos relevés et, si vous êtes abonné au réseau Internet, vous pourrez accéder à de nombreuses informations.*

La météorologie moderne

Les mesures météorologiques

Professionnels et amateurs surveillent sans cesse le comportement changeant du temps.

LES BAROMÈTRES *Un modèle anéroïde du XVIIIᵉ siècle (à gauche); un baromètre à mercure actuel (ci-dessous).*

Pour comprendre le temps et le prévoir, il faut connaître la température de l'air, la pression atmosphérique, l'humidité relative et la nébulosité, ainsi que la visibilité et la quantité de précipitations. Ces paramètres se mesurent avec divers instruments, qui vont du pluviomètre artisanal aux satellites. Lors de l'installation d'une station météo domestique, il est préférable de commencer avec un baromètre anéroïde, un thermomètre à maximum et minimum et un pluviomètre. Après ces modestes débuts, vous progresserez jusqu'à posséder peut-être un jour un ensemble d'instruments reliés à un ordinateur, qui enregistreront automatiquement la gamme complète des paramètres météorologiques.

La pression de l'air

Les fluctuations de la pression atmosphérique signalent souvent des changements de temps *(voir p. 26)*. Une pression tombant rapidement indique qu'une dépression approche. Un baromètre anéroïde standard – l'instrument le plus répandu – consiste en une capsule en acier ou en béryllium où l'on a fait le vide. Quand la pression de l'air augmente, la capsule est comprimée ; quand elle baisse, la capsule se dilate. Le mouvement de la capsule est transmis par un système de biellettes à une aiguille, qui se déplace sur un cadran. Dans les barographes, elle est reliée à un stylo qui inscrit les variations sur un rouleau de papier. Il est préférable de garder le baromètre à l'intérieur de la maison, éloigné du soleil direct et des courants d'air ; si le cylindre était chauffé ou refroidi de façon marquée, les relevés seraient faussés. Utilisez votre baromètre pour suivre la progression des anticyclones et des dépressions au-dessus de votre région. Comme la pression atmosphérique varie avec l'altitude *(voir p. 26)*, les mesures barométriques sont habituellement ramenées à leur valeur au niveau de la mer. Demandez une table de conversion à votre station météorologique locale, afin de pouvoir comparer vos relevés avec ceux diffusés par les médias. Les baromètres anéroïdes sont susceptibles de dériver un peu avec le temps : ils doivent être régulièrement recalibrés. La mesure absolue de la pression d'air se fait avec un baromètre à mercure, où l'on mesure la hauteur d'une colonne de mercure dans un tube sous vide *(voir p. 67)*. C'est le meilleur moyen de mesurer la pression, mais il a été délaissé du fait de la commodité des baromètres anéroïdes.

UN THERMOMÈTRE TERRESTRE *est utilisé pour mesurer la température de l'air au niveau du sol, qui diffère habituellement de celle prise dans un abri pour instruments.*

CONVERSION DES DEGRÉS

De Celsius en Fahrenheit : °F = (1,8 × °C) + 32
De Fahrenheit en Celsius : °C = 0,56 × (°F − 32)

Les mesures météorologiques

DES DISPOSITIFS ÉLECTRONIQUES
peuvent être utilisés pour contrôler en continu plusieurs paramètres, de la température à la vitesse des vents.

La pression de l'air est mesurée en hectopascals (jusque récemment, c'était en millibars, 1 millibar valant 1 hectopascal) ou, moins fréquemment, en millimètres de mercure. Les instruments modernes atteignent une précision de 0,1 hectopascal.

LES RELEVÉS DE TEMPÉRATURE

La plupart des thermomètres contiennent du mercure ou de l'alcool – des substances qui se dilatent facilement quand elles sont chauffées et se contractent lorsqu'elles refroidissent. Les thermomètres à maximum et minimum ont des index métalliques qui enregistrent la plus haute température et la plus basse sur une période d'observation donnée.
Les thermographes sont des thermomètres enregistreurs habituellement faits de deux lames métalliques soudées. Quand la température change, les métaux se dilatent différemment et provoquent une distorsion des lames. Celle-ci est convertie en mouvement et enregistrée de la même façon que pour un barographe.
Pour obtenir une mesure vraie de la température de l'air, vous devez placer votre thermomètre dans un abri *(voir encadré)* ou dans un lieu à l'ombre permanente. Les températures minimales sont les plus utiles pour les comparaisons journalières, car elles surviennent généralement quand il n'y a aucune lumière solaire, directe ou indirecte, pour les affecter.
Pour vérifier vos relevés, comparez-les à ceux du site d'enregistrement officiel le plus proche – c'est souvent l'aéroport local. Si votre région n'est pas très peuplée ou se trouve à une altitude trop différente, ces nombres ne devraient pas différer de plus de 1 ou 2 °C.
Dans les pays anglo-saxons, les températures sont encore souvent exprimées en degrés Fahrenheit, mais, dans la plupart des autres pays ainsi que pour le système international de mesures, c'est l'échelle Celsius qui a été adoptée *(voir p. 68)*.

UN ABRI MÉTÉOROLOGIQUE

Quand les météorologues parlent de la température à l'ombre, nous trouvons qu'ils sous-estiment la température réelle. Toutefois, les températures au soleil sont influencées par les surfaces proches et sont de peu d'utilité, car les différentes surfaces absorbent et irradient différentes quantités de chaleur – une route bitumée deviendra plus chaude que des murs blancs.
Pour obtenir un relevé significatif de la température de l'air, les thermomètres ne doivent pas être affectés par la lumière solaire directe. Les météorologues placent donc leurs instruments dans un abri appelé écran Stevenson ou abri météorologique. C'est une boîte à claire-voie où peut être disposée une collection d'instruments à environ 1,20 m au-dessus du sol. Un abri totalement équipé peut contenir un baromètre, un thermomètre à maximum et minimum, un thermographe, des thermomètres à boule sèche et mouillée, et un hygrographe *(voir p.99)*.
Un abri standard a des pans à lames vénitiennes pour empêcher la lumière solaire et son rayonnement d'atteindre les thermomètres tout en permettant la libre circulation de l'air. Le toit à double paroi empêche le soleil de chauffer l'intérieur. L'ensemble de l'abri est peint en blanc et devra être situé, de préférence, au-dessus d'un sol couvert d'herbe courte et à 10 m au moins de tout immeuble.

- baromètre anéroïde
- thermomètre à boule mouillée
- thermomètre à boule sèche
- thermomètre à minimum
- thermomètre à maximum

UN THERMOGRAPHE (ci-dessous) est *une sorte de thermomètre qui inscrit les relevés de température, de la même façon qu'un barographe enregistre la pression atmosphérique.*

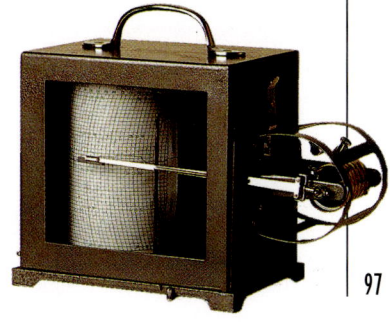

La météorologie moderne

Pluie et neige

N'importe quel récipient transparent à fond plat peut faire office de pluviomètre, mais il est encore plus efficace d'introduire la queue d'un entonnoir dans une bouteille ou un pot à col étroit, afin de limiter l'évaporation. Les chutes de pluie se mesurent en millimètres. Les relevés des chutes de pluie sont affectés par l'orientation du vent et les tourbillons d'air créés par les constructions, les arbres ou le pluviomètre lui-même. Cependant, étant donné à quel point la pluie peut varier d'un endroit à l'autre, vous n'avez d'autre solution que prendre vos propres données pour garder trace des conditions locales. Même si vos instruments sont un peu imprécis, ils seront suffisants pour la plupart des objectifs. Ainsi, les jardiniers doivent connaître la hauteur de pluie effectivement tombée, afin de décider quelle quantité d'eau donner aux plantes les plus sensibles à la sécheresse.

Un pluviomètre est de peu d'utilité en cas de chute de neige. Le moyen le plus facile pour évaluer la couverture neigeuse est d'enfoncer une règle dans la neige jusqu'au sol.

V'la le bon vent !

Pour mesurer la vitesse du vent, procurez-vous un anémomètre à coupelles. Ce dispositif consiste en quatre coupelles métalliques montées perpendiculairement à un axe central rotatif. Plus le vent est fort, plus les coupelles tournent vite autour de l'axe. Avec les modèles les plus simples, c'est l'observateur qui doit compter le nombre de tours ; d'autres affichent la vitesse sur un compteur. Il existe aussi des anémomètres électroniques qui enregistrent la vitesse du vent en continu. Un anémomètre doit être placé dans un lieu bien dégagé ou assez haut (10 m), pour éviter les turbulences de l'air dues à des constructions ou autres obstacles proches. S'il n'y a aucun endroit approprié pour l'y monter, utilisez un instrument que l'on tient à la main. Sinon, prenez les indicateurs de la force du vent de l'échelle de Beaufort *(voir p. 94)*.

Les girouettes et les manches à air indiquent la direction du vent, les secondes donnant en plus une idée de sa force. Eux aussi doivent être placés loin des arbres et des bâtiments.

UN PLUVIOMÈTRE *avec une ouverture en forme d'entonnoir (à gauche). Les pluviographes (ci-dessous) inscrivent les valeurs sur un cylindre rotatif.*

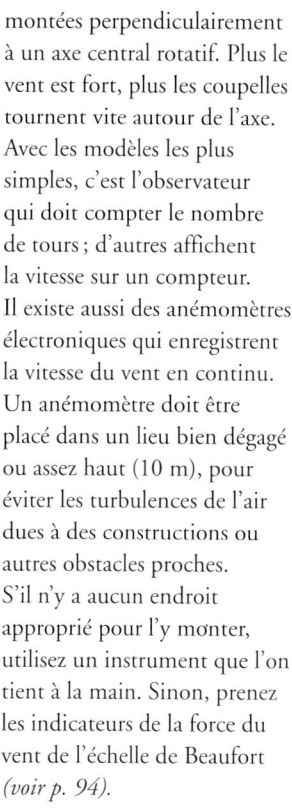

CET HÉLIOGRAPHE *installé dans le désert de Tanami, en Australie, enregistre la durée d'ensoleillement.*

Les mesures météorologiques

LA DIRECTION DU VENT est indiquée par les girouettes (à gauche) et les manches à air (ci-dessous). Ces derniers permettent aussi d'estimer la vitesse du vent : plus le manche est horizontal, plus le vent est fort.

ENSOLEILLEMENT ET NÉBULOSITÉ

L'ensoleillement journalier se mesure à l'aide d'un héliographe, qui focalise les rayons du Soleil à travers une sphère de verre sur une bande de carton. À mesure que le Soleil se déplace dans le ciel, il laisse une trace roussie sur le carton, mais, si des nuages s'interposent, la trace s'interrompt.

Du sol, il n'y a aucun moyen précis de mesurer l'extension de la couverture nuageuse, aussi les météorologues utilisent-ils les images satellite *(voir p. 100)*. Pour vos propres relevés, faites une estimation grossière de l'étendue des nuages et de leur type. Utilisez pour cela les symboles standards *(voir p. 85)*.

HYGROMÉTRIE

Pour mesurer la quantité d'humidité dans l'air, vous avez besoin de thermomètres à boule sèche et à boule mouillée. Le taux d'humidité varie avec la température, et un air doux peut contenir bien plus d'humidité qu'un air froid. Cela implique qu'on ne mesure normalement pas l'humidité absolue, mais plutôt le taux relatif d'humidité que l'air peut contenir à température donnée – ou degré hygrométrique, qui est un pourcentage *(voir p. 40)*. Le thermomètre à boule mouillée est un thermomètre bien ventilé dont le bulbe est entouré d'une mousseline en coton humide. On compare les températures enregistrées par le thermomètre à boule mouillée et celui à boule sèche, ce qui revient à comparer la température d'un air saturé d'humidité avec la température réelle de l'air. Si les deux températures sont identiques, alors l'air est saturé d'humidité et le taux d'humidité relative est de 100 % ; cela signifie que l'air a atteint son point de rosée et que de la rosée *(voir p. 180)* ou du givre *(p. 186)* vont se déposer au cours de la nuit – information utile si vous êtes un passionné de jardinage. Pour convertir vos relevés de températures en pourcentage d'humidité relative, utilisez les tables de conversion standard généralement fournies avec les thermomètres. L'hygromètre et l'hygrographe sont d'autres instruments de mesure d'humidité. Sur les hygromètres, le taux d'humidité relative est affiché sur un cadran ; sur les hygrographes, il s'inscrit. Ces deux types d'instruments fonctionnent bien à des températures et des degrés hygrométriques élevés mais sont de plus en plus imprécis quand ceux-ci baissent. Les cheveux s'allongent par temps humide et raccourcissent quand l'air est sec, et certains hygromètres et hygrographes exploitent cette propriété ; les variations de longueur des cheveux sous tension sont converties en variations d'humidité relative.

LA VITESSE DU VENT est mieux mesurée par un anémomètre à coupelles. Faute d'emplacement approprié pour en monter un, utilisez un instrument tenu en main (ci-dessus). Les hygrographes (à droite) enregistrent les variations d'humidité. Ce modèle utilise des cheveux sous tension.

La météorologie moderne

Les instruments électroniques

Les développements technologiques ont permis aux météorologues de rassembler maintes informations sur la Terre et son atmosphère.

La MÉTÉOROLOGIE a progressé à pas de géant grâce au développement des instruments électroniques. Les capteurs électroniques sont largement utilisés pour les lieux inaccessibles, les bouées océanographiques et à bord des avions. Des ballons emportent des radiosondes, petits montages d'instruments électroniques qui s'élèvent dans l'atmosphère jusqu'à environ 30 km d'altitude, et transmettent leurs mesures à des stations au sol.

MESURES À DISTANCE *Météosat (en haut) fournit des images infrarouges de l'atmosphère toutes les trente minutes. Des stations automatiques au sol (ci-dessous) transmettent leurs relevés aux satellites, qui les retransmettent aux agences météorologiques.*

La France possède sept de ces stations, à Ajaccio, Brest, Bordeaux, Lyon, Nancy, Nîmes et Trappes. Des systèmes radar suivent les radiosondes et collectent des informations sur la vitesse et la direction du vent dans la haute atmosphère.

Radars et précipitations

Des équipements radar basés au sol sont utilisés pour déterminer la quantité et la nature des précipitations. La pluie et la neige dispersent les signaux radio ; aussi, en envoyant des impulsions depuis un émetteur et en mesurant quel pourcentage du signal est réfléchi jusqu'à un récepteur, il est possible de former une image détaillée de la distribution des précipitations. Les treize stations du réseau radar français Aramis permettent de prévoir les précipitations deux heures à l'avance. Les images radar sont très efficaces pour détecter le développement et le mouvement

LES BALLONS-SONDES *(à droite) sont parfois gonflés à l'hydrogène, un gaz explosif, aussi les personnes qui les manipulent doivent porter des vêtements protecteurs.*

Les instruments électroniques

OBSERVATION PAR SATELLITE *de l'ouragan Camille, en 1969 (à droite). Le premier satellite européen de télédétection, ERS-1 (ci-dessous), a été lancé en 1991.*

des orages. Les signaux réfléchis sont convertis en quantité de précipitations, d'une grande aide pour la surveillance des inondations et la gestion des ressources d'eau douce. Les radars Doppler *(voir p. 104)* ont permis d'améliorer la prévision des tornades.

LES SATELLITES MÉTÉO

Plusieurs satellites météorologiques en orbite autour de la Terre fournissent à la fois des photographies ordinaires et des images infrarouges. Certains sont équipés de radars et de radiomètres, qui permettent de mesurer diverses propriétés de l'atmosphère et du sol. Les radiomètres infrarouges mesurent la température du sommet des nuages, aidant ainsi à reconstituer le profil de température de l'atmosphère. Les radiomètres micro-ondes ont l'énorme avantage de « voir » à travers les nuages : ils fournissent des mesures approfondies des températures atmosphériques et observent aussi l'étendue de la couverture neigeuse et de la banquise dans les régions polaires, souvent cachées sous les nuages. Depuis plus de quinze ans, la NOAA (ministère américain des océans et de l'atmosphère) utilise plusieurs satellites météo pour surveiller les températures et la couverture de neige et de glace. Ces enregistrements sont essentiels pour suivre l'évolution du réchauffement mondial *(voir p. 126)*. L'Europe, quant à elle, a lancé depuis 1977 une demi-douzaine de satellites géostationnaires, les Météosat et MOP, équipés de radiomètres imageurs dans le visible et l'infrarouge. La nouvelle génération de satellites européens, ERS-1 et ERS-2, emporte des instruments radar et micro-ondes qui mesurent la hauteur des vagues, la vitesse des vents, les variations de l'épaisseur des calottes polaires, et la structure et la force des courants océaniques. En France, les satellites Spot ont fourni depuis 1986 des images de 10 à 20 m de résolution dans le visible ainsi que des données de télédétection.

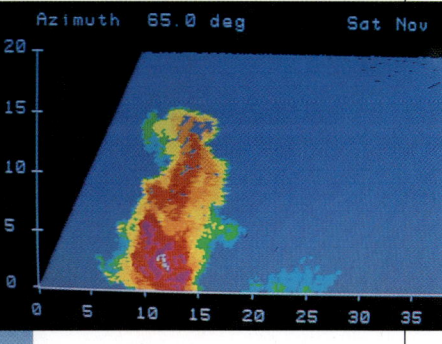

LE SUIVI D'UNE TEMPÊTE *Les stations radars météo (à gauche) permettent de suivre l'évolution des gros orages et des tornades. Cette image radar (ci-dessus) montre un orage. Le radar sert aussi à suivre les ballons-sondes, qui fournissent des données sur la vitesse et la direction des vents en haute atmosphère.*

La météorologie moderne

Les prévisions saisonnières

Les prévisions permettent d'estimer si les températures et les précipitations seront au-dessus ou au-dessous des moyennes saisonnières dans les semaines ou les mois à venir.

LES EFFETS CLIMATIQUES DURABLES *sont produits par des éléments variant lentement, notamment les températures marines de surface (à gauche, sous forme de carte) et l'extension de la couverture glacée en Arctique et Antarctique (à droite).*

DES PRÉVISIONS précises sont indispensables pour les fermiers, qui doivent décider quelles semences planter, pour les usines productrices d'électricité devant planifier les niveaux de charge et pour le citoyen qui souhaite, par exemple, organiser ses vacances.

LA MÉMOIRE DU CLIMAT

La limite à la prévision du temps est de dix à quatorze jours *(voir p. 105)*, mais les tendances climatiques à plus long terme sont parfois prévisibles. L'hypothèse implicite de la plupart des maximes populaires est que les conditions météorologiques passées, telles que reflétées par les réactions de la faune et de la flore, fournissent des indices pour le temps à venir. Des statistiques étayent cette hypothèse : le climat posséderait une « mémoire » dont les composants évoluent lentement – en particulier, les températures marines de surface ainsi que l'extension de la banquise dans les régions polaires – et produisent des effets sur plusieurs mois.

EL NIÑO

La preuve semble faite que des modifications de la température de surface de l'océan Pacifique tropical influent sur le climat global. De telles modifications ont été reliées à un courant chaud appelé El Niño (l'Enfant Jésus), qui apparaît au nord-ouest de la côte du Pérou et du Chili vers Noël. Certaines années, ce courant coule bien plus au sud que d'habitude, créant ce qu'on appelle une « anomalie thermique El Niño ».

Les eaux chaudes, pauvres en éléments nutritifs, se répandent au-dessus d'eaux froides très riches, tuant la vie marine et conduisant les oiseaux à la mort et à la migration forcée, et les populations humaines locales au désastre économique. Le courant déclenche aussi de grosses pluies qui provoquent des inondations et une érosion anormale.

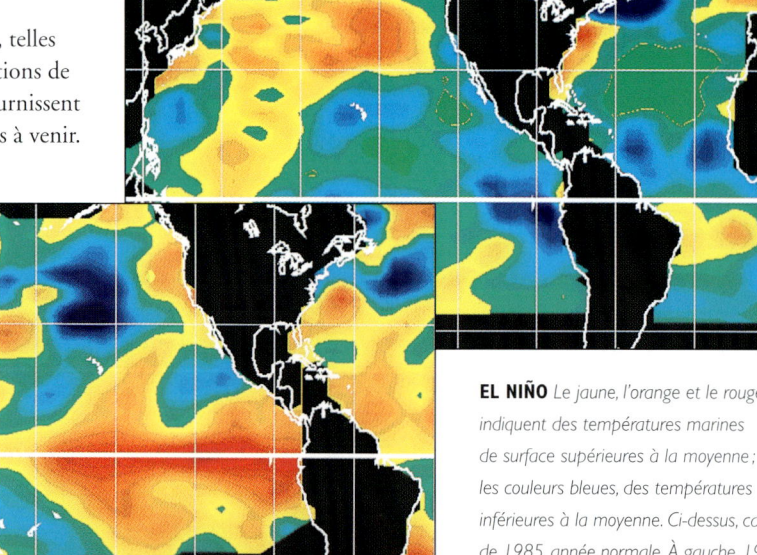

EL NIÑO *Le jaune, l'orange et le rouge indiquent des températures marines de surface supérieures à la moyenne ; les couleurs bleues, des températures inférieures à la moyenne. Ci-dessus, carte de 1985, année normale. À gauche, 1987, une « année El Niño », avec des eaux chaudes à l'ouest de l'Amérique du Sud.*

Les prévisions saisonnières

Une anomalie El Niño survient tous les deux à sept ans et dure jusqu'à trois ou quatre ans. Nous savons aujourd'hui qu'elle affecte la circulation des alizés *(voir p. 30)*, qui à leur tour influent sur les températures marines de surface de vastes zones du Pacifique. Ces changements peuvent produire des temps extrêmes sous les tropiques et ont été reliés à de graves sécheresses en Australie. Ils affectent aussi le temps bien plus loin, causant des anomalies dans les températures hivernales.

LA PRÉVISION DES TENDANCES

Comme nous pouvons prévoir les anomalies El Niño plusieurs mois à l'avance, le potentiel des prévisions à long terme basées sur El Niño a été examiné. En utilisant un modèle climatique numérique, Météo-France étudie la liaison possible entre les cyclones tropicaux qui touchent la Polynésie française et le phénomène El Niño. Après El Niño de 1982-1983, une véritable série de cyclones violents s'est abattue sur les îles. Du Pérou au Zimbabwe, les prévisions basées sur les températures marines de surface sont déjà utilisées pour décider des cultures à chaque saison des pluies. En dehors des régions tropicales, toutefois, les prévisions utilisant les données d'El Niño paraissent moins fiables. À ce jour, il semble qu'aux latitudes moyennes les prévisions pour l'hiver et l'été aient une certaine valeur, alors que celles pour le printemps et l'automne sont virtuellement inutiles. Ce résultat n'est pas inattendu, car l'hiver et l'été sont des saisons extrêmes du cycle annuel et sont donc plus sensibles à l'influence des éléments du système climatique qui varient lentement, comme les températures marines de surface. En revanche, les périodes de transition que sont le printemps et l'automne sont dominées par les modifications à court terme, de type chaotique, et donc imprévisibles.

Les prévisions pour l'été et l'hiver sont néanmoins déjà bien exploitées. Ainsi, les agriculteurs peuvent choisir les cultures qu'ils vont planter en fonction de la sécheresse ou de la pluie prévues pour la prochaine saison. De même, les fournisseurs d'énergie peuvent prévoir à l'avance avec quelque assurance si la demande hivernale d'électricité sera supérieure ou inférieure à la moyenne. Les prévisions saisonnières pourraient bien devenir aussi familières que les bulletins météorologiques.

INONDATIONS ET SÉCHERESSE *Lors des « années El Niño », des inondations surviennent souvent en Amérique du Sud (ci-dessus). Une désastreuse sécheresse en Australie en 1982 et 1983 (à droite) a été attribuée à des anomalies El Niño.*

LES PRÉVISIONS À LONG TERME *basées sur les fluctuations prévues d'El Niño se sont avérées utiles sous les tropiques (à gauche). Des prévisions saisonnières améliorées seront aussi commodes pour les vacanciers (ci-dessous).*

La météorologie moderne

L'AVENIR DE LA PRÉVISION

Nouvelles technologies et ordinateurs améliorent les prévisions, mais l'avance majeure pourrait bien venir de notre compréhension des limites mêmes de la prévision.

La PRÉVISION du temps s'est améliorée ces dernières décennies, grâce à la forte augmentation de la puissance des ordinateurs. Cela, combiné aux mesures des satellites et à une meilleure compréhension des mécanismes atmosphériques, a permis aux météorologues d'améliorer les prévisions à court terme depuis le début des années 1970. En moyenne, les tendances des prévisions sont assez bonnes sur cinq jours, les prévisions pour l'hiver restant bonnes un jour de plus, et celles de l'été, environ un jour de moins.

LE PREMIER DES SATELLITES GOES *(ci-dessus) a été lancé en 1994. Ce programme américain projette de lancer quatre autres satellites d'ici à 2003. Les satellites GOES sont géostationnaires – ils restent au-dessus du même point de la surface de la Terre.*

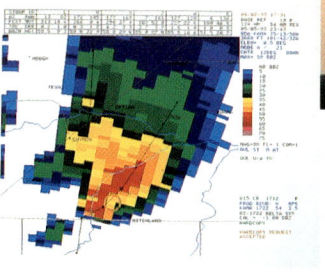

LES TORNADES *(ci-dessus) sont suivies efficacement par les radars Doppler. Sur cette image Doppler (à gauche), la tornade apparaît en rouge.*

RADARS ET SATELLITES

Des radars de plus en plus sensibles contribuent à améliorer les prévisions sur quelques heures. Les radars Doppler

scrutent les formations orageuses et repèrent celles qui deviennent dangereuses. L'identification des cyclones fait de grands progrès : le nombre des fausses alertes a chuté, et les alertes fondées ont augmenté.
De meilleures mesures, particulièrement par les satellites météorologiques, et l'utilisation d'ordinateurs plus complexes permettront d'améliorer les prévisions sur quelques jours de plus. Quelques pays développent des satellites plus avancés : les pays de l'Union européenne (au travers de l'Agence spatiale européenne), le Japon, les États-Unis, l'Inde et la Russie.

UN RADAR DOPPLER *(à gauche) utilise deux radars pour obtenir une « vue stéréoscopique » des variations de la fréquence du signal, et peut suivre des modifications au sein d'une tempête.*

LES PRÉVISIONS GÉNÉRALES

Malgré les énormes quantités de données collectées quotidiennement, l'atmosphère est si complexe que notre connaissance de son état à n'importe quel moment sera probablement toujours imparfaite. Dans quelle mesure ces petites imprécisions affectent-elles la fiabilité des prévisions ? Cela dépend si le temps dans le reste du monde est dans un état quasi stationnaire ou si le régime est sur le point de s'effondrer rapidement et d'une façon imprévisible. Une méthode appelée prévision générale a été développée pour essayer de déterminer si le temps est dans une phase prévisible. Elle implique l'exécution d'une simulation numérique plusieurs fois

L'avenir de la prévision

PRÊT POUR L'ENVOL *ERS-2, le plus récent satellite météorologique européen, a été lancé en 1995 pour compléter les observations de son jumeau, ERS-1.*

de suite, en rentrant à chaque fois des conditions initiales légèrement différentes pour l'atmosphère. Si l'ensemble des prévisions reste remarquablement similaire sur dix jours, alors il y a une bonne chance pour que ces prévisions soient assez précises. En revanche, si chaque précision diverge après quelques jours, alors l'atmosphère devient moins prévisible.

Les principaux services de prévisions météorologiques *(voir p. 80)* utilisent tous des méthodes de prévision générales. À l'avenir, les prévisions sur une semaine environ s'attacheront davantage à évaluer la probabilité qu'une prévision se produise. Parfois, les météorologues devront admettre qu'ils sont incapables de prévoir ce qui se passera après quelques jours, alors qu'à d'autres moments ils seront assez confiants pour fournir des prévisions à plus de dix jours.

ET À L'AVENIR ?

Nous ne serons peut-être jamais capables de donner des prévisions détaillées à plus de dix jours, mais la prévision des tendances générales sur quelques mois devrait devenir plus précise. De tels progrès sont subordonnés à la détermination des raisons pour lesquelles, aux latitudes moyennes, le temps reste figé dans certaines configurations *(voir p. 117)*.

En effet, chaque été et chaque hiver, une configuration parmi un nombre limité d'autres, bien définies, tend à prédominer des semaines durant. L'équilibre entre ces configurations au long d'une saison détermine si les températures et les précipitations seront au-dessus ou au-dessous des normales saisonnières.

LA THÉORIE DU CHAOS

Au début des années 1960, Edward Lorenz a apporté une nouvelle vision sur les systèmes aux propriétés non linéaires. Dans de tels systèmes, si un paramètre change, les autres s'altèrent d'une façon disproportionnée avec ce changement. En utilisant un ensemble d'équations pour représenter les processus de convection dans l'atmosphère, Lorenz montra que le comportement de cette dernière était imprévisible. Le système ne revenait jamais exactement dans le même état et ne pouvait donc se reproduire. Cette conclusion a de profondes implications pour la prévision météorologique. Bien que le temps puisse suivre des configurations en gros similaires au fil des ans, qui définissent le climat, il ne reproduira jamais les configurations passées. En outre, une infime perturbation de l'air peut déclencher un événement climatique majeur quelque part ailleurs, plus tard, à cause de l'interconnectivité de l'atmosphère. On appelle cela l'« effet papillon » car, en théorie, le battement des ailes d'un papillon au Brésil aujourd'hui peut se transformer en tempête le mois suivant à Paris. Nous ne pouvons jamais définir précisément l'état momentané de l'atmosphère, et l'effet papillon suggère que même de minuscules erreurs introduites dans nos modèles croîtront jusqu'à ce qu'elles submergent les calculs. Cela signifie que, même avec des mesures beaucoup plus précises et des ordinateurs plus puissants, la prolifération des erreurs dans nos calculs ruinera les prévisions journalières au-delà de dix jours.

EDWARD LORENZ *(1917), pionnier de la théorie du chaos.*

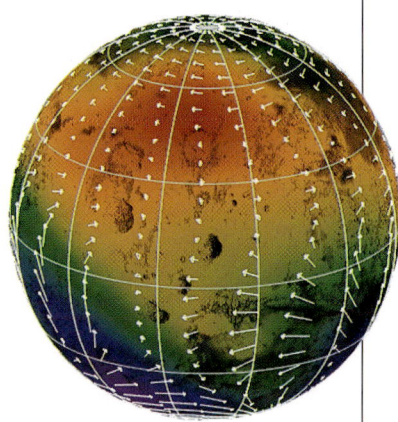

LE TEMPS SUR MARS *Grâce à la NASA, ceux qui s'intéressent à ce qui se passe sur une autre planète peuvent maintenant utiliser le Web du réseau Internet pour surveiller le temps sur Mars (ci-dessus).*

Vois, pour orner le soir, ce matin il est né.

L'astre géant, fécond en splendeurs inconnues,

Change en cortège ardent l'amas jaloux des nues…

Victor Hugo, *Odes et Ballades*.

Chapitre V
Un climat si changeant

Histoire des changements climatiques

Le climat a changé tout au long de l'histoire, et les fossiles témoignent de ces changements.

La Terre s'est formée voici 4 600 millions d'années (Ma). Nous ne savons pas grand-chose du climat originel, ni où se situaient les océans et les continents, ni quels étaient précisément les constituants de l'atmosphère primitive. Les premières roches sédimentaires – un matériau qui pourraient nous livrer quelques indices – ont été déposées voici 3 700 Ma, durant le précambrien, alors que le climat était d'environ 10 °C plus chaud qu'aujourd'hui. Les algues – les premières formes de vie – sont apparues il y a environ 3 500 Ma, mais leurs fossiles fournissent peu d'indications sur un éventuel changement climatique. Tout ce que nous savons est qu'à un certain moment, entre – 2 700 Ma et – 1 800 Ma, les glaciers et l'inlandsis étaient étendus.

Par la suite, il semble que la Terre ait été chaude et libre de toute calotte polaire et de glaciers pendant 800 Ma. La fin de l'ère précambrienne, le protérozoïque supérieur, débuta vers – 1 000 Ma et connut trois glaciations distinctes, qui ont duré chacune quelque 100 Ma. Ce furent des événements climatiques majeurs.

Les ères paléozoïque et mésozoïque

Après le précambrien, le climat se réchauffa notablement et resta relativement chaud durant la majeure partie des 300 Ma suivants. Cette ère, entre – 570 et – 245 Ma, est appelée ère primaire ou ère paléozoïque. Elle connut un épisode glaciaire vers – 450 Ma, comme en témoigne la formation des roches du Sahara. Vers la fin du paléozoïque, au cours du carbonifère, les températures baissèrent ; leur chute culmina durant la longue glaciation permo-carbonifère de –330 à –245 Ma. Cette époque glaciale coïncida avec la formation du supercontinent Pangée, issu du regroupement de toutes les masses terrestres et qui s'étendait d'un pôle à l'autre. L'Antarctique, l'Australie et l'Inde actuels étaient situés alors à haute latitude et formaient le centre de la glaciation. Durant l'ère suivante – l'ère secondaire ou

DES FOSSILES DE CLIMATS ANCIENS : *Tarbosaurus bataar, un dinosaure du crétacé (à gauche), des crinoïdes, créatures marines du carbonifère (ci-dessus), et un poisson de l'éocène (à droite).*

DES MÉTÉORES *ont créé d'immenses cratères (bien plus énormes que celui-ci). Certains impacts ont peut-être projeté assez de poussières dans l'air pour bloquer le rayonnement solaire, causant la chute des températures – un refroidissement qui pourrait avoir éliminé les dinosaures.*

Histoire des changements climatiques

mésozoïque (de –245 à –65 Ma), la Pangée se scinda en deux énormes blocs continentaux. Le climat était globalement tropical, et les différences de température entre les pôles et les tropiques étaient relativement faibles ; ce fut l'âge des dinosaures. Des signes indiquent que le climat fluctua tout au long de cette ère, et il est possible que soit survenu un refroidissement bref et soudain, à la fin du mésozoïque, qui coïncida avec l'extinction des dinosaures.

LE CÉNOZOÏQUE

Le cénozoïque, qui comprend l'ère tertiaire et l'aire quaternaire, couvre la quasi-totalité des

65 derniers millions d'années de l'histoire de la Terre. Cette ère a connu une tendance au refroidissement, mais ce ne fut pas un déclin régulier : de longues périodes aux températures assez stables se sont intercalées entre des refroidissements majeurs plus rapides, de –50 et –38 Ma. Un autre refroidissement, survenu voici environ 15 Ma, conduisit à la formation des glaciers montagneux de l'hémisphère Nord et de la calotte polaire en Antarctique. La dernière période du cénozoïque, l'ère quaternaire, commença vers –1,8 Ma, avec l'apparition d'*Homo habilis,* et s'étend jusqu'à la période actuelle. Cette ère, qui débuta au pléistocène, subit sept glaciations et vit le tiers de la surface de la Terre recouvert par les glaces. Ces glaciations survenaient en gros tous les 100 000 ans et étaient séparées par des épisodes interglaciaires plus courts et doux. La plus récente glaciation culmina voici 18 000 ans. L'inlandsis, qui atteignit jusqu'à 3 km d'épaisseur, recouvrait la majeure partie de l'Amérique du Nord et toute la Scandinavie, en se prolongeant jusqu'à la moitié nord des îles Britanniques et à l'Oural. Dans l'hémisphère Sud, une grande partie de la Nouvelle-Zélande et de l'Argentine était prise sous la glace, de même que les Snowy Mountains, à la pointe sud de

LES GLACIERS, comme le glacier LeConte, en Alaska (ci-dessus), sont aujourd'hui limités pour la plupart aux latitudes ou altitudes élevées. La Terre a toutefois connu bien des périodes où les glaciers étaient beaucoup plus étendus.

l'Australie, et le Drakensberg, en Afrique du Sud. Puis, voici environ 12 000 ans, commença un réchauffement spectaculaire ; 5 000 ans plus tard, les glaces de l'Amérique du Nord et de la Scandinavie avaient fondu. À mesure que le niveau de la mer montait, les côtes prirent peu à peu leur contour actuel. Nous vivons à l'époque holocène, une période chaude qui a débuté voici 10 000 ans. Mais nous ne pouvons être sûrs que les glaciations récurrentes ont cessé, et nous pourrions bien être dans une période interglaciaire qui s'achèvera par une nouvelle glaciation.

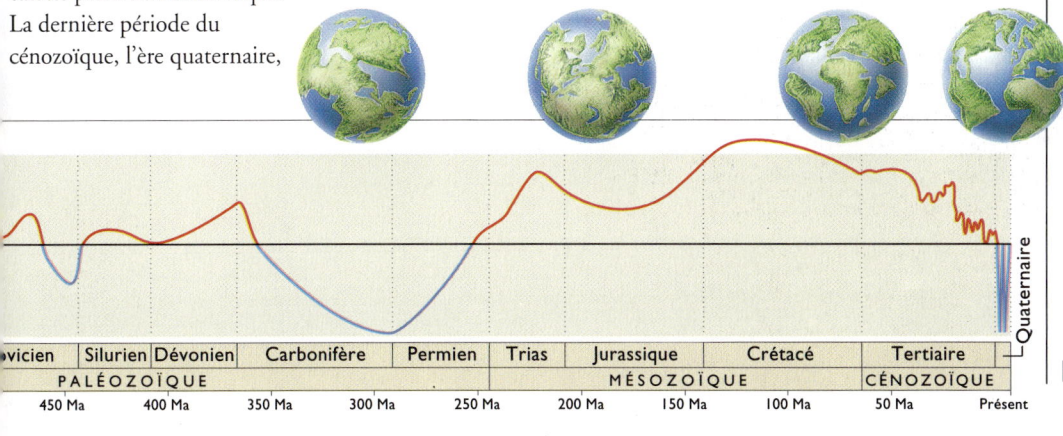

Un climat si changeant

L'ÈRE DES HOMMES

Après les fluctuations cataclysmiques du climat de la période préhistorique, une ère relativement stable a permis le développement des civilisations.

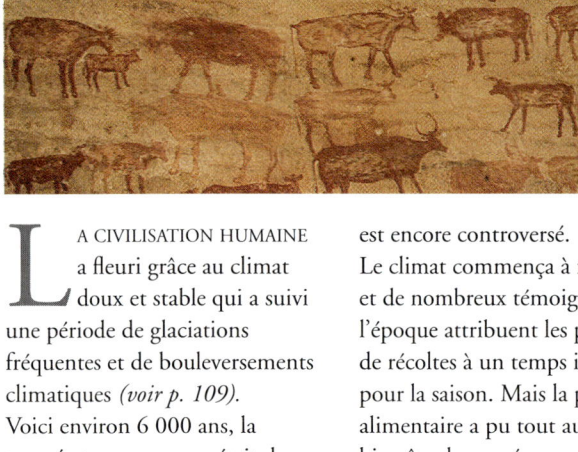

UN CLIMAT CHAUD *L'agriculture naquit voilà 6 000 ans en Égypte (en haut à gauche). Le Sahara était alors bien plus fertile qu'aujourd'hui et pouvait nourrir de grands troupeaux d'animaux, comme le montrent ces fresques du tassili des Ajjer, en Algérie (à gauche).*

LA CIVILISATION HUMAINE a fleuri grâce au climat doux et stable qui a suivi une période de glaciations fréquentes et de bouleversements climatiques *(voir p. 109)*.
Voici environ 6 000 ans, la température moyenne était de 2 °C plus élevée qu'aujourd'hui, et les pluies étaient plus abondantes. Ces conditions ont favorisé la naissance de l'agriculture en Égypte et en Mésopotamie, qui donna pour la première fois des surplus alimentaires à l'humanité.
Cela permit à de grands groupes de populations de vivre ensemble, et les premières cités s'élevèrent dans les plaines de Mésopotamie. Le rôle joué par le climat sur l'épanouissement de la culture grecque, l'expansion et la chute de l'Empire romain est encore controversé.
Le climat commença à fraîchir, et de nombreux témoignages de l'époque attribuent les pertes de récoltes à un temps inhabituel pour la saison. Mais la pénurie alimentaire a pu tout aussi bien être la conséquence de la déforestation et de l'inefficacité des systèmes d'irrigation.
Il existe aussi des raisons complexes au brusque déclin de la civilisation maya en Amérique centrale, entre 800 et 1000 apr. J.-C. La société maya était déjà déstabilisée par la pression démographique, la dégradation de l'environnement et les conflits entre cités, mais elle avait surmonté des problèmes similaires les siècles précédents.
Toutefois, vers 800, une période de longue sécheresse soumit certainement le peuple maya à une tension supplémentaire, qui a peut-être causé l'effondrement final.

LE MOYEN ÂGE
Schématiquement, du Xe au XIIe siècle régna ce qu'on a appelé l'optimum climatique médiéval, qui, en Europe, consistait en températures similaires aux nôtres.
Ce climat fut favorable à la colonisation de l'Islande et du Groenland par les Vikings, ainsi qu'au bourgeonnement de la civilisation européenne entre le XIe et le XIIIe siècle.
À la fin du XIIIe siècle, le climat changea à nouveau. Il y eut des vagues de froid effroyables, des étés humides en 1315 et 1316, puis une succession d'étés froids. La disparition de la colonie viking du Groenland et la

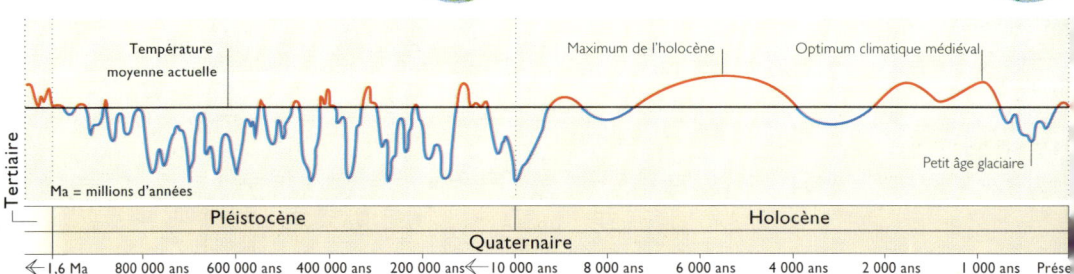

L'ère des hommes

UNE SÉCHERESSE PROLONGÉE *dans le sud-ouest de l'Amérique du Nord, vers 1280, entraîna le déclin de la civilisation anasazi.*

LA COLONIE GROENLANDAISE

La disparition des colons vikings du Groenland est le seul exemple connu de l'extinction totale d'une société européenne bien développée. En 985 apr. J.-C., lors d'une période particulièrement clémente, une expédition menée depuis l'Islande par Érik le Rouge permit à 300 ou 400 colons d'établir deux campements sur la côte ouest du Groenland. Au début du XIIe siècle, on comptait plus de 300 fermes et 5 000 habitants. Les colons élevaient des bovins, des moutons et des chèvres, exploitaient la flore et la faune sauvages, abondantes, et recevaient des denrées d'Islande et de Scandinavie. Au cours du XIIe siècle, bien avant un quelconque changement climatique en Europe occidentale, le temps se refroidit brutalement. Bien que le climat se fût réchauffé légèrement au XIIIe siècle, il fut encore plus froid au siècle suivant. Ces changements accrurent la fréquence des tempêtes et l'extension de la banquise autour du Groenland. De ce fait, les liens avec l'Islande s'espacèrent. Le dernier contact eut lieu en 1410, et la colonie s'éteignit peu après. Les études archéologiques des tombes des colons ont dressé un tableau affligeant de malnutrition et de maladies débilitantes.

famine qui sévit en Islande les années suivantes sont clairement liés à ce mauvais temps. En Europe, le refroidissement du climat a peut-être déclenché le déclin de la population (qui commença avant même l'épidémie de peste noire de la fin du XIVe siècle). Toutefois, un certain nombre de facteurs humains y ont aussi contribué, notamment la rapide croissance démographique, l'extension de l'agriculture à des terres peu fertiles et l'occupation de régions côtières vulnérables.

PETIT ÂGE GLACIAIRE

Nous ne sommes pas certains de l'impact du petit âge glaciaire – une période froide entre 1450 et 1850 environ, qui comprit beaucoup d'hivers très rudes. La Tamise, qui traverse Londres, gela à plusieurs reprises, et on y donna de grandes fêtes *(illustration p. 106-107).* Une série d'étés froids et humides (notamment dans les années 1590, 1690 et 1810) se soldèrent par des famines dans toute l'Europe ainsi que par l'avancée des glaciers alpins. Le petit âge glaciaire demeure mystérieux et n'a peut-être pas été un épisode unique et homogène de longue durée. Il aurait consisté en plusieurs intervalles froids d'une trentaine d'années à la fin des XVIe et XVIIe siècles et de 1800 à 1820, intercalés entre des périodes plus clémentes.

DERNIÈRES DÉCENNIES

Depuis 1900, le climat s'est globalement réchauffé d'environ 0,5 °C. Ce réchauffement s'est concentré sur deux périodes, entre 1920 et 1940 environ, et depuis la seconde moitié des années 1970. Est-ce le fait d'un cycle naturel ou de facteurs humains ? Cela reste à déterminer *(voir p. 126).*

LES HIVERS FROIDS *du petit âge glaciaire ont été immortalisés par les peintres flamands comme Pieter Bruegel (v. 1525-1569) dans* Chasseurs dans la neige.

Un climat si changeant

Changements climatiques & environnement

La vie perdure sur la Terre depuis plus de trois milliards d'années et a dû s'adapter à des variations climatiques.

Au cours des âges, les fluctuations du climat et la dérive des continents *(voir p. 108)* ont modelé l'évolution de la vie sur la Terre.
D'après les preuves géologiques, cinq extinctions de masse ont frappé la flore et la faune. Elles pourraient avoir été causées par d'importants changements climatiques, peut-être provoqués par le bombardement intensif de la Terre par des météorites ou par des éruptions volcaniques. Chacune de ces extinctions a marqué la fin d'une période géologique : l'ordovicien, il y a 440 Ma ; le dévonien, 365 Ma ; le permien, 245 Ma ; le trias, 210 Ma, et le crétacé, il y a 65 Ma *(voir p. 109)*.
Les conséquences de ces événements sont stupéfiantes : 99 % de toutes les espèces ayant jamais existé ont aujourd'hui disparu. On estime qu'il y a actuellement environ 30 millions d'espèces, mais nous n'en avons répertorié qu'un million.

LES MIGRATIONS *À mesure que notre climat se réchauffait, le tatou (à droite) a étendu son territoire vers le nord depuis le sud des États-Unis. Le rhinocéros (en haut), aujourd'hui dans les zones semi-arides, vivait autrefois dans le désert du Sahara, qui fut bien plus fertile durant une période plus humide, voici 6 000 ans environ.*

L'évolution des plantes
Un climat favorable a permis aux plantes de coloniser les terres voici quelque 400 Ma.
Lors des derniers 80 Ma, à mesure que les continents dérivaient jusqu'à prendre leur configuration actuelle, le climat relativement chaud permit aux plantes à fleurs de se diversifier et de devenir le groupe prédominant ;

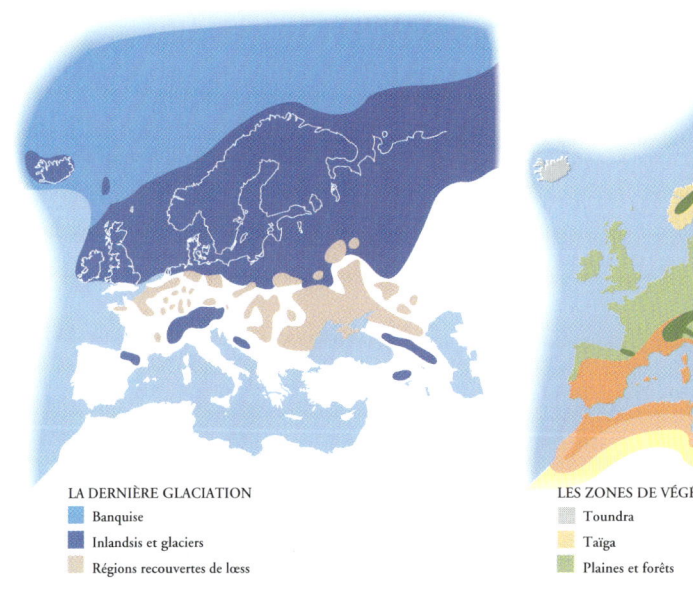

LA DERNIÈRE GLACIATION	LES ZONES DE VÉGÉTATION	
Banquise	Toundra	Végétation de montagne
Inlandsis et glaciers	Taïga	Végétation méditerranéenne
Régions recouvertes de lœss	Plaines et forêts	Steppe
		Végétation désertique

IL Y A 18 000 ANS, *l'Europe du Nord et les hautes montagnes étaient recouvertes par un épais inlandsis.*

AUJOURD'HUI, *ces régions qui étaient sous les glaces sont couvertes par les plaines, les forêts, la taïga et la toundra.*

Changements climatiques & environnement

LES GLACIERS ont creusé des vallées en auge, comme celle-ci, à Haines, en Alaska (à gauche). Pendant les glaciations, le liquidambar (ci-dessus) disparut d'Europe mais survécut en Amérique du Nord, car il put migrer vers le sud.

aujourd'hui, elles comptent 250 000 espèces.
À l'éocène, il y a 50 millions d'années, on trouvait des plantes tropicales jusqu'en Europe occidentale et dans le nord des États-Unis, mais la tendance ultérieure au refroidissement modifia leur répartition.

La dernière glaciation

La plupart des preuves montrant comment la vie s'est adaptée aux changements climatiques ont été altérées par des événements plus récents : le monde naturel qui nous entoure a été surtout influencé par les oscillations climatiques spectaculaires du dernier 1,6 million d'années. Les effets des récentes glaciations se voient nettement dans les paysages glacés de l'hémisphère Nord, notamment dans les vallées glacières en auge et les blocs de pierre roulés. La distribution de la flore et de la faune fournit davantage d'indices sur les événements des âges glaciaires. En Europe, des vagues successives de froid ont éliminé les espèces tropicales et subtropicales, toujours communes dans l'est des États-Unis et en Chine. C'est le cas du kiwi, du tulipier et du liquidambar – des espèces incapables de s'échapper vers le sud en traversant la barrière orientée est-ouest des Alpes et des Pyrénées. En Amérique du Nord, les Rocheuses et les Appalaches n'ont pas constitué une barrière à la migration vers le nord et le sud. Quand le climat s'est refroidi, beaucoup d'espèces se retranchèrent dans le sud ; elles remontèrent au nord, dans le Canada actuel, à mesure que le climat se réchauffait.

La montée rapide du niveau des mers, voici environ 12 000 ans, après la dernière glaciation, a isolé certaines parties du monde de la recolonisation par la flore et la faune. Quand les îles Britanniques furent séparées du reste de l'Europe, il y a 7 000 ans, quelques espèces furent incapables de se disséminer vers le nord avec la montée globale des températures.

LOUIS AGASSIZ ET LES ÂGES GLACIAIRES

Les théories sur les glaciations sont habituellement associées au naturaliste suisse Louis Agassiz (1807-1873). Mais l'hypothèse que les glaces aient pu recouvrir une partie de l'Europe du Nord avait été formulée pour la première fois en 1795 par l'Écossais James Hutton (1726-1796), fondateur de la géologie scientifique. En 1836, lors d'une équipée dans les montagnes du Jura, Agassiz se convainquit que les glaciers avaient transporté des blocs de granite sur au moins 100 km depuis les Alpes. En 1837, il utilisa pour la première fois le terme « âge glaciaire » *(die Eiszeit)* et, en 1840, ses hypothèses furent publiées dans un livre révolutionnaire, *Studies on Glaciers*. Au début, toutefois, il fut la risée de la communauté scientifique. Agassiz voyagea en Écosse et en Nouvelle-Écosse, où il releva de nouvelles preuves géologiques d'une glaciation. En 1848, il rejoignit l'université Harvard, où il poursuivit ses recherches sur les glaciations. Il devint clair que de nombreuses caractéristiques géologiques de l'hémisphère Nord ne pouvaient s'expliquer que par l'action des glaces, et le travail d'Agassiz fut reconnu, bien que le sujet restât controversé jusqu'à la fin du siècle.

Un climat si changeant

LA MESURE DES CHANGEMENTS CLIMATIQUES

Reconstituer l'histoire du climat de la Terre fait appel à une grande diversité de sources et à un véritable travail de détective.

LES MEILLEURES SOURCES d'information sur les changements du climat sont les mesures instrumentales, mais celles-ci n'ont couvert qu'une petite partie du monde et remontent, au mieux, à trois cents ans. Les journaux de bord des navires et les archives familiales comblent en partie les lacunes ; les dates des vendanges, le prix des céréales et autres données liées au climat (comme la floraison des arbres et des arbustes, ou le gel des lacs et des canaux) aident à compléter le tableau. Faute de tels renseignements, ou pour remonter plus loin dans le temps, on a recours à d'autres « témoins » : cercles de croissance des arbres, colonies de coraux, carottes prélevées dans les glaces permanentes, sédiments déposés au fond des lacs et des océans…

LES CERCLES DES ARBRES
À mesure que de nouvelles cellules se créent dans le tronc d'un arbre, chaque printemps ou chaque été, un cercle visible se forme. Chaque cercle représente une année, et la largeur du cercle indique le rythme de croissance de l'arbre cette année-là. Le rythme de croissance dépend à la fois de la température et des chutes de pluie. Toutefois, c'est seulement là où les arbres vivent à la limite de leur domaine acceptable de températures ou de précipitations que les cercles peuvent être reliés majoritairement à l'un ou à l'autre de ces facteurs. Ainsi, les sapins poussant près de la lisière nord des forêts boréales du Canada et de Russie constituent de bonnes sources d'information sur les chutes de pluie. L'étude du rapport entre les cercles annuels des arbres et le climat, la dendroclimatologie, fut esquissée par Andrew E. Douglas en Arizona, en 1904. Son travail permit d'établir des archives remontant sur plusieurs milliers d'années par le recouvrement d'ensembles de cercles étroits et larges issus d'arbres vivants et de bois anciens.

CARNETS DE BORD DU CLIMAT *Journal de bord d'un navire (en haut), cercles de croissance d'un arbre (ci-dessous). Ceux des pins à cônes barbus de Californie (à droite) peuvent remonter à quatre mille ans.*

DES COUCHES DE CORAUX
Les mesures instrumentales faites sous les tropiques sont limitées, mais l'étude des coraux permet de combler les lacunes. Les coraux vivent des siècles et croissent en ajoutant des couches saisonnières de carbonate de calcium à leur squelette. Ces couches peuvent indiquer des fluctuations saisonnières des précipitations et des températures marines de surface.

LES CAROTTES DE GLACE
Le prélèvement de carottes dans les glaces permanentes est une source riche d'informations. L'épaisseur de la couche annuelle de glace indique le niveau des précipitations, et son analyse chimique révèle à quelle température elles ont eu lieu. Les bulles d'air piégées dans

La mesure des changements climatiques

LE TEMPS GELÉ

Les couches de glace de l'Antarctique font remonter nos archives climatiques jusqu'à 220 000 ans dans le passé, au-delà des deux dernières glaciations.

la glace montrent la composition de l'atmosphère de l'époque, et la quantité de poussières, le caractère tempétueux du temps ; l'acidité signale les événements volcaniques majeurs survenus dans le monde.

Les carottes forées dans la glace du Groenland ont permis de dénombrer chaque couche de neige annuelle des quinze mille dernières années et ont fourni un aperçu détaillé du climat sur plus de cent mille ans. Elles montrent, par exemple, qu'avant la fin de la dernière glaciation, voilà environ dix mille ans, le climat était très variable et que les températures moyennes pouvaient monter ou chuter de 10 °C en quelques années. En Antarctique, les couches annuelles sont trop minces pour être dénombrées, mais l'importante épaisseur de la glace permet de remonter jusqu'à 220 000 ans dans le passé.

LE LIT DES LACS ET DES OCÉANS

Pour remonter à des millions d'années, les climatologues étudient les sédiments au fond des lacs et des océans, et les couches sédimentaires déposées tout au long de l'histoire de la Terre. Ils réussissent parfois à identifier des couches annuelles mais se fondent généralement sur les fossiles prisonniers des roches et des sédiments pour découvrir les fluctuations du climat. Les lits océaniques contiennent des fossiles de foraminifères, de minuscules créatures marines qui vivaient dans les eaux superficielles des océans. Comme chaque espèce de foraminifère ne peut vivre qu'à une température spécifique, leurs fossiles nous permettent de rétablir les fluctuations des températures océaniques de surface. De même, les pollens des plantes primitives enfouies dans la vase au fond des lacs témoignent des changements climatiques.

UN TABLEAU ACHEVÉ

Nos tentatives pour reconstruire une histoire complète et précise du climat de la Terre sont parfois contrariées par des indices peu fiables. Les informations recueillies par les amateurs sont souvent incomplètes, car ces derniers ont tendance à noter les événements climatiques extrêmes plutôt que le temps quotidien. Il arrive que les glaciers effacent les preuves laissées par leurs avancées précédentes, et que les glaces permanentes se déforment avec le temps, d'où une datation incorrecte des différentes couches. Dans le lit des océans et des lacs, les animaux qui fouissent les sédiments les mélangent parfois, brouillant les informations. Aussi tout l'art du climatologue consiste-t-il à réunir assez d'informations de sources diverses pour tirer des conclusions fiables sur les changements climatiques passés.

LES COLONIES DE CORAUX *côtières sont affectées par les rejets fluviaux, eux-mêmes liés aux précipitations. Des coupes transversales du corail en lumière ultraviolette montrent les variations saisonnières passées et permettent de reconstituer l'histoire du climat tropical.*

Un climat si changeant

Les tendances climatiques

Pour les météorologues, identifier les cycles longs des fluctuations climatiques est un objectif très ambitieux.

Bien que nous soyons tous intéressés par le temps au jour le jour, peu d'entre nous pensent aux changements climatiques à long terme, puisque nous n'en ressentons pas aussitôt les effets. Cependant, il est important de comprendre que les vagues de chaleur et de froid et autres périodes inhabituelles font peut-être partie d'un cycle climatique court en fait assez « normal ».

Le temps ordinaire

Le climat de n'importe quelle partie du monde, à tout moment de l'année, est défini par des moyennes (température, précipitations, force et direction du vent, ensoleillement). Le temps, lui, est ce qui se passe à un moment particulier, et c'est tout sauf une moyenne. Les latitudes modérées à hautes connaissent de fréquents changements de temps assez normaux pour leur climat. Les vents d'ouest dominants amènent une succession de dépressions accompagnées de bourrasques et de pluies qui s'intercalent avec des périodes de haute pression associées à un temps calme et à un ciel dégagé. Mais même ce régime standard connaît parfois des fluctuations importantes au jour le jour : par exemple, la pluie causée par une dépression peut se concentrer sur certaines zones. Et si les dépressions sont déviées de leurs trajectoires normales et coupées

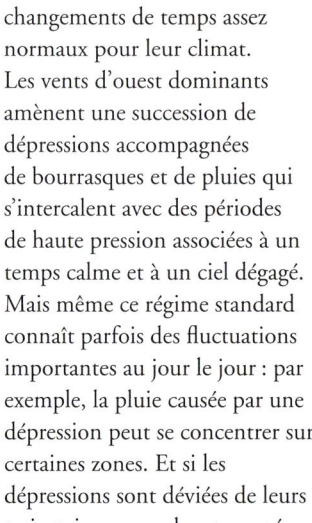

LE NOMBRE DES TACHES SOLAIRES *(en haut à gauche) est maximal tous les onze ans – un cycle qui pourrait être lié aux périodes de temps chaud ou froid ainsi qu'aux temps extrêmes, de la sécheresse en Afrique (ci-dessus) aux vagues de froid aux États-Unis (en bas).*

de la circulation principale – processus appelé blocus –, il peut y avoir de longues périodes de temps persistant, comme les mémorables vagues de chaleur de 1976, en Europe occidentale. Aux latitudes plus basses, le temps quotidien est plus prévisible, mais il y a néanmoins des fluctuations significatives de la distribution des pluies. De nombreuses régions tropicales et subtropicales subissent une distribution variable des pluies saisonnières : des années de sécheresse alternent avec des périodes humides. Par exemple, le Zimbabwe et le Mozambique ont connu la sécheresse en 1982-1983, puis en 1991-1992 ; l'Australie aussi, en 1982-1983.

Les tendances climatiques

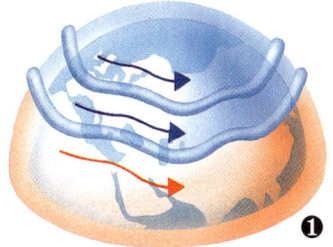 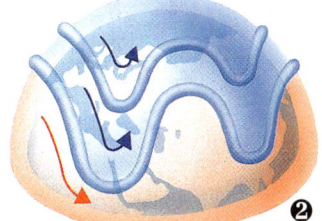 

En un sens, le climat « normal » = sécheresse + inondations, divisé par deux.

BLOCUS ❶ *Les courants aériens de haute altitude amènent un temps variable aux latitudes moyennes.* **❷** *Ce flot, venant d'ouest, est dévié de sa trajectoire normale.* **❸** *Si cette configuration persiste, les anticyclones et dépressions sont isolés de la circulation principale. Un blocus entraîne des vagues de temps excessif – vagues de chaleur ou hivers particulièrement rigoureux (comme ci-dessous en 1895, en Angleterre).*

L'ORDRE DANS LE CHAOS

Des variations sur de longues périodes peuvent aussi indiquer une tendance. Les statistiques climatiques mondiales des cent à deux cents dernières années révèlent des phases de temps « anormal » qui fascinent les météorologues. Toutefois, les cycles vont et viennent, et différentes parties du monde affichent des cycles différents. Globalement, c'est une vision éphémère mais terriblement tentante d'un certain ordre dans une mer de chaos.

L'un des meilleurs exemples de cycle climatique est l'oscillation quasi bisannuelle des vents de la stratosphère équatoriale. Ces vents de haute altitude s'inversent tous les deux ans en moyenne, soufflant alternativement d'est puis d'ouest. Le phénomène a été enregistré depuis le début des années 1950, mais nous sommes loin de comprendre pourquoi il existe et quel effet il a (s'il en a) sur le climat général. Des cycles de trois à cinq ans, révélés par de nombreuses données, sont sans doute liés à des fluctuations presque régulières de la température de surface de l'océan Pacifique équatorial. En rapport avec le courant chaud océanique El Niño, qui apparaît au large de la côte sud-américaine *(voir p. 102)*, ces fluctuations sont maintenant introduites dans les prévisions saisonnières mais sont loin de montrer un cycle clair, prévisible des années à l'avance.

Plusieurs autres théories ont été proposées pour expliquer les schémas climatiques à long terme. L'activité solaire liée aux taches solaires (des taches sombres qui se déplacent à la surface du Soleil) suit un cycle, le nombre des taches passant par un maximum tous les onze ans environ. Les fluctuations du champ magnétique terrestre, déclenchées par l'activité des taches solaires, ont un cycle approximatif de vingt-deux ans, tandis que les phases de la Lune ont un cycle de dix-neuf ans. On a tenté d'associer les variations du temps à une combinaison de ces cycles. Pourtant, nous recherchons toujours un cycle clairement identifiable qui nous permettrait de prévoir les tendances du climat pour le siècle prochain.

LES STATISTIQUES DES MOYENNES ANNUELLES *pour les États-Unis depuis 1905 révèlent des périodes de temps « anormal », tout comme les données d'autres parties du monde de ces cent à deux cents dernières années. Toutefois, il est difficile de définir un schéma global.*

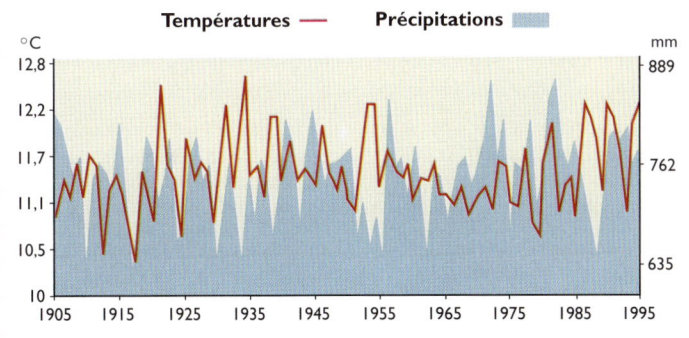

Dis-moi : d'où vient cette vague de froid inattendue... sage épouvantail ?

Issa (1763-1827), *poète japonais.*

Un climat si changeant

Les causes des changements

Les mouvements de l'air, de l'eau, des continents et de la Terre elle-même contribuent aux modifications à long terme.

Les changements à long terme du climat sont déterminés par un ensemble complexe de facteurs. Les blocus *(voir p. 117)* engendrent des périodes d'un même temps persistant des dizaines de jours. Certains éléments de la circulation, comme la circulation océanique globale *(voir encadré)*, apportent des changements climatiques qui peuvent durer des années ou des millénaires. Le lent processus de la dérive des continents a aussi altéré le climat. Selon que les masses continentales se rapprochaient les unes des autres au niveau de l'équateur ou dérivaient vers les pôles, il y a eu des régimes totalement différents. Quand il y a beaucoup de terres aux latitudes élevées, elles créent une plate-forme où les glaces peuvent facilement s'amonceler. Le mouvement des continents vers les pôles ouvrait en outre d'énormes océans tropicaux qui absorbaient la chaleur, d'où un refroidissement global. Les mouvements des plaques ont provoqué l'orogenèse : Himalaya, plateau du Tibet, cordillère des Andes, Rocheuses… Ces reliefs ont eu eux-mêmes un profond impact sur le climat actuel et sont responsables d'une grande partie de sa variabilité *(voir p. 36)*.

LES ÉRUPTIONS VOLCANIQUES
(à gauche) injectent des poussières et des gaz dans l'atmosphère ; dans le passé, elles ont peut-être déclenché des glaciations. Aujourd'hui, elles sont moins fréquentes et n'ont plus un si grand impact sur le climat à long terme.

La Terre dans l'espace

Les variations du rayonnement et l'activité des taches solaires *(voir p. 117)* influencent le climat. En outre, selon la théorie de Milankovitch (géophysicien yougoslave qui développa l'idée dans les années 1930), trois changements périodiques de la course annuelle de la Terre autour du Soleil seraient liés à la progression des glaciations. Ces irrégularités de l'orbite terrestre modifient la quantité de lumière

LA CIRCULATION OCÉANIQUE GLOBALE

La « circulation océanique globale » pourrait être la clef des changements à long terme des températures de surface des océans, facteur important du climat global *(voir p. 38)*. Les eaux salées et froides (donc denses), qui s'enfoncent dans l'océan Atlantique Nord, coulent vers le sud, puis vers l'est, en contournant le sud de l'Afrique pour refaire surface et se réchauffer dans les océans Indien et Pacifique Nord. Des courants de surface transportent ces eaux plus chaudes à travers le Pacifique et l'Atlantique Sud. Le tour complet prend de 500 à 2 000 ans. Des changements de vitesse ou de direction pourraient expliquer des modifications soudaines du climat, tel le petit âge glaciaire du XVIIe siècle. Nous ne possédons pas d'observations à long terme de la circulation océanique globale, mais des mesures prises dans les années 1980 suggèrent que la formation d'eaux océaniques froides et profondes en mer du Groenland a diminué de 80 % depuis les années 1970. Des changements similaires ont peut-être provoqué des variations soudaines du climat par le passé. En outre, des modifications récentes de la température des océans pourraient avoir contribué à d'autres fluctuations, telles que la sécheresse dans le Sahel depuis la fin des années 1960, la diminution de l'activité des ouragans dans l'Atlantique et l'augmentation des effets El Niño dans le Pacifique tropical *(voir p. 102)*.

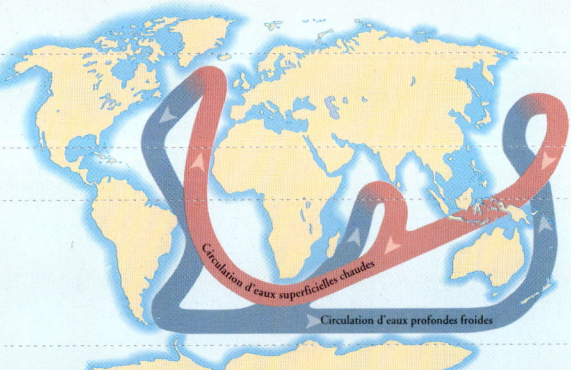

Les causes des changements climatiques

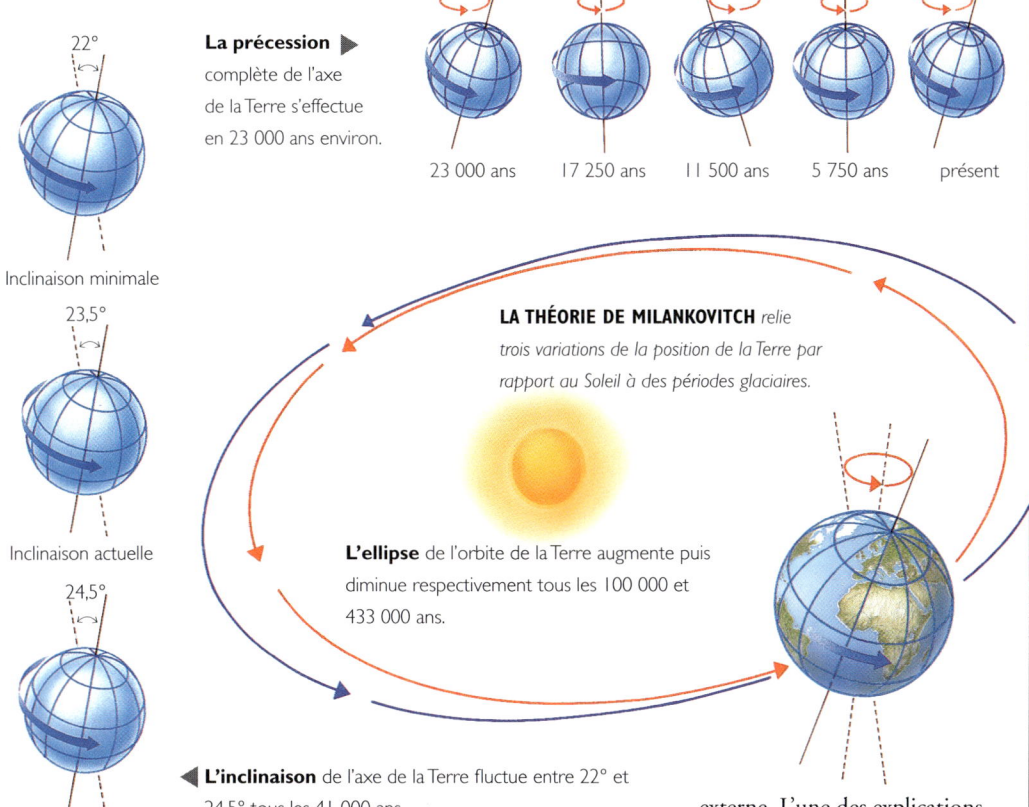

La précession complète de l'axe de la Terre s'effectue en 23 000 ans environ.

23 000 ans   17 250 ans   11 500 ans   5 750 ans   présent

22° — Inclinaison minimale
23,5° — Inclinaison actuelle
24,5° — Inclinaison maximale

LA THÉORIE DE MILANKOVITCH relie trois variations de la position de la Terre par rapport au Soleil à des périodes glaciaires.

L'ellipse de l'orbite de la Terre augmente puis diminue respectivement tous les 100 000 et 433 000 ans.

L'inclinaison de l'axe de la Terre fluctue entre 22° et 24,5° tous les 41 000 ans.

solaire frappant les différentes latitudes : d'abord, l'axe de rotation de la Terre est animé d'un mouvement de précession, comme un gyroscope, et accomplit un cercle complet en un peu moins de 26 000 ans ; ensuite, l'inclinaison de cet axe fluctue entre 22° et 24,5° tous les 40 000 ans ; et enfin, son orbite devient plus, puis moins elliptique respectivement tous les 100 000 et 433 000 ans. La théorie de Milankovitch est confortée par l'étude de la quantité de lumière solaire atteignant les hautes latitudes de l'hémisphère Nord, qui a varié jusqu'à 9 % durant chaque cycle de 100 000 ans. Elle est encore confirmée par la coïncidence entre les variations de l'orbite terrestre et l'expansion et la régression des glaciations. Dans les analyses des carottes de glace de l'Antarctique, les trois cycles courts sont clairement visibles durant les derniers 250 000 ans. Ces mêmes cycles, ainsi que celui de 433 000 ans, apparaissent dans beaucoup de données géologiques, notamment dans l'épaisseur variable des couches sédimentaires qui permettent de remonter de plusieurs millions d'années dans le passé.

LES THÉORIES GALACTIQUES

Au long du dernier milliard d'années, des glaciations sont survenues en gros tous les 150 millions d'années ; une seule glaciation manque, vers la fin du jurassique. Cette régularité peut être une coïncidence due à la façon dont les continents ont dérivé, ou avoir une cause externe. L'une des explications possibles est que, tous les 150 millions d'années, notre système solaire, qui gravite autour de notre Galaxie, traverse des écharpes de poussière qui bordent les bras spiraux de la Galaxie. La poussière réduit la quantité de lumière atteignant la Terre, conduisant à la chute des températures et à la formation des glaces aux latitudes élevées. Cette hypothèse parmi beaucoup d'autres pourrait bien expliquer les modifications de notre climat. Les tendances à long terme dépendent de l'interaction complexe d'innombrables facteurs, et nous ne pouvons que spéculer sur le futur de notre climat.

LA VOIE LACTÉE Quand le système solaire traverse les écharpes de poussière qui bordent les bras spiraux de la Galaxie, tous les 150 millions d'années environ, la Terre reçoit moins de lumière du Soleil, ce qui pourrait entraîner des variations du climat.

Un climat si changeant

L'IMPACT HUMAIN

Les activités humaines ont un effet à peine notable sur le temps, mais, là où nous altérons de façon importante la surface de la Terre, les effets sont spectaculaires.

SI LE DÉBAT est toujours vif sur la portée exacte des activités humaines sur le climat à long terme, nous avons clairement modifié le temps à l'échelle locale.

LE CLIMAT URBAIN

Le temps dans les grandes villes diffère de celui de la campagne. Les bâtiments et les routes absorbent beaucoup de lumière solaire et l'emmagasinent efficacement, tandis que les procédés industriels et le chauffage produisent de la chaleur. De ce fait, les villes sont plus chaudes que leurs environs, particulièrement par nuit claire et calme, où la température au cœur des plus grosses cités peut dépasser de 6 °C la température de la campagne proche.
La chaleur excédentaire cause une plus forte ascension de l'air au-dessus des villes, ce qui, avec la pollution et les poussières produites en agglomération, accroît la formation des nuages

PLUIES ACIDES *et autres polluants ont tué ces arbres à Mynydd Dinas, Galles. L'acidité de la pluie aurait été accrue par les émissions des usines d'acier et des raffineries de pétrole voisines. Les pluies acides abîment aussi les monuments (en haut à droite) et les immeubles, du Parthénon à la statue de la Liberté.*

et donne de 5 à 10 % de précipitations supplémentaires – notamment des orages violents en été. Le ruissellement rapide des pluies denses sur l'asphalte et le béton augmente la probabilité d'une crue éclair dans les zones urbaines.
Même si les gratte-ciel peuvent créer des corridors d'accélération où s'engouffre le vent, ils ont habituellement pour effet de former une barrière de hauteur inégale qui diminue la vitesse moyenne des vents au niveau du sol. Ces conditions plus calmes favorisent l'accumulation de brouillards photochimiques en été et augmentent la probabilité de brouillard en hiver. La pollution, combinée aux températures plus élevées, rend la chaleur plus oppressante dans les villes.
Toutefois, les villes ont leurs avantages : les températures plus hautes en hiver réduisent la facture de chauffage, et les gelées moins fréquentes permettent de cultiver des plantes qui ne résisteraient pas en milieu rural. Certaines caractéristiques de nos villes ne peuvent être changées, mais, pour améliorer la qualité de l'air urbain, nous devons réduire la pollution. Préserver

LES AGGLOMÉRATIONS *affectent le temps. La pollution liée à l'industrie et aux automobiles engendre un épais brouillard photochimique, comme à Santiago du Chili (ci-dessus). Les activités humaines créent des îlots de chaleur autour des cités comme Paris (à droite).*

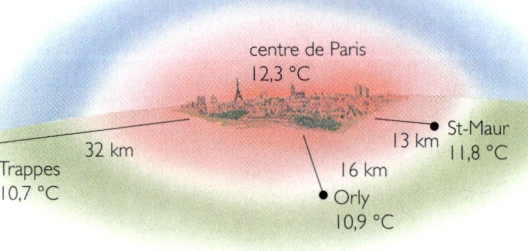

L'impact humain

des espaces dégagés et planter plus d'arbres évitera les inondations soudaines et les problèmes de ruissellement. Comme en été les plantes libèrent de l'humidité, la température baisse, et comme les arbres donnent de l'ombre, notre besoin d'air conditionné est réduit.

DES CHANGEMENTS DU RÉGIME DES PLUIES

Les crues record du Mississippi en 1993 et du Rhin en 1995 ont fait douter de l'efficacité des systèmes de prévention traditionnels. Plutôt que de construire des digues toujours plus hautes, il serait sans doute préférable de tolérer des crues contrôlées des rivières. Comme les systèmes de digues accélèrent le débit de l'eau en aval, ils aggravent les effets des fortes pluies *(voir p. 228)*.

Les activités humaines ont aussi affecté la nature de la pluie. Celle-ci est naturellement acide, mais, ces dernières années, on a communément relevé un niveau d'acidité dix fois plus élevé que la normale dans certaines régions d'Europe et d'Amérique du Nord. Cette pluie acide contamine les réserves d'eau, lessive le sol de ses éléments nutritifs vitaux, endommage les forêts et les récoltes, et empoisonne toute la chaîne alimentaire.

Les pluies acides sont une conséquence directe de la combustion des carburants fossiles : les voitures et les usines rejettent des oxydes de soufre et d'azote qui interagissent avec la lumière solaire pour former des sulfates et des nitrates ; quand la vapeur d'eau se condense dans les nuages, elle réagit avec ces derniers en donnant des acides sulfuriques et nitriques qui retombent au sol sous forme de pluies acides.

LA DÉFORESTATION

La déforestation peut avoir des conséquences dévastatrices pour l'environnement, mais ses effets sur le climat global ne sont pas clairs.

La destruction des forêts humides tropicales affecte énormément le climat local, en élevant les températures diurnes et en abaissant les températures nocturnes. Les études suggèrent toutefois que leur impact est faible à l'échelle mondiale. Les sols déboisés réfléchissent

LE DÉBOISEMENT DES FORÊTS

septentrionales de conifères (ci-dessous) pourrait avoir un impact plus grand que la perte des forêts tropicales humides (en haut).

plus de lumière solaire vers l'espace, ce qui pourrait avoir un effet refroidissant sur le climat global. Mais, en même temps, il y a moins d'arbres qui injectent de la vapeur d'eau dans l'atmosphère, ce qui entraîne moins de nuages et de pluies. L'absence de nuages a un effet calorifère qui compense le plus grand pouvoir réfléchissant du sol.

Assez curieusement, le déboisement des forêts du nord du Canada et de Sibérie pourrait avoir un impact climatique plus important, car les arbres assombrissent la couverture neigeuse. Les zones enneigées dépourvues d'arbres réfléchissent plus des deux tiers de la lumière solaire qui les atteint, tandis que ces mêmes zones, boisées, n'en réfléchissent que la moitié. Un modèle informatique où toutes les forêts au-delà de 45° de latitude nord sont remplacées par un sol dénudé prévoit un refroidissement significatif : par 60° de latitude nord, en avril – la période du dégel, où l'absence d'arbres se ferait le plus sentir –, la baisse des températures serait de 12 °C. On estime qu'au moins une partie du refroidissement global de ces cinq mille dernières années *(voir p. 109)* est imputable à la déforestation, elle-même due principalement à l'agriculture.

La déplétion de l'ozone

Le trou dans la couche d'ozone au-dessus de l'Antarctique est l'exemple le plus dramatique de la modification de l'atmosphère par les activités humaines.

LA MAJEURE partie de l'ozone de l'atmosphère se situe dans la stratosphère, entre 15 et 40 km d'altitude. L'ozone est un gaz dont la molécule, formée de trois atomes d'oxygène, absorbe la plupart des rayons ultraviolets, nocifs, émis par le Soleil. Il retient aussi une partie de la chaleur émise par la Terre. La découverte d'un trou allant s'agrandissant dans la couche d'ozone a profondément affecté la réflexion scientifique sur les dommages causés à notre environnement. Elle a aussi confirmé les craintes des écologistes qui, depuis le début des années 1970, clamaient que la couche d'ozone serait endommagée par les avions stratosphériques, l'utilisation croissante des engrais et, surtout, les industries qui relâchent des chlorofluorocarbures (ou CFC) dans l'atmosphère.

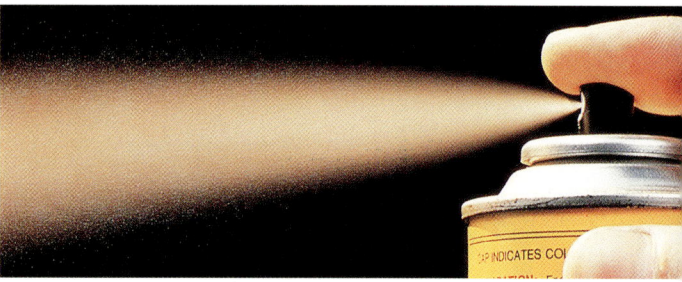

La couche d'ozone

La couche d'ozone est très vulnérable, car elle est très mince. La quantité totale d'ozone entre nous et l'espace équivaut à une couche épaisse d'environ 3 mm si tout ce gaz est comprimé à une pression standard (1015 hPa). La majeure partie de l'ozone est produite au-dessus des tropiques, où le rayonnement solaire est plus fort et plus direct. L'ozone est ensuite transporté autour de la Terre par les vents dominants de haute altitude.
La couche d'ozone est plus mince au-dessus des pôles. Son abondance est sans doute diminuée par les pics de l'activité solaire *(voir p. 116)* et par les poussières et les gaz rejetés par les grandes éruptions volcaniques *(voir p. 270).* Les activités humaines perturbent ce fragile équilibre en produisant des polluants à longue durée de vie qui atteignent l'étage supérieur de l'atmosphère.
Les CFC interfèrent avec le processus normal de formation de l'ozone, car ils peuvent atteindre la haute atmosphère, où ils forment des composés chlorés. Cette recombinaison chimique s'effectue au-dessus de l'Antarctique à la fin de l'hiver austral. En octobre, un tourbillon intense d'air froid se forme dans l'atmosphère au-dessus de l'Antarctique, qui engendre des nuages de cristaux de glace et pompe les CFC.

LES BOMBES AÉROSOL *(ci-dessus) utilisaient des CFC comme gaz propulseur jusque récemment. Les CFC sont aussi utilisés dans les systèmes de réfrigération et dans les plastiques expansés des emballages industriels.*

LA DÉPLÉTION *de la couche d'ozone au-dessus de l'Antarctique aura probablement un effet dévastateur sur la flore et la faune, comme ces goélands dominicains et ces labbes (à gauche).*

La déplétion de l'ozone

Octobre 1982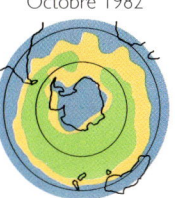
Octobre 1986
Octobre 1990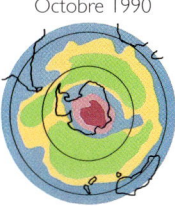
Octobre 1994

DES UNITÉS PORTABLES D'ANALYSEURS D'AIR comme celle-ci, à Hawaii (ci-dessous), sont utilisées pour surveiller la déplétion de l'ozone et les changements atmosphériques.

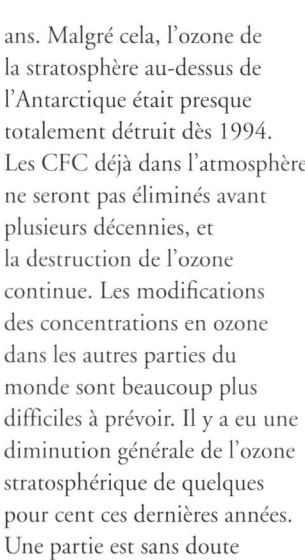

LE TROU DE L'OZONE au-dessus de l'Antarctique, indiqué en rouge sombre et en rose (ci-dessus), s'est élargi depuis le début des années 1980. Les couleurs représentent la concentration en ozone : rouge sombre pour la plus faible, puis rose, bleu, jaune, et vert pour la plus élevée.

Quand le soleil revient, après l'hiver antarctique, la combinaison du rayonnement solaire, des nuages de cristaux de glace et des CFC forme un mélange qui détruit l'ozone.

L'OZONE DE L'ANTARCTIQUE

Chaque mois d'octobre durant les années 1980, la quantité d'ozone au-dessus du pôle Sud dégringola. L'ampleur et la soudaineté de cette chute choquèrent la communauté scientifique et conduisirent au protocole de Montréal en 1987 (révisé ultérieurement en 1990 et 1992) et à l'élimination de certains CFC de la production industrielle. Conséquence de cette action rapide, l'utilisation mondiale du plus néfaste des CFC diminua de 40 % en cinq ans. Malgré cela, l'ozone de la stratosphère au-dessus de l'Antarctique était presque totalement détruit dès 1994. Les CFC déjà dans l'atmosphère ne seront pas éliminés avant plusieurs décennies, et la destruction de l'ozone continue. Les modifications des concentrations en ozone dans les autres parties du monde sont beaucoup plus difficiles à prévoir. Il y a eu une diminution générale de l'ozone stratosphérique de quelques pour cent ces dernières années. Une partie est sans doute imputable aux CFC, mais une autre est due à l'activité du Soleil et à l'éruption du mont Pinatubo, aux Philippines, en 1991. Il semble qu'un trou se forme dans la couche d'ozone au-dessus de l'Arctique à la fin de chaque hiver, mais il est bien moins prononcé que le trou de l'Antarctique. De récentes découvertes suggèrent qu'un trou se forme aussi au-dessus de l'Australie et de la Nouvelle-Zélande en hiver, un phénomène distinct de l'amenuisement de l'ozone au-dessus de l'Antarctique au printemps.

L'OZONE À FAIBLE ALTITUDE

Près du sol, le problème est totalement différent. Dans les grandes cités, en été, le mélange des polluants, venant principalement des moteurs à combustion interne, est recuit au soleil et forme un brouillard de composés chimiques dont un constituant important est l'ozone. En conséquence, le taux d'ozone de la basse atmosphère dans les zones très peuplées a augmenté.

Bien que cet ozone contribue à faire écran aux ultraviolets, il n'a aucune utilité, au contraire : il abîme la végétation et est nocif pour la santé. Comme il est rapidement absorbé et entraîné par les précipitations, sa concentration est bien plus variable que celle de l'ozone stratosphérique.

LE PANACHE DE FUMÉE sortant du mont Pinatubo, aux Philippines, entré en éruption en 1991, a accéléré la chute du taux d'ozone stratosphérique.

L'EFFET DE SERRE

Les gaz à effet de serre rendent la Terre habitable ; néanmoins, nos activités peuvent augmenter ces gaz et modifier le climat.

LES VOITURES rejettent du dioxyde de carbone dans l'atmosphère, contribuant ainsi à l'effet de serre et au réchauffement global.

Sans atmosphère, la température sur Terre monterait en flèche le jour et dégringolerait la nuit, et la température moyenne serait alors de –18 °C alors que sa valeur actuelle est d'environ 15 °C. L'atmosphère joue le rôle d'une enveloppe protectrice qui réchauffe la Terre et maintient un équilibre constant entre la quantité de rayonnement solaire absorbé et la quantité de chaleur renvoyée vers l'espace sous forme de rayonnement infrarouge. Cet équilibre détermine l'étroit domaine de températures où peut exister la vie telle que nous la connaissons sur terre.

Le rayonnement solaire incident

L'atmosphère réduit la quantité de rayonnement solaire atteignant la surface de la Terre. Les nuages réfléchissent environ 30 % de la lumière solaire qui les frappe et absorbent 15 % de celle qui les traverse. Une atmosphère claire et sans nuages absorbe 17 % environ de la lumière solaire qui la traverse. La réflexion par les surfaces terrestres joue aussi un grand rôle : la neige fraîche réfléchit jusqu'à 90 % du rayonnement solaire, et le sable des déserts, environ 30 %. Les océans et les forêts tropicales absorbent 90 % ou plus de tous les rayonnements solaires.

La chaleur réfléchie

La surface de la Terre absorbe aussi une partie du rayonnement solaire et le réémet sous forme de rayonnement infrarouge. L'atmosphère est en majorité composée d'azote et d'oxygène, qui n'absorbent presque aucun rayonnement infrarouge – ils le laissent s'échapper dans l'espace. Elle contient néanmoins des gaz qui absorbent et réémettent les infrarouges vers la Terre. Ce processus calorifère, qui permet à la vie d'exister, est appelé effet de serre. Les principaux gaz à effet de serre sont la vapeur d'eau, l'ozone et le gaz carbonique (ou dioxyde de carbone). D'autres gaz, trouvés à l'état de traces dans l'atmosphère, comme les chlorofluorocarbures (CFC), le méthane, l'oxyde nitreux ou le dioxyde de soufre, jouent aussi un rôle. Ces gaz à effet de serre agissent à la manière des vitres d'une serre qui laissent entrer la lumière et retiennent la chaleur. Cette propriété permet de créer un milieu chaud où les plantes prospèrent.

L'effet amplifié

La combustion des carburants fossiles augmente la concentration en gaz à effet de serre, ce qui amplifie l'effet de serre naturel. Le seul moyen de calculer l'impact de l'accumulation de ces gaz dans l'atmosphère est d'utiliser des modèles numériques du climat global. Quand les paramètres des conditions initiales de l'atmosphère et des océans sont entrées dans un modèle, celui-ci

LA COMBUSTION des matières fossiles, les engrais chimiques (ci-dessus), les plastiques employant des CFC (ci-dessus, à droite) et même le bétail (ci-contre) rejettent des gaz toxiques. Quand les forêts sont dévastées (à droite), nous perdons leur capacité à absorber le gaz carbonique.

L'effet de serre

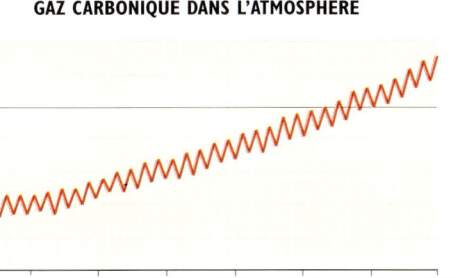
GAZ CARBONIQUE DANS L'ATMOSPHÈRE

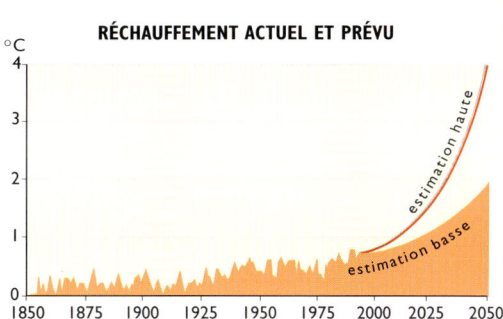
RÉCHAUFFEMENT ACTUEL ET PRÉVU

simule les caractéristiques du climat global en résultant. En faisant tourner ces modèles climatiques sur plusieurs années, les scientifiques voient comment le climat est susceptible de réagir aux activités humaines. Ainsi, si nous ne faisons rien pour réduire l'émission de gaz carbonique, celle-ci aura doublé en l'an 2050. Les modèles climatiques prévoient que ce phénomène conduira à une élévation de 1,5 à 4,5 °C des températures moyennes globales, les régions polaires se réchauffant de 9 °C et les régions tropicales, de 3 °C.

L'EFFET DE SERRE

❶ Le rayonnement solaire pénètre dans l'atmosphère, où une partie est réfléchie ou absorbée par les nuages. Quand il atteint la Terre, une partie est réfléchie et le reste, absorbé et réémis sous forme de chaleur (ou rayonnement infrarouge).

UN MONDE PLUS CHAUD

Un réchauffement global augmenterait certes les températures mais modifierait aussi la répartition des précipitations, ce qui aurait un gros impact sur l'agriculture. Les modèles prévoient que les pays industrialisés bénéficieraient de températures plus élevées et de pluies plus abondantes

❷ Le rayonnement infrarouge (la chaleur) quitte la surface de la Terre et une partie traverse l'atmosphère pour se perdre dans l'espace. Le reste rencontre des gaz à effet de serre, qui le réémettent vers la Terre.

aux moyennes latitudes. En revanche, la sécheresse et de terribles famines frapperaient certains pays tropicaux et subtropicaux en voie de développement. Ces conclusions contiennent un terrible avertissement : un réchauffement global creuserait davantage le gouffre entre pays riches et pays pauvres, entre Nord et Sud.

❸ Les activités humaines, comme la combustion de carburants fossiles, amplifient l'effet de serre en augmentant la concentration en gaz carbonique, méthane, CFC et oxyde nitreux.

Un climat si changeant

LE RÉCHAUFFEMENT GLOBAL

Nous ne savons pas encore avec certitude quelles sont la part des processus naturels et la part des activités humaines dans le réchauffement global de la Terre.

LE CLIMAT s'est réchauffé d'environ 0,5 °C au cours des cent dernières années. Cela corrobore les calculs des modèles climatiques globaux *(voir p. 125)*, qui sont fondés sur une augmentation du gaz carbonique dans l'atmosphère ; aussi avons-nous la certitude croissante que les activités humaines sont responsables d'au moins une partie de ce réchauffement. Bien que les modèles climatiques soient le seul moyen valable dont nous disposons pour prévoir les changements du climat, ils ont eux aussi leurs limites. Ainsi, les modifications à long terme des océans *(voir p. 118)* et leur effet sur les caractéristiques du climat global sont difficiles à prédire. Nous évaluons mal l'impact de la déforestation. Dans l'établissement des modèles climatiques, le plus grand défi est d'évaluer l'effet exact des nuages. Ils réfléchissent la lumière solaire, ce qui tend à refroidir la Terre, mais ils absorbent la chaleur, ce qui tend à la réchauffer. Nous croyons qu'ils réfléchissent plus

BRÛLER DES COMBUSTIBLES FOSSILES *(à droite) contribue au réchauffement global. Les préoccupations du grand public à propos de l'impact humain sur le climat se sont exprimées par une manifestation de cyclistes à Berlin en 1995 (ci-dessous).*

d'énergie qu'ils n'en absorbent et que le bilan est donc un refroidissement.
Nos calculs sont compliqués par les émissions de dioxyde de soufre des centrales thermiques. Les minuscules particules atmosphériques de sulfate augmentent la probabilité de formation de nuages *(voir p. 42)*, aussi un accroissement de la nébulosité devrait-il réduire l'ensoleillement global de la Terre. En prenant ces éléments en considération, les prévisions de réchauffement dans certaines régions de l'hémisphère Nord ont été revues à la baisse.
En 1994, les scientifiques ont réalisé que les nuages pourraient bien absorber quatre fois plus d'énergie solaire que prévu, ce qui aurait un effet calorifère important. Malheureusement, cette donnée n'a pas été incluse dans les prévisions. Les modèles climatiques doivent être affinés pour pouvoir tenir compte de toutes les propriétés des nuages.

CE MODÈLE CLIMATIQUE *évalue l'effet du doublement du taux actuel de gaz carbonique dans l'atmosphère. Les augmentations de températures vont du jaune pâle (0-2 °C) au rouge (8-12 °C). On observe des changements spectaculaires dans le nord de l'Eurasie, en Amérique du Nord et dans le cercle arctique.*

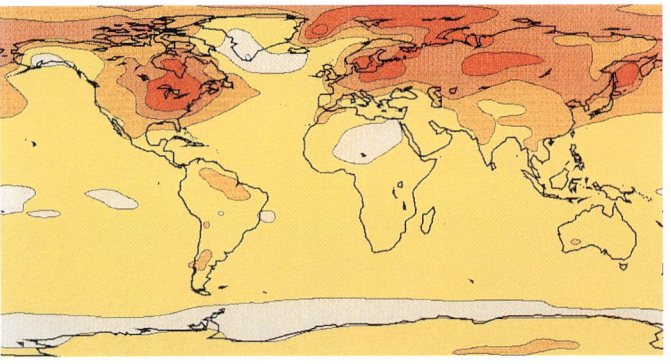

Le réchauffement global

L'HYPOTHÈSE GAIA

Dans les années 1970, le physicien britannique James Lovelock et la microbiologiste américaine Lynn Margulis abasourdirent la communauté scientifique avec l'hypothèse que la Terre pouvait être considérée comme un organisme géant s'autorégulant. Ils appelèrent cette entité Gaia, du nom de la déesse grecque de la Terre.
L'hypothèse Gaia suppose que, bien que les espèces individuelles n'en aient pas conscience, elles agissent collectivement pour sauvegarder tous les aspects de l'environnement – le climat, l'air, la mer et le sol – afin d'assurer la survie des espèces au sens le plus large.
Bien que cette théorie radicale puisse ne pas convaincre tout le monde, elle indique une tendance croissante à voir la Terre comme un tout dont tous les éléments sont interconnectés.

LA VARIABILITÉ NATURELLE

Avant ces dix mille dernières années, le climat était bien plus erratique *(voir p. 108)*. Nous ignorons si ces fluctuations étaient une composante de la dernière glaciation et de ses suites, ou si elles représentent la norme. Auquel cas, la stabilité de ces dix mille ans serait inhabituelle. Par ailleurs, la température de l'air n'est qu'un des nombreux facteurs qui influencent le climat. La rapide avancée des déserts du monde entier dans les années 1970 et la sécheresse prolongée au Sahel ont d'abord été considérées comme faisant partie du réchauffement global. En fait, la situation résultait de modifications du régime des pluies, que l'on attribue aujourd'hui pour partie à l'effet El Niño *(voir p. 102)*.
La sécheresse et la désertification sont sans doute plus liées aux températures de surface des océans tropicaux qu'au réchauffement de l'atmosphère. Le réchauffement observé ces dernières décennies pourrait être en partie dû à une fluctuation naturelle de la circulation océanique *(voir p. 118)* ou atmosphérique. L'activité solaire a été aussi tenue pour responsable du réchauffement, car l'augmentation de la température globale suit étroitement le cycle de onze ans des taches solaires *(voir p. 117)*. Les fluctuations de l'énergie solaire correspondantes sont cependant bien trop faibles pour expliquer les changements de température, à moins qu'elles ne soient amplifiées par quelque mécanisme dans l'atmosphère.

LIMITER LE RÉCHAUFFEMENT

L'incertitude concernant l'ampleur du réchauffement global futur ne signifie pas que nous ne devions rien faire. Au strict minimum, les gouvernements doivent établir des règlements et désigner des objectifs pour retarder l'accumulation de gaz à effet de serre. Cet objectif est reflété par la décision, prise au sommet de Rio en 1992, de stabiliser pour l'an 2000 les émissions de ces gaz aux niveaux de l'année 1990. En 1995, la Convention mondiale sur le climat, à Berlin, a décidé de tenter d'abaisser encore ce seuil.
Traduire ces objectifs en actions efficaces signifie : économiser l'énergie, concevoir des véhicules moins polluants, améliorer les procédés industriels et utiliser davantage les énergies renouvelables. Tous ces changements sont réalisables, mais ils nécessitent des décisions à l'échelle des gouvernements et des citoyens.

L'AUGMENTATION DES TEMPÉRATURES de l'air a dominé la Convention sur le climat de 1995, à Berlin (à droite). Elle a été aussi incriminée dans la sécheresse au Sahel (ci-dessus), bien que les températures océaniques soient plus significatives.

Chapitre VI
L'humanité face au climat

Je sais les cieux crevant en éclairs, et les trombes

Et les ressacs et les courants : je sais le soir,

l'Aube exaltée ainsi qu'un peuple de colombes,

Et j'ai vu quelquefois ce que l'homme a cru voir !

Arthur Rimbaud, *le Bateau ivre.*

L'humanité face au climat

Le climat & la santé

Le climat affecte notre santé, et les conditions extrêmes mettent nos vies en danger.

BIEN QUE L'HOMME se soit adapté à des climats très différents dans le monde, le domaine des températures où s'épanouit la vie humaine est étroit. Nous devons maintenir la température interne de notre corps à environ 37 °C, et les variations très au-dessus ou au-dessous de cette valeur peuvent nous rendre malades : l'hypothermie et les gelures nous guettent si nous avons trop froid *(voir p. 134)*, ou l'hyperthermie, si nous avons trop chaud *(voir p. 132)*.

Chaud et froid

Dans les pays aux variations de températures marquées, le taux de mortalité s'élève en hiver, quand les maladies circulatoires, respiratoires et infectieuses connaissent une recrudescence. Une température basse refroidit nos extrémités et augmente la pression sanguine et les efforts du cœur. Les gens qui ont des problèmes circulatoires ou cardiaques sont plus menacés et doivent éviter de se surmener. Les refroidissements réduisent en outre la résistance aux infections, depuis le rhume ordinaire jusqu'aux maladies plus sérieuses, comme la grippe. Le faible taux d'humidité durant les mois d'hiver dessèche la peau et peut provoquer des dermites. Comme le froid réduit la circulation sanguine en contractant les vaisseaux, il peut aussi endommager les tissus et causer des engelures. Un temps chaud favorise la prolifération des bactéries, et les maladies qui se propagent par la nourriture et le manque d'hygiène peuvent devenir très meurtrières durant les mois d'été. Les vagues de chaleur sont encore dévastatrices dans les pays en voie de développement.

Les régions équatoriales et tropicales ont un « climat à paludisme » : une saison humide avec des pluies intenses et des températures élevées. (Le paludisme est propagé par les moustiques qui ont besoin de ces conditions pour vivre.) La chaleur augmente aussi l'incidence du rhume des foins et des crises d'asthme, car les courants ascendants transportent les pollens et autres allergènes sur de longues distances.

La douleur et le temps

Les affections respiratoires et les douleurs musculaires semblent

LE FROID *diminue la résistance aux infections (en haut). Une vague de chaleur à Paris en 1895 (à droite). Un temps chaud prolongé accroît le taux de mortalité.*

Le climat & la santé

déclenchées par les changements soudains de température et de pression ; les crises cardiaques, les ulcères hémorragiques et les migraines seraient liés aux brusques changements de temps.

Bien des gens affirment qu'ils peuvent prévoir le temps en fonction de leurs douleurs articulaires. Bien que nous ayons aujourd'hui des outils de prévision nettement plus fiables, les études ont montré que les douleurs arthritiques, de même que les « douleurs fantômes » des amputés tendent à coïncider avec la chute rapide de la pression atmosphérique ou l'augmentation de l'humidité liée à l'arrivée d'un front chaud *(voir p. 34)*.

Nous ne savons toujours pas exactement pourquoi ces douleurs sont ravivées par le temps. Les douleurs liées à l'amputation pourraient être dues à une dilatation ou à une contraction des tissus cicatriciels. Dans le cas de l'arthrose, peut-être un changement de pression atmosphérique modifie-t-il la pression des liquides articulaires, causant inflammation et douleur.

CHANGEMENTS D'HUMEUR

Indiscutablement, le temps affecte notre humeur, et certains indices attestent un lien entre les conditions psychologiques (dépression, états suicidaires…), et le temps.

LE RÔLE DU TEMPS *n'est peut-être pas négligeable dans notre comportement, des écoliers dissipés (ci-dessus) aux actes suicidaires (à gauche).*

Ce lien est néanmoins sujet à controverses, car ces pathologies n'affectent qu'un petit pourcentage de la population, et il n'y a pas deux personnes qui réagissent à l'identique. Le vent est souvent accusé de rendre les enfants nerveux, et certains vents sont même associés à des désordres mentaux – tel le fœhn, un vent chaud et sec qui apporte de brusques changements de température, de pression et de taux d'humidité. D'après la tradition populaire, ces vents déclenchent des maux de tête et des insomnies. De fait, le fœhn, le sirocco (un vent chaud et humide) et l'autan, dans la région de Toulouse, étaient considérés autrefois comme circonstance atténuante dans les affaires criminelles. Les vagues de chaleur semblent amener la violence. Le nombre des meurtres à New York grimpa ainsi de 75 % durant l'été de 1988, et la fréquence des crises de violence domestique augmente pendant les périodes chaudes. Toutefois, le lien pourrait être indirect : les gens ont tendance à boire davantage d'alcool durant les vagues de chaleur, ce qui est un facteur de violence encore plus probable. En Amérique du Nord, on dit qu'un long enfermement dû à l'isolement forcé par la neige peut déclencher la « fièvre des trappeurs » – irritabilité, dépression et anxiété. Récemment, les désordres psychologiques saisonniers – dont les symptômes sont notamment la léthargie et la dépression – ont été associés au manque de soleil en hiver. Ils ont été traités avec un certain succès par l'exposition à des rampes de lumières vives pendant un court moment chaque jour.

PAR TEMPS CHAUD, *la foule afflue à la plage, mais une exposition prolongée au soleil peut provoquer une hyperthermie.*

L'humanité face au climat

LA CHALEUR

Les êtres humains ont commencé d'évoluer dans les savanes chaudes et sèches de l'Afrique, et tout le monde peut s'adapter à la chaleur.

LA TRANSPIRATION et l'évaporation de la sueur nous permettent de réguler notre température. La peau renferme plus de 3 millions de glandes sudoripares, qui produisent d'abondantes quantités de sueur sur l'ensemble du corps ; l'absence relative de poils accélère l'évaporation et donc le rafraîchissement de la peau.

PROTECTIONS NATURELLES

Dans le désert, un homme marchant d'un pas vif peut perdre plus de 2 litres d'eau par heure. S'il ne boit pas régulièrement, il se déshydrate vite, ce qui peut entraîner l'hyperthermie et la mort. L'humidité relative de l'air *(voir p. 40)* détermine l'efficacité de la transpiration : plus le taux d'humidité est élevé, moins l'on est rafraîchi. Les régions tropicales connaissent en permanence des températures et un taux d'humidité élevés ; sous un tel climat, la sueur s'évapore moins rapidement et transpirer n'apporte aucun véritable soulagement.

Les indigènes des régions les plus chaudes et les plus sèches du monde ont physiquement évolué de façons diverses mais néanmoins adaptées au climat. Une faible masse corporelle, des membres et une silhouette longilignes rendent le processus de la sudation plus efficace. Un nez long permet de mieux humidifier l'air inspiré et réduit les pertes d'eau par les poumons. Une peau foncée fournit une certaine protection contre l'ardeur du soleil.

Des expériences médicales ont montré que tout le monde peut s'acclimater assez vite à une chaleur modérée. Les habitants des climats tempérés qui vont dans un pays plus chaud ou plus humide peuvent être incommodés au début,

SOUS LES TROPIQUES *(à gauche), il fait moins chaud que dans le désert (ci-dessus), mais l'humidité y rend la sudation moins efficace.*

CHALEUR ET HUMIDITÉ

Par temps chaud, l'association de la chaleur et de l'humidité détermine le niveau de confort. Ce facteur de confort est mesuré en termes d'échelle de température ressentie – qui combine la température réelle et l'humidité relative – ou par l'index de température-humidité, qui est la moyenne des températures lues aux thermomètres sec et humide *(voir p. 99)*.

Quand la température apparente dépasse 32 °C environ, la moitié de la population a chaud, et, quand elle atteint 41 °C, la plupart des gens se sentent mal à l'aise. Les vagues de chaleur estivales avec des périodes prolongées au-dessus de 41 °C sont dangereuses et augmentent le taux de mortalité.

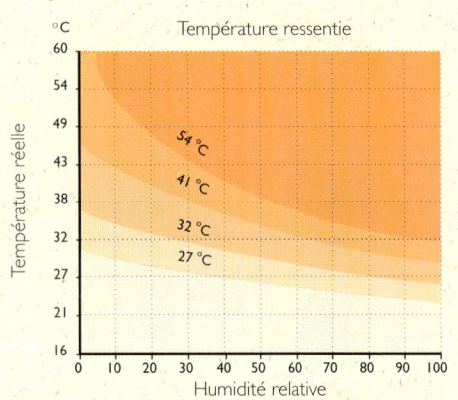

LA TEMPÉRATURE RESSENTIE *La ligne incurvée, où les courbes de température réelle et d'humidité relative se rejoignent, donne la courbe de la température ressentie.*

mais après sept à dix jours, ils transpirent plus (mais perdent moins de sel), leur système cardio-vasculaire est moins sollicité, et leur température corporelle s'élève moins durant l'effort.

VIVRE DANS LE DÉSERT

Dans certaines contrées arides, l'eau est si rare et la végétation si maigre que les autochtones doivent mener une existence nomade à la recherche de nourriture et d'eau pour eux-mêmes et leurs troupeaux. Lorsque l'approvisionnement en eau est suffisant, un îlot de fertilité – une oasis – peut surgir dans le désert et les conditions de vie sont alors bonnes. Dans les pays industrialisés, les bâtiments sont souvent équipés d'air conditionné pour limiter la chaleur en été. Si le taux d'humidité est faible et si les nuits sont fraîches, des solutions plus simples – comme une isolation thermique et une conception adéquate des locaux – sont en général suffisantes. Se dénuder n'est pas une bonne solution quand il fait chaud, car la peau absorbe davantage le rayonnement solaire. En outre, s'exposer au soleil entraîne des dommages cutanés : en Australie,

CES MAISONS SUR PILOTIS d'Australie sont conçues pour favoriser la circulation de l'air.

des statistiques effrayantes ont révélé qu'environ 75 % des habitants du Queensland de plus de soixante-cinq ans étaient atteints d'une forme de cancer de la peau. Les longues robes flottantes portées traditionnellement par les Arabes protègent la peau de l'agression du soleil et permettent à l'air de circuler, de sorte que la sueur peut s'évaporer.

Pour les constructions, des murs épais d'adobe ou de brique fournissent isolation et abri et, comme ils sont lents à se réchauffer et à refroidir, ils atténuent les fluctuations quotidiennes de température. Ainsi, dans les déserts du sud-ouest des États-Unis, on construisait jadis d'épais murs d'adobe et de petites fenêtres qui donnaient des habitations agréablement fraîches le jour et douces la nuit.

Dans d'autres parties du monde, on a combiné murs épais et ventilation artificielle, les bâtiments étant orientés afin de profiter au mieux des vents dominants ou des brises marines. Dans de nombreuses régions du Moyen-Orient et du sous-continent indien, les tours à vent sur les cheminées constituent une forme de ventilation séculaire. Les cheminées elles-mêmes sont conçues de telle sorte que, lorsqu'elles chauffent au soleil de la mi-journée, elles engendrent un courant d'air à travers leur conduit, même par temps calme. Dans les régions désertiques comme le Rajasthan, en Inde, ce type de ventilation est associé à des rideaux de roseaux humides suspendus en travers des portes. Le moindre courant d'air est alors rafraîchi par évaporation, et l'on obtient ainsi un air conditionné naturel.

LES TOURS À VENT sont utilisées au Moyen-Orient et en Asie (à gauche) : le vent s'engouffre dans des puits qui aèrent les pièces d'habitation. Dans les déserts, des vêtements flottants (ci-dessus) permettent à l'air de circuler et à la sueur de s'évaporer.

L'humanité face au climat

LE FROID

L'homme n'est pas naturellement adapté au froid extrême, et il a dû créer ses propres microclimats pour survivre dans les régions glacées.

L'HOMME a une faible résistance au froid. Sans vêtements, nous produisons un surcroît de chaleur et frissonnons déjà à 15 °C. Les pertes caloriques du corps conduisent à l'hypothermie – une température corporelle inférieure à la normale –, qui provoque une prostration mentale et physique progressive et peut être fatale.

SE PROTÉGER CONTRE LE FROID

La meilleure protection contre le froid est une couche graisseuse sous-cutanée bien répartie. La production de chaleur corporelle est proportionnelle à la masse du corps, alors que la perte de chaleur est proportionnelle à la surface de celui-ci ; aussi, vous conserverez mieux votre chaleur si vous êtes lourd et trapu. C'est pourquoi les enfants sont si vulnérables à l'hypothermie. Contrairement à notre capacité à nous adapter rapidement à un climat chaud (*voir p. 132*), nous sommes généralement incapables de nous adapter au froid. La réponse la plus efficace est de nous habiller et de nous abriter pour créer un microclimat chaud et protégé. Toutefois, nos mains et nos pieds semblent avoir une certaine adaptabilité, et des expériences ont montré que les gens qui travaillent dans des conditions de froid intense sont capables de s'acclimater partiellement. Lors d'une exposition répétée au froid, les vaisseaux sanguins des mains et des pieds développent la capacité de se dilater un peu plus et de conserver une certaine tiédeur. C'est un processus long et, lorsqu'on visite un pays froid, il vaut mieux compter sur un équipement adéquat pour se protéger.

LE FROID *Certains y prennent plaisir, d'autres en souffrent (en haut). Un enfant lapon (ci-dessus). Inuit construisant un igloo (à gauche).*

VIVRE AUX PÔLES

Les régions polaires ont le climat le plus inhospitalier de la Terre et fournissent l'un des meilleurs exemples d'acclimatation des hommes à un climat extrême. Les populations indigènes du cercle polaire arctique, comme les Inuit, ont développé un mode de vie qui leur permet de survivre à des hivers extrêmement froids. Bien qu'ils disposent de certains atouts, notamment une couche graisseuse épaisse et un corps râblé, c'est leur capacité de créer un microclimat qui s'avère décisive pour leur survie. Depuis quelque sept mille ans, leur habillement, leurs abris et leur régime alimentaire spécifiques leur ont permis de maintenir une économie de subsistance fondée sur la chasse et la pêche.

Créer un microclimat

La priorité dans ce domaine est accordée à l'habillement. Vêtements, moufles et bottes faits de peaux et de fourrures protègent de températures atteignant –60 °C.
La tente est un abri traditionnel en Arctique. Recouverte de peaux de caribou ou de renne, elle maintient une température convenable pour ses occupants par la nuit d'hiver la plus glaciale avec la seule aide d'un petit feu. L'autre abri polaire est l'igloo, construit avec des blocs de neige gelée. Sa conception fait un usage efficace des matériaux disponibles et fournit un espace vital maximal pour une surface et des pertes de chaleur minimales.

S'alimenter aux pôles

Les Inuit mangent de grandes quantités de graisse animale et aucun légume frais. Ce régime alimentaire n'est généralement pas considéré comme sain, mais il apporte beaucoup d'énergie pour combattre le froid.
Les Inuit ont un pourcentage moins élevé de maladies de cœur que les populations des pays industrialisés, qui mangent beaucoup de viande grasse. C'est peut-être à cause de la forte proportion d'huile de poisson dans leur alimentation, qui réduit apparemment les risques cardio-vasculaires tout en les protégeant du froid extrême.

LES INUIT *de l'Arctique recouvrent leurs tente de peaux de caribou.*

C'EST UN VENT GLACIAL...

L'association du vent et de basses températures augmente bien plus les pertes caloriques de la peau non protégée que ne le suggère la seule lecture du thermomètre. La mesure utilisée dans les pays froids pour exprimer ce phénomène est l'indice de refroidissement dû au vent.
Des expériences conduites en Antarctique ont permis d'estimer le risque de gelures : en dessous de –30 °C, il y a un risque bien réel ; en dessous de –50 °C, la chair gèle en une minute environ. En Amérique du Nord, ces chiffres sont utilisés pour prévenir les gens du danger encouru. Dans des zones plus chaudes, ces données peuvent être trompeuses, surtout quand la température réelle est positive. Ainsi, une température réelle de 4 °C, associée à un vent de 50 km/h, donne une température apparente de –11 °C. Comme on l'imagine, il n'y a pas de danger d'être gelé ; néanmoins, les grimpeurs et les skieurs doivent rester sur leurs gardes car, bien que le froid puisse leur sembler mordant, la neige fondra rapidement, et sur les pentes neigeuses escarpées, le risque d'avalanche sera très important.

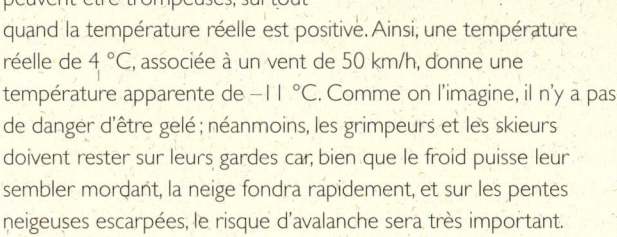

Vitesse du vent en m/h	Température réelle en °F					Vitesse du vent en km/h	Température réelle en °C				
	40	30	20	10	0		4	–1	–7	–12	–18
15	23	9	–5	–18	–31	24	–5	–13	–21	–28	–35
20	19	4	–10	–24	–39	32	–7	–16	–23	–31	–39
25	16	1	–15	–29	–44	40	–9	–17	–26	–34	–42
30	12	–2	–18	–33	–49	48	–11	–19	–28	–36	–45

CES TABLES D'INDICES DE REFROIDISSEMENT *montrent quelle est la température ressentie en combinant température réelle et vitesse du vent.*

L'humanité face au climat

LA HAUTE ALTITUDE

S'adapter à l'altitude signifie s'accommoder de moins d'oxygène, de températures plus basses, d'air plus sec, de davantage de soleil et de neige.

LE CLIMAT DE MONTAGNE est excessif en tout, sauf en oxygène, ce qui pose des problèmes particuliers à ceux qui vivent ou voyagent à haute altitude.
Quiconque monte rapidement à 3 000 m, pour skier dans les Alpes, faire du trekking au Népal ou un voyage d'affaires à La Paz, ressentira certains effets physiologiques à son arrivée. À cause du manque d'oxygène dans le sang – ou hypoxémie –, tout effort augmente le rythme cardiaque, d'où un souffle court, des maux de tête et une éventuelle faiblesse.
Prendre des repas trop abondants est contre-indiqué : la digestion demandera au cœur un effort supplémentaire susceptible de provoquer nausées et malaises.

UN STRESS ACCRU

À 5 000 m d'altitude, la pression de l'air est égale à la moitié de sa valeur au niveau de la mer, et il n'y a donc plus que la moitié de l'oxygène disponible.
En outre, la capacité du sang à transporter l'oxygène diminue ; à 2 000 m, cette diminution est de 4 %, et, à 4 000 m, de 12 %. Par la combinaison de ces effets, les gens respirent beaucoup plus vite, ce qui augmente le taux d'oxygène dans leur sang mais réduit aussi le taux de gaz carbonique. Cela peut rendre la respiration irrégulière, provoquer des maux de tête et des faiblesses – symptômes alarmants pour les personnes souffrant de problèmes cardio-vasculaires.
Il est donc vital que ceux qui montent à haute altitude prennent leur temps et progressent par paliers jusqu'à ce qu'ils soient acclimatés. Boire beaucoup d'eau et éviter l'alcool est vivement conseillé, car la déshydratation causée par l'air sec peut aggraver les manifestations de l'hypoxémie. Si les symptômes persistent, le seul remède est de redescendre. Le mal des montagnes peut être fatal : des fluides s'accumulent dans les poumons et/ou le cerveau et conduisent à l'asphyxie et/ou à des dommages cérébraux.
Des recherches récentes indiquent que, bien que la plupart des gens semblent s'adapter à la haute altitude *(voir encadré)*, leur aptitude à l'effort est restreinte, même après plusieurs mois. Le nombre des cellules

LES MONTAGNARDS, comme les nomades du Tibet (ci-dessous), changent leurs troupeaux d'altitude selon la saison. Edmund Hillary et Tenzing Norgay eurent besoin de bouteilles d'oxygène pour finir l'ascension du mont Everest en 1953 (en haut).

La haute altitude

LES SKIEURS OCCASIONNELS
(à gauche) ne s'acclimateront jamais aussi bien que les montagnards comme ces Sherpas du Népal (ci-dessus).

transportant l'oxygène (les hématies) augmente avec le temps, ce qui est considéré aujourd'hui comme un signe de stress pour l'organisme, et rien ne prouve que cette augmentation accroisse la capacité d'oxygénation. Quand ces personnes descendent à plus basse altitude, leur aptitude à l'effort redevient rapidement normale.

SOUS LE SOLEIL EXACTEMENT

À mesure que nous grimpons en montagne, la quantité de rayons ultraviolets (UV) nocifs d'origine solaire augmente. Leur

Le vent qui souffle

à travers la montagne

Me rendra fou.

VICTOR HUGO,
les Rayons et les Ombres.

pouvoir hâlant – ou brûlant – augmente de 4 % tous les 300 m, et, à 3 000 m d'altitude, il y a 50 % d'UV de plus qu'au niveau de la mer ; car la plupart des gaz et des poussières atmosphériques qui absorbent les rayons UV sont situés au-dessous de 3 000 m. La forte réflexion des zones enneigées accroît encore l'exposition aux UV. Les gens qui vivent depuis des générations en altitude ont une peau qui hâle facilement, ce qui leur assure une certaine protection contre le soleil. Les vacanciers, surtout ceux dont la peau est claire, doivent prendre des précautions supplémentaires contre les coups de soleil. Même à la fin de l'hiver, skier à haute altitude expose à bien plus d'UV qu'être assis sur une plage au plus fort de l'été. Il est donc indispensable de mettre une crème solaire d'indice de protection élevé, de se graisser les lèvres, de porter des vêtements couvrants, un couvre-chef et des lunettes de soleil filtrantes.

S'ACCLIMATER À L'ALTITUDE

L'adaptation variable des êtres humains aux effets de l'altitude montre à quel point nos réactions physiologiques sont complexes. Les gens qui sont nés et ont passé toute leur vie à haute altitude ont une capacité d'oxygénation bien plus grande que les natifs des plaines. Les Indiens péruviens des Andes ont un thorax et des poumons inhabituellement développés qui leur permettent d'extraire de l'air de plus grandes quantités d'oxygène. Les Sherpas népalais possèdent une grande capacité d'extraction de l'oxygène liée à un nombre élevé d'hématies dans le sang. Les adultes nés à basse altitude qui s'installent en haute altitude ne s'acclimatent jamais totalement, même si les jeunes enfants développent, eux, des aptitudes similaires à celles des montagnards. Bien des suppositions sur la capacité à s'acclimater à l'altitude semblent infondées. Au début, la réponse de l'organisme est bonne : après quelques jours, la plupart des gens s'adaptent, principalement en régulant mieux leur respiration. Après, toutefois, il y a peu d'améliorations, et les tests montrent que leur aptitude à l'effort reste bien en dessous de sa valeur au niveau de la mer.

CUZCO, *dans les Andes péruviennes.*

L'humanité face au climat

MODIFIER LE TEMPS

Des siècles durant, les gens ont essayé de modifier le temps, généralement sans grand succès.

DANS LE PASSÉ, maintes prières et cérémonies ont eu pour objet de changer le temps. L'un des rituels les plus célèbres est la danse de la pluie des Indiens Hopis d'Amérique du Nord. Au XIXe siècle, les maires bourguignons entreprirent une action plus directe : pour tenter de sauver leurs vignobles, ils tirèrent des fusées dans les nuages de grêle. Les paysans ont de tout temps planté des haies d'arbres pour limiter les dégâts du vent et irrigué leurs cultures durant les périodes de sécheresse avec de l'eau de pluie mise en réserve. Pendant la Seconde Guerre mondiale, les Britanniques utilisèrent des brûleurs à pétrole pour dissiper le brouillard sur les terrains d'aviation, ce qui permit à quelque 2 500 avions d'atterrir par temps de brouillard.

L'ENSEMENCEMENT DES NUAGES

Une avancée majeure dans ce domaine a été effectuée en 1946, quand l'Américain Vincent Schaefer découvrit qu'« ensemencer » les nuages avec de minuscules cristaux de neige carbonique déclenchait des précipitations. La neige carbonique a une température très basse (−78 °C), et ses cristaux attirent rapidement les gouttelettes d'eau jusqu'à ce qu'elles soient assez lourdes pour tomber sous forme de neige ou de pluie. En outre, ensemencer des cumulonimbus avec de la neige carbonique réduit la dimension des gouttes, ce qui rend la pluie moins dévastatrice. Un collègue de Schaefer, Bernard Vonnegut, comprit que les cristaux d'iodure d'argent constituaient des noyaux de condensation idéaux *(voir p. 46)* et pouvaient donc aussi être utilisés pour ensemencer les nuages.

À PLUS GRANDE ÉCHELLE

En 1947, le projet Cirrus visait à réduire les vents des cyclones par leur ensemencement. Hélas ! le premier ouragan ensemencé modifia brusquement sa course et causa d'importants dégâts en Géorgie (États-Unis). Dans les années 1950, on mena des opérations d'ensemencement un peu partout dans le monde pour accroître les chutes de

VENT À VENDRE *Cette gravure de 1555 montre un sorcier essayant de vendre le vent grâce à trois nœuds (à gauche).*

TIRS DANS LES NUAGES *Au début du XXe siècle, Clement Wragge essaya d'utiliser des canons à pluie (ci-contre) pour interrompre une sécheresse en Australie. À peu près au même moment, en France, des canons étaient mis à feu pour tenter d'éviter les ravages de la grêle (à droite).*

Modifier le temps

LE FAISEUR DE PLUIE, un film avec Burt Lancaster, raconte l'histoire vraie de Charles Hatfield. En 1915, lors d'une sécheresse à San Diego (États-Unis), il paria 10 000 dollars qu'il ferait pleuvoir. Ses tentatives furent suivies d'inondations dévastatrices, et de nombreuses poursuites judiciaires furent intentées contre lui.

pluie pendant les périodes de sécheresse, et ce malgré de violentes objections. Certains pensaient qu'il était dangereux de toucher à des systèmes complexes et bien peu compris. De plus, il fut objecté que les avantages de l'ensemencement étaient probablement illusoires, puisqu'on ne pouvait pas dire ce qui se serait passé en son absence.

La modification du temps eut mauvaise presse dans les années 1970. En 1972, une inondation dans le Dakota du Sud (États-Unis), qui fit plus de deux cents victimes, fut imputée aux activités locales d'ensemencement. Durant la guerre du Viêt Nam, les États-Unis furent soupçonnés d'ensemencer les nuages pour inonder la piste Hô Chi Minh. La pression s'accrût pour que des tests statistiques plus rigoureux soient entrepris ; mais les résultats des expériences ne furent guère encourageants. Une seule expérience, destinée à augmenter la fréquence des pluies hivernales dans le bassin de captation de la mer de Galilée, montra des résultats positifs ; il y eut une augmentation de 18 % des précipitations les jours d'ensemencement, et le processus ne sembla pas réduire les précipitations dans les régions voisines. Pour le reste, en dépit de cinquante ans de travaux sur l'ensemencement des nuages, on ne constata pas d'augmentation notable des précipitations. Les essais d'altération du cours des cyclones, quant à eux, ont trop d'implications légales et politiques. Le programme américain Stormfury, par exemple, tenta de diminuer l'intensité des ouragans dans les Caraïbes durant les années 1960 et 1970. Toutefois, comme la plupart des pluies tombant sur le nord du Mexique proviennent des reliquats de ces tempêtes tropicales, on accusa l'ensemencement d'avoir provoqué une sécheresse sévère en 1980. Le programme fut donc abandonné.

On essaie néanmoins encore aujourd'hui de modifier le temps, mais sur une échelle limitée et avec moins de crédits gouvernementaux qu'il y a vingt ou trente ans. Que les méthodes scientifiques modernes soient ou non plus efficaces que les approches traditionnelles, voilà qui reste l'objet de bien des débats.

L'ENSEMENCEMENT DES NUAGES par de la neige carbonique fut expérimenté par Vincent Schaefer (ci-contre). Aujourd'hui, des générateurs montés sur un avion léger (ci-dessous) lâchent des cristaux d'iodure d'argent.

L'humanité face au climat

Des sources d'énergie

Longtemps utilisés pour actionner les machines ou propulser les bateaux à voile, les éléments sont considérés aujourd'hui comme des sources d'énergie renouvelables pour l'avenir.

Il reste en France 10 000 moulins à eau et 3 000 moulins à vent ; les premiers ont été introduits par les Romains, les seconds, au Moyen Âge, par les croisés.

Vent et vagues

Avec les progrès de l'électrification, l'énergie éolienne n'a plus été utilisée que dans les contrées les plus reculées. Toutefois, ces dernières années, elle connaît un regain de succès dans les régions les plus ventées du globe. De grosses éoliennes sont testées en Grande-Bretagne, au Danemark, aux États-Unis, en Inde, en Égypte, en Argentine et au Chili. En France, on produit 0,4 GW d'électricité sur les côtes bretonnes et de la mer du Nord, ainsi que dans la vallée du Rhône. Indirectement associée à l'énergie du vent, la production d'électricité par des turbines actionnées par les vagues de l'océan est à l'étude en Grande-Bretagne, en Norvège et à Hawaii. Les centrales expérimentales montrent que, bien que cette forme de production d'énergie soit techniquement au point, elle n'est pas encore économiquement viable. En France, le seul exemple d'utilisation d'une telle énergie se trouve à Monaco : la houle actionne la pompe de l'aquarium du Musée océanographique.

L'ÉNERGIE DU VENT *Christophe Colomb comptait sur le vent pour naviguer autour du globe (en haut à gauche), et les moulins à vent sont utilisés depuis le Moyen Âge (à droite). Éoliennes récemment érigées en Californie (ci-dessus).*

Pour actionner des turbines, on utilise plutôt l'énergie des marées. L'usine marémotrice de la Rance, en Bretagne, conçue en 1943, a fonctionné dès 1966 et produit 544 GWh/an. Deux autres usines fonctionnent en Bretagne, l'une sur la côte ouest du Cotentin (5 300 GWh/an) et l'autre à l'Aber Vrac'h (10 GWh/an). Une usine marémotrice de forte puissance (30 à 40 térawatts-heure par an) est en projet dans la baie du Mont-Saint-Michel.

L'énergie solaire

Par temps clair, l'énergie du Soleil peut être utilisée directement comme source de chaleur, ou être

Des sources d'énergie

LES CENTRALES HYDROÉLECTRIQUES s'appuient sur l'inondation de vastes étendues pour créer les barrages, et peuvent nuire aux écosystèmes alentour.

convertie en électricité. Dans les régions ensoleillées, on utilise souvent des capteurs d'énergie solaire pour fournir l'eau chaude domestique. Des constructions sont désormais conçues pour utiliser la lumière solaire afin de chauffer et d'éclairer en hiver, et de climatiser en été. Depuis de nombreuses années, on utilise communément la transformation directe du rayonnement solaire en électricité par des panneaux ou des cellules solaires – ou conversion photovoltaïque, découverte par le physicien français Edmond Becquerel – pour alimenter les satellites et les petits instruments électriques comme les calculatrices de poche ou des stations météo automatiques dans des sites isolés (haute montagne ou campagne retirée). Le coût des cellules photovoltaïques a spectaculairement baissé ces vingt dernières années, mais elles ne peuvent pas encore concurrencer les moyens conventionnels. Il y a eu de nombreux prototypes de véhicules et d'avions légers solaires.

BATEAUX ET AVIONS

Les bateaux à voile ne sont plus une forme rentable de transport commercial, mais les conditions météorologiques jouent toujours un rôle important dans le routage des navires et des avions. Les prévisions météo permettent aux capitaines au long cours de choisir les routes qui éviteront les vents de face et les mers houleuses. Le navire fait un trajet plus long, mais, en exploitant les vents favorables et les mers calmes, il peut réduire de 10 % la durée du voyage. De même, les pilotes de ligne sont informés des vents violents en haute atmosphère – appelés courants-jets *(voir p. 31)* –, qu'ils peuvent utiliser ou contourner pour écourter la durée des vols.

DES PROBLÈMES ÉCOLOGIQUES

Les sources d'énergie renouvelables (eau, vent, soleil) sont moins polluantes que les combustibles fossiles (pétrole, charbon, gaz) et ne nous confrontent pas au

L'ÉNERGIE SOLAIRE alimente ce téléphone d'urgence, en Australie.

problème épineux de la gestion des déchets nucléaires, mais elles ne sont pas sans inconvénients. Les centrales hydroélectriques font l'objet d'inquiétudes croissantes. Pour construire des barrages, on inonde de vastes étendues, ce qui altère l'écosystème local et oblige à déplacer des populations. À long terme, les zones inondées sont susceptibles de s'envaser, privant les régions en aval de sédiments fertiles et affectant les organismes de toute la chaîne alimentaire. Ainsi, le haut barrage d'Assouan, en Égypte, a suscité bien des controverses. Le grand nombre d'éoliennes nécessaires pour contribuer significativement à la production d'électricité peut dénaturer le paysage – d'autant que les sites les plus venteux sont souvent d'une beauté naturelle exceptionnelle – et les pales sont un danger pour les oiseaux, comme les corbeaux et les aigles, qui chassent en terrain découvert. Les génératrices actionnées par les vagues ou les marées sont hideuses et risquent d'altérer l'écologie du littoral proche, tandis que les panneaux solaires qui couvrent de vastes surfaces de désert pourraient affecter le climat local. Toutefois, les désavantages du vent, des vagues et du soleil semblent mineurs comparés aux effets annoncés d'un réchauffement global dû à la combustion des carburants ou aux problèmes de sécurité liés aux centrales nucléaires.

La neige nous met en magie, blancheur étale, plume gonflée

où perce l'œil rouge de cet oiseau

Mon cœur ; y trait de feu sous des palmes de gel file le sang

qui s'émerveille.

ANNE HÉBERT, *Poème.*

Chapitre VII
L'adaptation au climat

L'adaptation au climat

ÉVOLUTION & CLIMAT

*Les plantes et les animaux ont appris à survivre
– et même à s'épanouir – sous différents climats.*

BIEN ADAPTÉS *Le nopal (ci-dessus) des biomes désertiques et le perce-neige
(ci-dessous) des régions enneigées doivent affronter des conditions extrêmes.
La rainette aux yeux rouges (en haut) apprécie la moiteur des forêts tropicales humides.*

La CONSERVATION d'une espèce dépend de sa capacité à se reproduire de génération en génération. Seuls survivent les individus qui s'adaptent le mieux à un habitat ou à un milieu biologique déterminés et qui transmettent leurs caractères évolutifs à la génération suivante. C'est ce que l'on appelle la sélection naturelle. Le climat d'une région peut évoluer et devenir plus chaud, plus sec, plus froid ou plus humide. La sélection naturelle retient les organismes dont les caractères sont les mieux adaptés aux nouvelles circonstances climatiques. Quand le climat ou le milieu naturel changent trop brusquement, certaines espèces ne peuvent s'adapter assez vite et sont menacées d'extinction. L'humanité a tellement bousculé l'environnement au cours de ces dernières années que cela a entraîné une forte augmentation du nombre d'espèces en voie de disparition.

CLIMATS ET BIOMES

Les biomes sont de vastes écosystèmes de plantes et d'animaux adaptés à un type de climat et de sol spécifique. Les climats et les biomes varient entre l'équateur et les pôles.

La zone équatoriale se caractérise par des climats équatoriaux chauds, avec des pluies abondantes et de faibles écarts thermiques, où se développent des forêts équatoriales humides. Au nord et au sud de l'équateur, les variations thermiques saisonnières et le régime des pluies donnent un climat tropical caractérisé par la forêt humide à feuillage caduc ou, dans les régions plus arides, la savane et la brousse. À environ 30° de latitude N et S, les faibles chutes de pluie créent des conditions désertiques. Les climats tempérés, aux étés chauds et aux hivers froids, se situent à mi-chemin entre les pôles et l'équateur. La vaste zone intermédiaire, entre les climats tempéré et polaire arctique, correspond au climat des latitudes « tempérées froides ». Dans les zones polaires, le Soleil est toujours bas sur l'horizon et les êtres vivants doivent supporter de longues périodes de gel avec une très faible luminosité.

Évolution & climat

LES MICROCLIMATS DES VALLÉES
se caractérisent par des températures plus basses la nuit et plus élevées le jour et un degré hygrométrique supérieur à celui des alentours. La végétation est souvent identique à celle des plus hautes latitudes.

Les montagnes et les océans ont leurs propres caractéristiques. Les montagnes connaissent des chutes de pluie plus abondantes et des températures plus élevées que les plaines environnantes. Les océans produisent des climats côtiers et méditerranéens.

MICROCLIMATS

Les microclimats sont dus à des différences de topographie et de végétation, et à la proximité d'étendues d'eau ou de zones urbaines. Dans une même localité, il y a parfois des variations climatiques qui résultent de différents niveaux d'élévation. Dans la journée, la température au sol peut atteindre quelques degrés de plus qu'à 2 m du sol.
Les microclimats influencent la répartition des organismes vivants dans une zone. Ainsi, dans l'hémisphère Nord, les versants sud du relief reçoivent plus de soleil et moins d'humidité que les versants nord. Les pentes exposées au sud sont couvertes d'une végétation broussailleuse, alors qu'au nord se développent des forêts luxuriantes. (C'est l'inverse dans l'hémisphère Sud.) Dans la forêt, la température est plus fraîche le jour quand il fait chaud et plus élevée la nuit quand il fait froid. Même les arbres plantés autour d'une maison arrivent à créer un microclimat du fait qu'ils modèrent la température et abritent du vent et du soleil.

CHAUD ET FROID

Les oiseaux et les mammifères sont homéothermes (à sang chaud), c'est-à-dire qu'ils peuvent conserver une température chaude relativement constante en métabolisant la graisse et les hydrates de carbone. D'autres animaux sont poïkilothermes, la température de leur corps étant déterminée par celle du milieu. Le terme « à sang froid », très usité pour décrire les animaux poïkilothermes, peut prêter à confusion, notamment dans les climats chauds et arides. Ainsi, un lézard à « sang froid » qui s'expose au soleil peut facilement atteindre une température de plus de 38 °C. Les animaux homéothermes des climats froids peuvent rester actifs la nuit et l'hiver, mais il leur faut se nourrir en permanence. Ils se protègent aussi en réduisant la déperdition de chaleur grâce à une bonne isolation corporelle (poils, plumes ou graisse), en choisissant de migrer ou de se réfugier sous terre quand il fait trop froid ou en hibernant. Les climats chauds, au contraire, incitent l'organisme a se rafraîchir. Les animaux fuient la chaleur en s'abritant sous terre ou près de l'eau et obtiennent un effet rafraîchissant par le halètement ou la transpiration. Les plantes doivent s'adapter à la chaleur et à la sécheresse en utilisant le feuillage et les autres éléments de leur structure pour atténuer l'effet néfaste de la chaleur et de la déshydratation.

LE SANG *Les reptiles, tel ce gecko tokaï (ci-dessus), sont poïkilothermes, contrairement au renard bleu, homéotherme (ci-dessous).*

L'adaptation au climat

CLIMATS ÉQUATORIAUX

Le climat des régions équatoriales crée des conditions idéales pour les forêts humides, qui abritent une faune et une flore exubérantes.

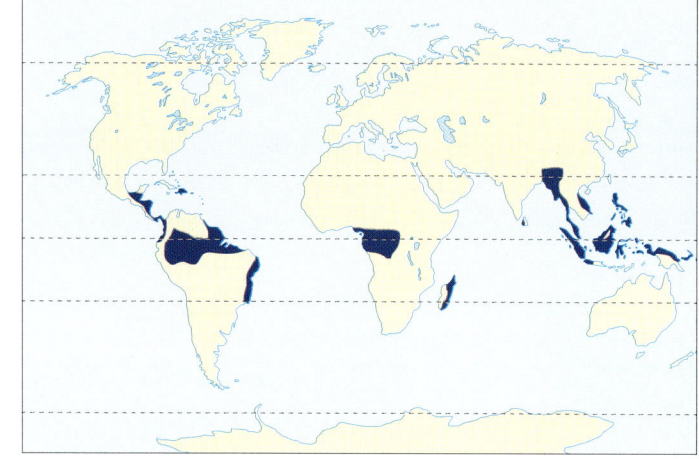

LE CLIMAT ÉQUATORIAL se situe entre les tropiques du Capricorne et du Cancer. La lumière constante, la chaleur et les pluies abondantes favorisent la croissance rapide et permanente de la végétation, avec de luxuriantes forêts humides. La longueur des jours est presque toujours la même et la chaleur est constante, même la nuit. Les pluies atteignent en moyenne 2 500 mm par an (600 à Paris). Même pendant la saison sèche, la moyenne mensuelle des précipitations est de 100 mm. Les climats équatoriaux offrent des conditions idéales pour le développement de la vie : les forêts humides occupent 7 % de la masse continentale mais renferment 50 % des espèces ; on y dénombre plus d'un million et demi d'espèces végétales et animales.

LA FORÊT ÉQUATORIALE

La forêt équatoriale humide se divise en quatre habitats distincts : l'étage supérieur, la canopée, l'étage intermédiaire et l'étage arbustif.
L'étage supérieur comporte les arbres les plus hauts, comme le capoquier et l'acajou, qui dominent le reste de la forêt. Ces arbres très espacés doivent tolérer la lumière solaire intense, la chaleur et le vent. Les nouvelles feuilles de certains arbres sont colorées par un pigment rouge, l'anthocyanine, qui absorbe les rayons ultraviolets. Les graines des arbres de l'étage supérieur sont souvent dispersées par le vent.
La canopée est formée d'une voûte compacte de cimes, répartie sur plusieurs niveaux. La densité de la végétation crée une voûte noueuse et trapue, qui bloque en partie le vent et la lumière. Les feuilles larges et aplaties ont souvent un aspect luisant, un bord lisse et un bout pointu qui facilite l'écoulement rapide de l'eau de pluie – des feuilles mouillées seraient envahies de champignons et d'algues qui empêcheraient la photosynthèse. Les arbres de la canopée qui atteignent vite la lumière ont souvent un tronc droit et long. Certains sont recouverts d'une écorce lisse, défavorable à la croissance

LES FORÊTS HUMIDES (ici, à gauche, en Malaisie) abritent une faune variée. Les aras macaos (en haut) et les chrysomèles (ci-dessus) vivent dans les forêts sud-américaines.

Climats équatoriaux

de plantes parasites et épiphytes (plantes non parasites qui se développent sur les arbres, mais se nourrissent et s'hydratent à partir de l'air). Comme la canopée bloque le vent, les arbres comme le chiclé ou le cacaoyer donnent des fruits comestibles dont les graines sont dispersées par les animaux. Certains arbres ont des fleurs sur leur tronc, ce qui facilite la tâche des animaux pollinisateurs. Au-dessous de la canopée, l'air est chaud, calme et humide. Bien que l'eau de pluie soit absorbée à 80 % environ par l'étage supérieur, le feuillage crée une humidité constante qui peut atteindre 90 à 100 %. La canopée absorbe jusqu'à 99 % de lumière, d'où l'obscurité qui règne dans la forêt. La température se maintient toute l'année à ± 27 °C. Dans cette pénombre, les plantes de l'étage intermédiaire sont espacées et pourvues de larges feuilles pour capter plus de lumière. Certaines plantes, dont le mimosa, ont des feuilles articulées qui s'orientent vers le soleil ; ainsi les feuilles du dessus ne portent-elles pas ombrage à celles du dessous. Les frondes des fougères sont digitées. Le sol forestier comporte peu d'humus, car les branches et les feuilles mortes se décomposent rapidement à cause de la moiteur, et les substances nutritives ainsi libérées sont vite absorbées par les autres plantes.

les feuilles des broméliés captent l'eau de pluie dans un réceptacle à la base

liane

bromélie

les lianes ont des tiges minces et réservent leur énergie pour grimper vers la lumière

LA CONCURRENCE POUR L'ESPACE
est rude dans les forêts tropicales, où les épiphytes, comme les broméliés, et les plantes grimpantes, comme le philodendron, croissent sur les arbres.

les racines en éperon fixent l'arbre dans un sol peu profond

philodendron
liane

feuille de philodendron luisante dont l'extrémité permet à l'eau de s'égoutter

L'adaptation au climat

DANS LES FORÊTS HUMIDES
d'Amérique du Sud, le caïman (ci-dessus) recourt à la chaleur d'une termitière pour l'incubation de ses œufs. Ce jeune boa canina (en haut à gauche) deviendra vert à l'âge adulte. Le lémur arboricole de Madagascar (à gauche) s'est adapté à la vie de la canopée.

Faune équatoriale

Sous ce climat se développe une faune très variée. Les nombreuses espèces végétales dont peuvent se nourrir les animaux et la multiplicité des habitats verticaux des forêts humides contribuent à enrichir la vie animale. Un grand nombre de plantes et d'animaux ont évolué en symbiose.

Dans les arbres

Beaucoup d'animaux vivent dans les cimes des arbres. Les primates, comme les lémurs ou les singes, sont parfaitement adaptés à la vie arboricole puisque la conformation de leurs mains leur permet, entre autres, de s'agripper aux branches et qu'ils possèdent une excellente vision stéréoscopique pour se déplacer d'arbre en arbre. Leur denture est adaptée à un régime omnivore composé de plantes variées, de fruits, de noix et de petits animaux.

Les forêts humides abritent la plus grande diversité d'oiseaux de la planète. Les toucans d'Amérique centrale et du Sud et les calaos d'Afrique et d'Asie, au grand bec de couleur vive, mangent les fruits des arbres supérieurs, tandis que les perroquets et les aras mangent ceux de la canopée.

Les colibris boivent le nectar des fleurs et les pollinisent. De nombreuses espèces de chauves-souris frugivores sortent la nuit, ce qui leur évite de se disputer la nourriture avec les oiseaux diurnes. Les papillons de nuit sont aussi de grands pollinisateurs des plantes noctiflores.

Les petits lézards, comme les anoles, qui vivent dans les arbres, sont de grands insectivores. Certains ont adopté une stratégie d'attente pour capturer les insectes, ce qui leur permet de maintenir la température de leur corps 1 ou 2 °C au-dessus de la température de l'air. Les lézards de grande taille, comme les iguanes, se nourrissent de plantes. Ils se chauffent au soleil pour élever la température de leur corps et accélérer ainsi la difficile digestion des plantes qu'ils ont ingurgitées.

Chaud et humide

Les mammifères équatoriaux n'ont pas besoin d'hiberner dans un climat qui reste toujours chaud. En fait, un rongeur qui hibernerait ne tarderait pas à être dévoré par des fourmis légionnaires et des fourmis rousses, ou encore par des serpents. Ses réserves de graisse seraient par ailleurs trop vite épuisées par la chaleur. Certains mammifères ne pourraient pas survivre en dehors des régions équatoriales car leur métabolisme lent dégage très peu de chaleur. Le paresseux, qui se déplace lentement, se suspend la tête en bas dans les arbres dont il mange les feuilles et les fruits. Son mode de vie est d'une telle oisiveté que des algues se développent dans son pelage,

Climats équatoriaux : faune

GRENOUILLES À FLÈCHES EMPOISONNÉES *Contrairement aux autres grenouilles tropicales, qui sont brunes ou vertes pour des raisons de camouflage, les grenouilles à flèches empoisonnées sont de couleur vive pour avertir les prédateurs qu'elles sont venimeuses. La moiteur du climat leur permet de laisser les têtards se développer sur leur dos, ce qui les protège des prédateurs.*

têtard

ventouses sur les doigts pour grimper aux arbres

DANS LES BROMÉLIES Les grenouilles à flèches empoisonnées pondent leurs œufs sur les feuilles. Chaque nouveau têtard est transporté par ses géniteurs dans une cavité remplie d'eau, comme le réceptacle des broméliacées. La femelle revient régulièrement nourrir le têtard avec ses œufs stériles. Au bout de six semaines environ, le têtard a des pattes et quitte le milieu aquatique.

jeune grenouille sortant du réceptacle d'une bromélie

lui assurant ainsi une protection contre les prédateurs. La plupart des mammifères qui vivent à l'étage arbustif se refroidissent par la transpiration ou le halètement. Certains d'entre eux, comme les tatous, se protègent aussi de la chaleur en se glissant dans un terrier. Les gros serpents constricteurs, comme le python, l'anaconda ou le boa, atteignent une grande taille parce que la chaleur constante et la forte humidité leur permettent de se nourrir toute l'année. Ils n'ont pas une bonne digestion par temps froid et risquent d'attraper une pneumonie s'il n'y a pas assez d'humidité.
L'humidité permanente a donné aux grenouilles la possibilité d'exploiter les habitats terrestres et arboricoles. Leurs œufs ont besoin de se développer dans l'eau, tout comme les têtards, qui ne respirent qu'à l'aide de leurs branchies. À l'âge adulte, les grenouilles ont des poumons, mais elles respirent aussi par la peau, qu'elles doivent maintenir humide.

LES TERMITES ET LE CAÏMAN

L'abondance de bois, la chaleur et l'humidité sont propices au développement des termites dans les forêts humides. Ils construisent leur nid aussi bien au sol, en monticule de terre, que sur les troncs et les branches d'arbres. Les termites digèrent la cellulose du bois à l'aide de protozoaires unicellulaires dans leur appareil digestif.
Le caïman, cousin du crocodile, vit dans les cours d'eau plus frais des forêts humides et se nourrit la nuit d'animaux terrestres. Comme le développement des œufs de ce reptile nécessite un certain degré de chaleur et que l'étage arbustif ombragé est trop frais, le caïman a résolu le problème en pondant ses œufs dans les termitières.
La décomposition des matières organiques dans la termitière dégage de la chaleur, ce qui fournit aux œufs la température dont ils ont besoin pour se développer correctement.

L'adaptation au climat

Climats tropicaux

Dans certaines régions tropicales, la transition entre climats équatoriaux et tempérés est marquée par la forêt de nuages et de mousson.

Au nord et au sud des régions équatoriales, la température baisse et les chutes de pluie deviennent plus saisonnières. Les régions où alternent la saison sèche et la saison des pluies abritent des forêts de mousson. Les régions subtropicales plus arides, comme en Afrique, sont couvertes de savanes *(voir p. 156)* ou d'une végétation épineuse appelée savane à piquants. Dans les montagnes, l'air est plus frais, la vapeur d'eau se condense et produit de la brume, du brouillard ou des nuages, et la végétation se développe dans cette humidité.

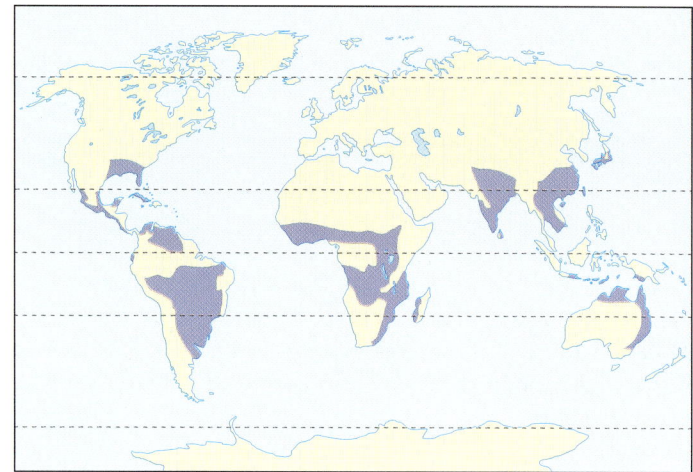

LA FORÊT DE NUAGES

Ce type de forêt se rencontre sur les pentes montagneuses d'Afrique, d'Amérique centrale et du Sud, d'Indonésie et de Nouvelle-Guinée. Les arbres y dégouttent en permanence et, comme dans la forêt équatoriale, leurs branches sont recouvertes de mousses, d'orchidées et autres épiphytes. Mais la température plus fraîche à haute altitude permet le développement d'espèces tempérées et tropicales, comme les chênes, qui poussent entre les fougères arborescentes, les palmiers et les bambous. La surface de la canopée est plus réduite et la lumière est plus intense à terre, ce qui favorise la croissance des taillis. Avec la fraîcheur, les feuilles mortes se décomposent lentement.

LA FORÊT DE MOUSSON

La forêt de mousson se situe dans le sud du Brésil, le nord de l'Australie, en Inde et dans certaines parties de l'Asie du Sud. Comme le développement de la végétation est très limité pendant la saison sèche, qui dure de cinq à sept mois, les arbres sont plus petits, plus espacés et ont des racines plus profondes. La plupart perdent leurs feuilles

NUAGES ET PLUIE *Les forêts de nuages couvrent les montagnes (ici, à gauche, en Indonésie). Les pluies saisonnières produisent des forêts de mousson (ci-dessus, en Australie).*

Climats tropicaux

L'HEURE DU REPAS Le tamandua (à gauche) se nourrit de fourmis à la saison des pluies et de termites, qui contiennent plus d'eau, à la saison sèche. Le colibri émeraude (en haut à gauche) peut boire le nectar de 2 000 fleurs par jour.

au début de la saison sèche et concentrent leur énergie à la production de fleurs et de fruits. Les animaux qui pollinisent les fleurs et dispersent les graines – comme les oiseaux, les chauves-souris, les guêpes et les papillons – deviennent à leur tour très actifs. En Amérique centrale et du Sud, la chaleur et l'abondance de fleurs créent des conditions idéales pour le colibri – le plus petit oiseau de la planète. De par sa taille minuscule, cet oiseau a un métabolisme très élevé qui l'oblige à ingurgiter de grandes quantités de nectar. Il absorbe ce nectar à l'aide de son long bec et de sa langue dans des fleurs tubulaires inaccessibles aux insectes. Pour conserver son énergie quand la nuit est fraîche, le colibri tombe en torpeur et sa température baisse de 38 °C à 18 °C.

Les animaux des forêts de mousson ajustent leur mode de vie à leur nourriture, qui évolue selon la saison. Au début de la saison sèche, certains animaux, tels les lézards, les chats et les singes, rejoignent la forêt en longeant les cours d'eau où les arbres conservent leur feuillage. D'autres, comme le tamandua, changent de régime. Les rongeurs comme les agoutis enfouissent des noix, qu'ils déterrent quand la nourriture se fait rare. Ce comportement est propice à la dispersion des graines d'arbres, car les noix oubliées dans la terre germeront. Les oiseaux frugivores, comme les toucans et les aras, font leur nid à la saison sèche, à l'époque de la fructification. Les oiseaux insectivores font leur nid à la saison des pluies.

les glandes nasales excrètent l'excès de sel

ce repli extensible permet de réguler la température en absorbant ou en irradiant la chaleur

L'IGUANE vit dans les forêts tropicales d'Amérique centrale et du Sud. Pendant la saison sèche, il réduit la perte d'eau en excrétant du sel par les glandes nasales et l'urine. L'iguane, comme la plupart des lézards, concentre son urine, produit une kératine cutanée imperméable pour réduire l'évaporation et régule sa température en allant de l'ombre au soleil. Il devient vert pâle quand il se réchauffe.

L'adaptation au climat

Climats arides

De nombreuses espèces sont adaptées à des pluies peu fréquentes, des vents asséchants et de hautes températures.

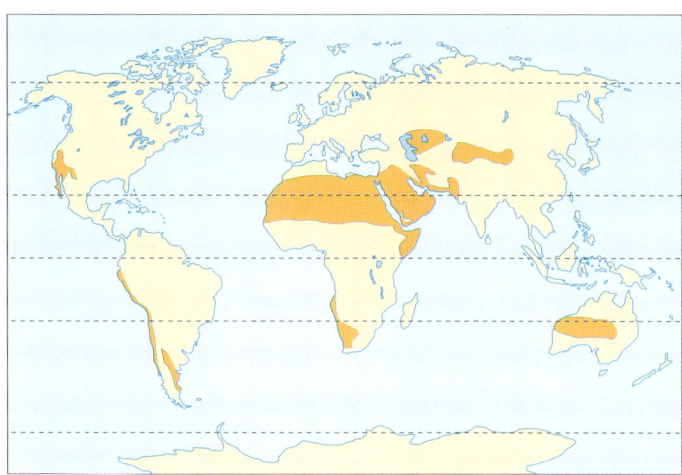

LES CLIMATS ARIDES créent les déserts, biomes où l'évaporation est supérieure aux précipitations. Les déserts reçoivent en moyenne moins de 250 mm de pluies par an et, certaines années, il ne pleut pas du tout. Les déserts enregistrent de grands écarts thermiques. Vu le faible degré d'humidité, plus de 90 % des rayons solaires atteignent le sol. En été, la température diurne dépasse souvent 38 °C et peut monter jusqu'à 52 °C. Au crépuscule, la chaleur se disperse vite dans un ciel sans nuages. La température nocturne peut chuter de 40 °C. À haute altitude, les déserts reçoivent parfois des chutes de neige pendant les mois d'hiver. Des vents forts et fréquents s'ajoutent aux facteurs asséchants propres aux climats arides. Les grands déserts (le Sahara en Afrique et le Grand Désert de sable en Australie) sont situés dans deux zones distinctes de la planète, près des tropiques du Cancer et du Capricorne. Dans ces régions de masses d'air stable et de haute pression, l'air descend constamment, ce qui provoque un réchauffement, un faible degré d'humidité et des pluies rares. Les autres grands déserts (Mojave, Grand Bassin et Sonora en Amérique du Nord, Gobi en Asie) sont continentaux ou protégés par une chaîne de montagnes, si bien que l'humidité océanique les affecte rarement *(voir p. 36)*.

PLANTES XÉROPHILES

L'eau représente 80 à 95 % du tissu végétal, et les plantes ont besoin d'eau pour opérer des mécanismes aussi vitaux que la photosynthèse. Toutefois, dans les régions arides, elles doivent pouvoir faire face à la pénurie

VIE ARIDE *La fleur dentelée du cactus (en haut) et l'arbre de Josué (à droite) poussent dans les déserts nord-américains. Les aloès arborescents (ci-dessous) croissent en Namibie.*

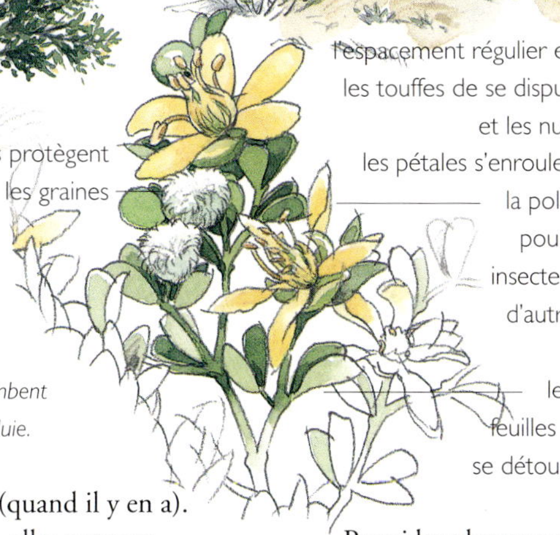

Climats arides : flore

LE BUISSON DE CRÉOSOTE d'Amérique survit avec très peu d'eau. Son système radiculaire étendu libère des substances chimiques empêchant le développement d'autres espèces à proximité. Les premières feuilles, les brindilles et les branches tombent entre les pluies, et les fleurs ne se forment qu'avec 25 mm de pluie.

l'espacement régulier empêche les touffes de se disputer l'eau et les nutriments

les pétales s'enroulent après la pollinisation pour que les insectes visitent d'autres fleurs

les poils protègent les graines

les petites feuilles luisantes se détournent du soleil

d'eau, qui est souvent aggravée par des vents asséchants et de hautes températures. Parmi les plantes grasses – qui peuvent emmagasiner l'eau dans leurs tiges charnues –, on peut citer les figuiers de Barbarie, la cholla (sorte d'oponce arborescente) et l'agave, de la famille des cactus d'Amérique, ainsi que certaines espèces de la famille des euphorbes d'Afrique. Ces plantes ont subi la même évolution. Leur système radiculaire étendu absorbe rapidement l'eau de pluie avant qu'elle ne pénètre dans le sol poreux, et une épaisse couche cireuse externe ainsi que l'absence de feuillage minimisent la déshydratation. Leur surface en accordéon leur permet de s'épanouir ou de se rétracter selon qu'elles absorbent ou perdent de l'eau. Leurs piquants éloignent les ruminants. Certaines plantes désertiques, comme la créosote, n'ont pas besoin d'eau. Leurs feuilles sont pourvues de plus petites cellules que les autres plantes, ce qui donne des feuilles plus petites et plus épaisses, des stomates (ouvertures sur l'épiderme de la feuille) plus réduits et des poils plus fournis (quand il y en a). D'autre part, elles ont une couche cireuse plus épaisse, des racines plus étendues, des pousses et des branches plus courtes. Certaines espèces, tel le palmier de Washington, évitent la sécheresse en poussant près d'une source d'eau de surface permanente telle qu'une oasis. D'autres plantes, comme le prosopis, ont des racines très profondes capables de vivre toute l'année sur une réserve d'eau souterraine.

Parmi les plantes qui restent en sommeil entre les pluies figure l'ocotillo. Une fois que l'humidité s'est évaporée du sol, la plante perd ses feuilles et stoppe sa croissance. Après une chute de pluie, le désert se couvre parfois d'un tapis de fleurs sauvages, comme les primevères du désert et les mimules. Ces éphémères, qui sont des plantes annuelles, ne croissent qu'après la pluie et ont un cycle de vie et une germination qui ne durent que quelques mois. Les graines contiennent des substances inhibant la germination ; il faut qu'il tombe au moins 25 mm de pluie pour que les graines en soient débarrassées par lessivage et puissent germer. La température joue aussi un rôle : certaines espèces ne poussent qu'après une pluie d'été chaude, alors que d'autres ne germent qu'après une pluie d'hiver froide. Les éphémères donnent des fleurs colorées et odorantes appréciées des pollinisateurs.

FLORAISON D'ÉPHÉMÈRES et de spinifex après la pluie dans le désert de Simpson, en Australie.

L'adaptation au climat

graisse en réserve dans la bosse pour se nourrir

LE CHAMEAU peut perdre jusqu'à 40 % de son poids par déshydratation puis absorber 130 litres d'eau en dix minutes. Il stocke la graisse dans ses bosses au lieu de l'avoir sur tout le corps. Contrairement aux autres mammifères, la température de son corps peut atteindre 40 °C avant qu'il commence à transpirer.

les cils protègent les yeux des grains de sable emportés par le vent

les naseaux longs et convolutés réabsorbent l'humidité exhalée et se ferment en cas de tempête de sable

les coussinets larges et arrondis facilitent la marche en terrain sableux

FAUNE DU DÉSERT

Les animaux supportent la sécheresse et la chaleur des climats arides par l'adaptation ou la migration. Certains restent en sommeil pendant la saison sèche et attendent la saison des pluies pour pouvoir élever leurs petits, alors que d'autres n'hibernent que si l'eau et les vivres se font rares. Les animaux qui restent en activité toute l'année choisissent d'autres stratégies, comme la migration vers des régions plus fraîches, la vie nocturne ou les adaptations physiologiques qui leur permettent de supporter la chaleur et la sécheresse.

La température corporelle maximale que les animaux peuvent tolérer va de 45 à 50 °C. Dans la plupart des climats, la meilleure façon de se rafraîchir consiste à évaporer l'eau par la transpiration ou le halètement. Dans le désert, les animaux ont adopté d'autres méthodes.

LE RAT-KANGOUROU des déserts américains peut passer sa vie entière sans boire une goutte d'eau.

LE SANG FROID

La température des poïkilothermes (animaux à sang froid) varie en fonction de la température extérieure et est régulée par l'exposition alternée au soleil et à l'ombre. Le serpent et la tortue se retirent dans leurs terriers, tandis que le scorpion vit la nuit. Le métabolisme des poïkilothermes varie en fonction de la température et peut être très faible, leur permettant de s'alimenter sept fois moins qu'un mammifère de même taille, ce qui est un gros avantage dans le désert, où la nourriture est rare. Les reptiles perdent très peu d'eau, car leur épiderme est

Climats arides : faune

TEMPS CHAUD ET SEC EN AFRIQUE *La tortue en boîtes (à gauche) stocke l'eau dans sa vessie. Le scorpion (ci-dessous) supporte une température corporelle de 50 °C.*

protégé par une couche cornée très développée. Ils concentrent leur acide urique avec leurs fèces en une masse blanchâtre semi-solide.

Certains invertébrés, comme le scorpion et le blaps, tolèrent une température plus élevée que d'autres animaux. Les invertébrés ont une couche luisante qui les empêche de se déshydrater. Quelques-uns se couvrent d'une couche isolante de pollen ou d'air : les eudémérides se pulvérisent du pollen sur les ailes, alors que les ténébrions captent l'air. Les pucerons et les charançons se refroidissent en absorbant la sève des plantes ; d'autres insectes préfèrent aller vers des lieux plus frais ou sous terre.

LE SANG CHAUD

Les oiseaux et les mammifères sont homéothermes (animaux à sang chaud) et supportent l'aridité du climat de multiples façons. Les oiseaux qui vivent dans le désert se rafraîchissent en s'élevant dans les airs. Les colombes et les cailles concentrent leurs excréments et leur urine. De nombreux oiseaux peuvent supporter une perte de 40 à 50 % du poids de leur corps en eau, alors que la capacité des êtres humains ne dépasse pas 12 %.

Quand la température est extrême – trop chaude ou bien trop froide –, les chauves-souris insectivores et la plupart des rongeurs du désert tombent dans un sommeil prolongé, appelé hibernation par temps froid et estivation par temps chaud.

Les kangourous-rats s'hydratent avec des graines et d'autres aliments. Leur urine est concentrée, de sorte que les deux tiers sont excrétés sous forme d'eau. Ils ingèrent leurs excréments pour récupérer eau et vitamines. Leur orifice nasal capte la vapeur d'eau de l'air qu'ils expirent. Comme beaucoup d'animaux du désert, le kangourou-rat creuse une galerie pour se rafraîchir pendant la canicule et se tenir au chaud quand les nuits sont fraîches. Une fois sous terre, les animaux n'ont pas besoin de se refroidir par évaporation, et l'humidité relative est beaucoup plus importante qu'au dehors.

Le lapin-kangourou se met à l'ombre d'un buisson et agite ses longues oreilles, qui irradient l'excès de chaleur et présentent une grande surface qui peut être refroidie par la brise.

Le chameau d'Asie, du désert de Gobi et le dromadaire d'Arabie et du Sahara sont bien adaptés au climat désertique. Ils survivent grâce aux ressources énergétiques emmagasinées dans leurs bosses sous forme de graisse et grâce à l'eau qu'ils ont en réserve dans l'estomac. Cela leur permet de rester plusieurs jours sans boire.

LES LÉZARDS, *tel le lézard à collerette, s'étalent sur des rocailles chaudes quand ils ont froid. Quand ils ont trop chaud, ils se hissent en étirant les pattes.*

L'adaptation au climat

Climats semi-arides

L'éclosion des fleurs et le passage des troupeaux herbivores animent les régions semi-arides.

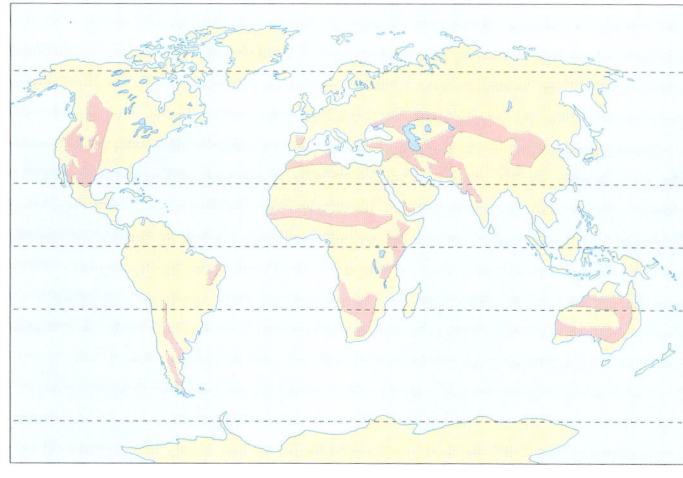

Le climat semi-aride se caractérise par de faibles précipitations (de 250 à 760 mm par an), insuffisantes pour faire vivre une forêt et trop importantes pour créer un désert. Les régions semi-arides sont couvertes de vastes étendues herbeuses, que l'on appelle prairie au centre des États-Unis, steppe dans le sud de la Russie, pampa en Amérique du Sud et veld en Afrique du Sud. La savane est une prairie dont l'humidité est suffisante pour permettre la croissance d'arbres épars.

Les herbes

Les incendies saisonniers et le passage des troupeaux de ruminants contribuent à éclaircir l'épaisse couche de chaume qui sinon étoufferait les herbes. Ils bloquent aussi le développement des plantes ligneuses qui, sans cela, commenceraient à coloniser et à envahir les prairies.
La majeure partie de la masse vivante des prairies – autrement dit, le système radiculaire – est enfouie sous la terre. Les racines profondes et épaisses des plantes herbacées stockent les nutriments, recueillent la faible humidité du sol et résistent au broutage des troupeaux. Les herbes se reconstituent sans mal après les dégâts causés par le feu et le broutage, car leurs racines rampantes ont vite fait d'envahir les zones improductives et leur permettent de repousser en plusieurs endroits.

AU PRINTEMPS, *les prairies sont couvertes d'un tapis de fleurs aux couleurs vives : lupins bleus, castillèjes et lin (à gauche).*

au repos dans une mar temporaire

LES AMPHIBIES, *comme le pélobate cultripède (à droite) ont besoin d'eau au début de leur cycle de vie, mais ils supportent néanmoins les climats semi-arides.*

Climats semi-arides

LE GUÉPARD *de la savane africaine (à gauche), le plus rapide des mammifères terrestres, chasse des proies de taille moyenne, comme la gazelle et l'impala. Les zèbres d'Afrique (à droite) passent 75 % de leur temps à brouter.*

Faune de la prairie

Les espèces animales les plus répandues dans la prairie sont les grands troupeaux de ruminants ongulés, comme le zèbre, la gazelle et le gnou en Afrique, le chameau en Asie, le bison, le dicranocère et l'antilope aux États-Unis, et plusieurs sortes de cervidés. La migration des troupeaux évite qu'une zone soit endommagée par le surpâturage. Ils se rassemblent à basse altitude près des points d'eau, à la saison sèche, et montent vers les hauts pâturages à la saison des pluies. Comme beaucoup d'animaux, les ruminants mettent bas au printemps, lorsque leurs petits ont les meilleures chances de survie : l'eau est encore abondante, et l'herbe fraîche permet aux mères de se nourrir. La gazelle, petite antilope rapide, s'est adaptée de diverses façons à la chaleur et à la sécheresse : son pelage reflète le soleil et la chaleur ; elle se refroidit par halètement nasal, et les poils de ses naseaux récupèrent une grande partie de l'air humide qu'elle expire. La gazelle se nourrit de préférence la nuit ou le matin, lorsque les plantes sont gorgées d'eau. Comme il y a peu d'arbres dans la prairie, les oiseaux font leur nid à terre et ne volent pas beaucoup. L'autruche de la savane africaine, le plus grand oiseau du monde, est pourvue de longues pattes musclées pour fuir les prédateurs. Elle peut rester sans boire pendant plusieurs jours et supporter une température de 56 °C, adaptation primordiale dans un habitat où les arbres sont rares. Le nandou sud-américain et l'émeu australien ont des habitats analogues dans leur écosystème respectif.

Une grande partie de la vie animale des prairies est souterraine. Les rongeurs – comme le cynomys (chien de prairie) d'Amérique, la gerbille d'Afrique, le hamster d'Eurasie et le campagnol – se réfugient sous terre pour échapper aux prédateurs et à la chaleur estivale. Le hamster et le cynomys hibernent durant les hivers rigoureux. Les gerbilles vivent dans des régions plus arides et savent faire des réserves d'eau ; en choisissant leurs aliments et en produisant une urine concentrée, elles limitent leur déshydratation.

LE PÉLOBATE *cultripède survit à la saison sèche en creusant une galerie avec ses pattes arrière et en se couvrant le corps d'une substance imperméable qui ressemble à un cocon. Il sort de son sommeil au bruit du tonnerre, pond vite ses œufs et les féconde dans des mares temporaires ; les œufs éclosent en deux jours. Dix jours après, les têtards, qui ont déjà perdu leur queue et sont pourvus de pattes, quittent la mare – un développement beaucoup plus rapide que chez les autres crapauds.*

à moitié enfoui dans la terre

doigt fouisseur en forme d'éperon pour creuser la terre

têtards dans des mares boueuses temporaires

L'adaptation au climat

CLIMATS MÉDITERRANÉENS

La douceur de l'hiver et du printemps, la chaleur sèche de l'été indiquent que les espèces de ces régions survivent avec peu d'eau.

LES CLIMATS méditerranéens se situent surtout sur les côtes entre les zones tropicales et tempérées. L'influence maritime rend les hivers doux et humides, et les étés ensoleillés et secs. Il ne pleut presque pas pendant quatre à six mois de l'année, ce qui favorise les incendies par sécheresse.

BROUSSAILLES ET PLANTES ANNUELLES

Les étés secs, les hivers humides et les sols pauvres en nutriments sont propices au développement des broussailles et des arbrisseaux. La végétation méditerranéenne est appelée maquis dans le bassin méditerranéen, chaparral en Californie, matorral au centre du Chili, fynbos en Afrique du Sud, dans la région du Cap, et mallee dans le sud de l'Australie.
Le maquis présente plusieurs avantages par rapport aux arbres et aux herbes. Son aspect ligneux et compact réduit l'évaporation et l'effet néfaste de la canicule, tandis que ses racines étendues recueillent le peu d'humidité et d'éléments nutritifs contenus dans le sol. Les feuilles persistantes des buissons peuvent retenir les nutriments d'une saison à l'autre. En Australie, de nombreuses espèces végétales recyclent les substances nutritives comme le phosphore, qui provient de la décomposition des feuilles. La déshydratation des plantes méditerranéennes est limitée par de petites feuilles épaisses et luisantes. La plupart des espèces ont des feuilles rigides, car elles perdraient plus d'humidité si elles ployaient sous le vent. Certains arbres, comme le chêne kermès, sont pourvus de feuilles piquantes qui permettent de dissiper la chaleur et d'éloigner les herbivores. D'autres espèces, comme le romarin, enroulent leurs feuilles, dans lesquelles elles enferment l'air pour réduire l'évaporation. De nombreux taillis sont couverts de poils qui retiennent l'air, donnent de l'ombre aux feuilles et dissipent la chaleur. L'olivier a un feuillage gris clair qui reflète la lumière solaire.

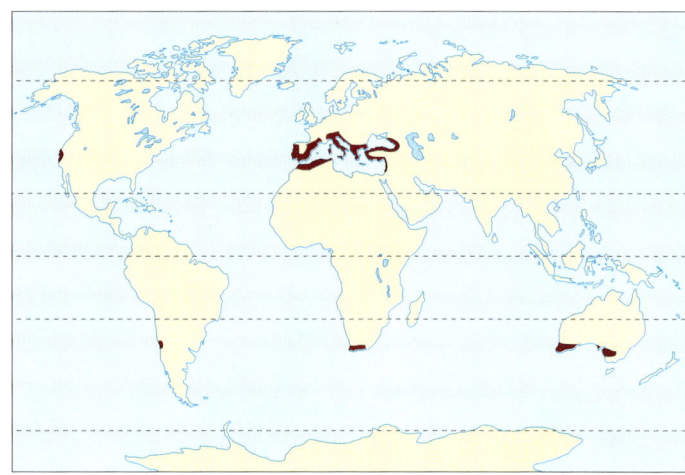

MAQUIS ET CHAPARRAL *Oliviers sauvages dans le maquis tunisien (ci-dessus). Les incendies sont fréquents l'été en Californie (à droite). Le mésangeai omnivore (en haut) se réhydrate en mangeant.*

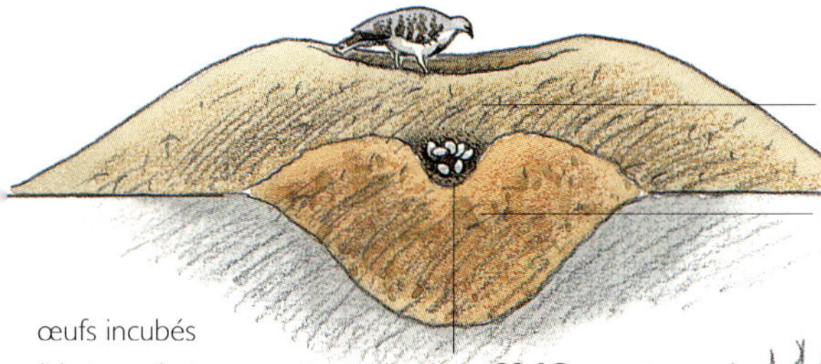

Climats méditerranéens

œufs incubés
à la température constante d'environ 33 °C

sable

feuilles mortes

LE LEIPOA D'AUSTRALIE *met au fond de son nid des feuilles mortes qui pourrissent et dégagent de la chaleur. Le mâle vérifie la température, puis ajoute ou enlève du sable pour rendre le nid plus chaud ou plus frais.*

ne boit pas d'eau mais s'hydrate en se nourrissant de plantes et d'insectes

mange des herbes en hiver, des fruits et des graines en été

teste la température du nid avec la bouche et la langue

Certains végétaux, comme la sauge verticulée et l'eucalyptus, ont des feuilles odorantes dont l'essence éloigne les animaux et empêche d'autres plantes de croître à proximité, ce qui limite la concurrence pour l'alimentation en eau et en nutriments. Après un incendie, de nombreuses espèces méditerranéennes refont des drageons à partir des racines principales. Les graines des plantes pyrophytes ont besoin d'un incendie pour germer et peuvent rester en sommeil pendant des années jusqu'au prochain incendie.
Le climat méditerranéen convient aussi aux plantes annuelles, comme le pavot. Une fois que la terre est sèche, elles meurent et donnent des graines qui restent en sommeil pendant l'été et germent lorsque reviennent les pluies hivernales.

D'autres plantes, comme l'oignon sauvage, se réduisent à un bulbe souterrain ou tubercule, qui stocke les nutriments pendant l'été, ce qui permet une croissance rapide au printemps suivant.

Mammifères et oiseaux

Les animaux échappent aux incendies en fuyant ou en

trouvant un abri souterrain. Les survivants profitent ensuite de la croissance des plantes pleines de sève.
Parmi les mammifères, on trouve des cerfs, des lapins et d'innombrables rongeurs. L'été, quand il fait très chaud, les rongeurs comme le campagnol et le spermophile s'abritent dans des terriers. Dans le sud de l'Europe et en Californie, la plupart des animaux sauvages ont cédé la place aux animaux d'élevage : vaches, moutons et chèvres. Cette exploitation intensive des pâturages a modifié le paysage de maquis au profit des herbes annuelles, comme la folle avoine et le brome.
La plupart des oiseaux migrent surtout au printemps et en automne. Les oiseaux non migrateurs ont souvent des ailes plus courtes et une longue queue, qui leur permettent de mieux se déplacer entre les taillis.

LE LAPIN DE GARENNE *ingère ses propres excréments pour récupérer le maximum de substances nutritives.*

L'adaptation au climat

Climats tempérés

*Les climats tempérés ont quatre saisons distinctes.
La flore et la faune s'adaptent aux changements de temps.*

LES CLIMATS tempérés se situent dans l'est des États-Unis, en Europe et en Asie orientale. Les étés y sont chauds et humides, les hivers rigoureux avec des chutes de neige. La moyenne annuelle des précipitations va de 500 à 1 500 mm. En hiver, les températures inférieures à 0 °C transforment l'humidité en neige et en glace.

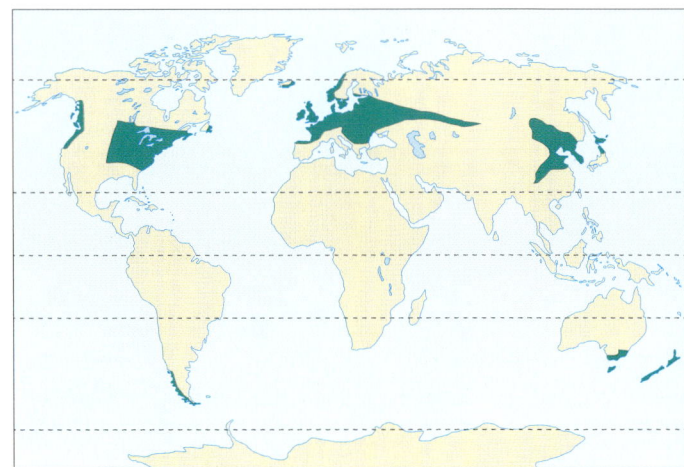

Feuilles caduques
La végétation dominante est composée d'une forêt dense à feuilles caduques : érables et bouleaux dans les zones humides, chênes et noyers blancs dans les régions plus arides.

L'épaisse canopée bloque 90 % de la lumière en été, de sorte que les feuilles basses des arbres sont larges et minces pour optimiser la réception de la lumière. Les feuilles des cimes reçoivent une lumière solaire plus intense que celles du bas et sont plus petites, plus épaisses et plus brillantes, ce qui limite la perte d'eau. Les arbres feuillus ont tendance à se déshydrater à cause de leur feuillage fin, et ils ont besoin d'un sol humide en permanence pour ne pas trop souffrir de la sécheresse. Dans les climats tempérés, cependant, la terre peut geler en hiver. Les arbres à feuilles caduques ont résolu le problème en perdant leurs feuilles en automne. Quand les jours raccourcissent et que la température baisse, les minéraux sont transférés de la feuille à la tige, et la feuille commence à dépérir. La chlorophylle se désagrège et les pigments apparaissent, créant une superbe palette de couleurs. En automne, les feuilles mortes enrichissent le sol qui, à son tour, favorise l'apparition d'une multitude d'invertébrés et de champignons.

Faune des climats tempérés
Les animaux des climats tempérés doivent supporter des hivers rigoureux, et leur alimentation varie selon les saisons. Certains se nourrissent d'insectes, puis de graines et de baies, ou de diverses sortes de feuillages. À l'approche de l'hiver, beaucoup d'oiseaux et de mammifères migrent vers des régions plus chaudes. La plupart des amphibies et des reptiles, et certains gros mammifères, hibernent ou restent en sommeil. D'autres espèces, comme les écureuils, restent actifs l'hiver et vivent sur leurs réserves de nourriture. La plupart des insectes adultes

LES ÉRABLES se parent de couleurs d'automne, et le cerf de Virginie revêt son épais manteau d'hiver (à gauche). En Europe, la salamandre à lunettes respire en partie par la peau, qu'elle doit garder humide toute l'année (en haut).

Climats tempérés

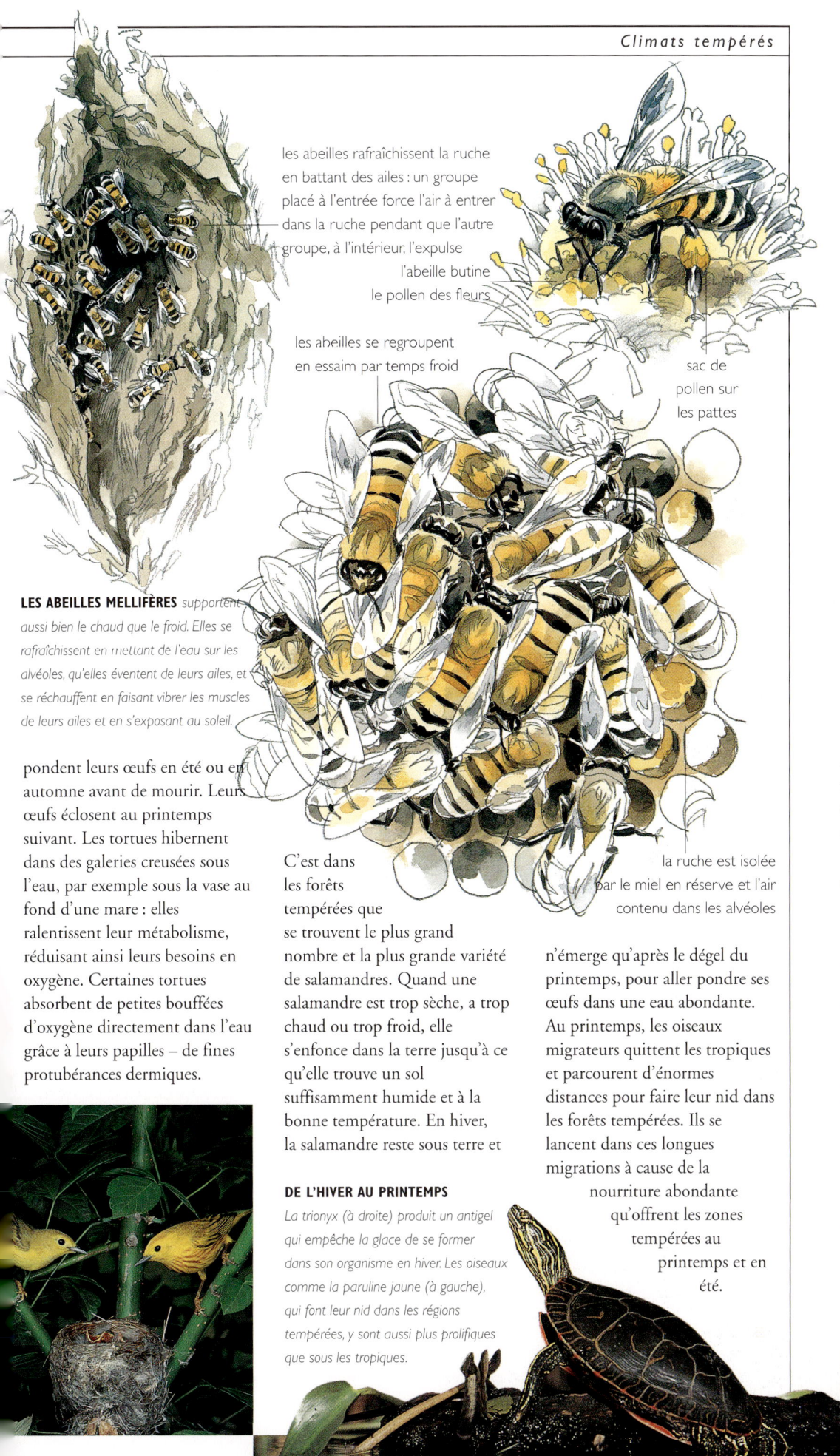

les abeilles rafraîchissent la ruche en battant des ailes : un groupe placé à l'entrée force l'air à entrer dans la ruche pendant que l'autre groupe, à l'intérieur, l'expulse

l'abeille butine le pollen des fleurs

les abeilles se regroupent en essaim par temps froid

sac de pollen sur les pattes

LES ABEILLES MELLIFÈRES *supportent aussi bien le chaud que le froid. Elles se rafraîchissent en mettant de l'eau sur les alvéoles, qu'elles éventent de leurs ailes, et se réchauffent en faisant vibrer les muscles de leurs ailes et en s'exposant au soleil.*

pondent leurs œufs en été ou en automne avant de mourir. Leurs œufs éclosent au printemps suivant. Les tortues hibernent dans des galeries creusées sous l'eau, par exemple sous la vase au fond d'une mare : elles ralentissent leur métabolisme, réduisant ainsi leurs besoins en oxygène. Certaines tortues absorbent de petites bouffées d'oxygène directement dans l'eau grâce à leurs papilles – de fines protubérances dermiques.

C'est dans les forêts tempérées que se trouvent le plus grand nombre et la plus grande variété de salamandres. Quand une salamandre est trop sèche, a trop chaud ou trop froid, elle s'enfonce dans la terre jusqu'à ce qu'elle trouve un sol suffisamment humide et à la bonne température. En hiver, la salamandre reste sous terre et

la ruche est isolée par le miel en réserve et l'air contenu dans les alvéoles

n'émerge qu'après le dégel du printemps, pour aller pondre ses œufs dans une eau abondante. Au printemps, les oiseaux migrateurs quittent les tropiques et parcourent d'énormes distances pour faire leur nid dans les forêts tempérées. Ils se lancent dans ces longues migrations à cause de la nourriture abondante qu'offrent les zones tempérées au printemps et en été.

DE L'HIVER AU PRINTEMPS
La trionyx (à droite) produit un antigel qui empêche la glace de se former dans son organisme en hiver. Les oiseaux comme la paruline jaune (à gauche), qui font leur nid dans les régions tempérées, y sont aussi plus prolifiques que sous les tropiques.

L'adaptation au climat

Climats tempérés froids

*Malgré le gel et la courte période de croissance,
le Grand Nord abrite une grande diversité d'espèces.*

Dans les régions tempérées froides de Sibérie et du Canada se trouvent les plus vastes forêts de conifères. Ce biome, appelé taïga ou forêt boréale, correspond à une zone intermédiaire entre la toundra arctique, au nord, et la forêt à feuilles caduques des latitudes tempérées, au sud.

Les régions tempérées froides ont un climat rude qui dure presque neuf mois par an : l'eau se présente sous forme de neige ou de glace, et les plantes disposent d'une faible humidité. Lors du dégel printanier, la terre gorgée d'eau reste longtemps détrempée à cause du permafrost (sous-couche du sol gelée en permanence). La décomposition des végétaux augmente l'acidité du sol, qui bloque les nutriments nécessaires à la croissance des plantes.

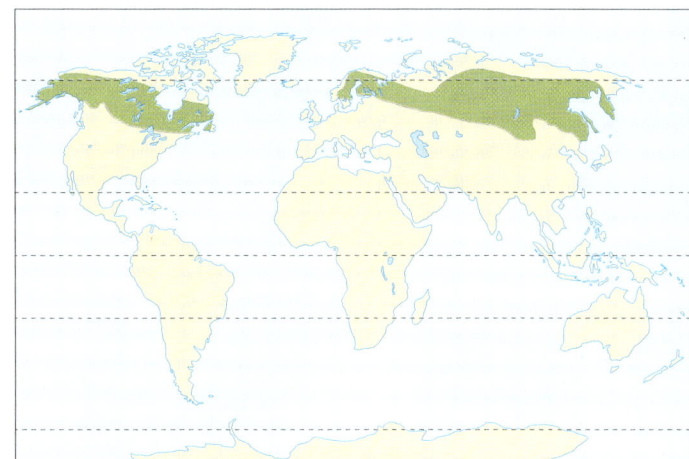

Plantes du Grand Nord

En été, il y a assez de lumière et de chaleur pour la croissance des arbres, mais les hivers sont trop rudes pour que se développe la forêt feuillue. Bien que l'on trouve des bouleaux et des aulnes, prédominent l'épicéa (ou épinette) et d'autres conifères comme le sapin et le pin. La forme de ceux-ci et leur feuillage en aiguilles leur permettent de supporter les hivers froids et enneigés *(voir p. 164).*
Dans les régions tempérées froides poussent des fougères,

PLANTES CARNIVORES ET CONIFÈRES
Le rossolis ou drosera (en haut) compense le manque d'azote des terres marécageuses en se nourrissant d'insectes. La forme des épicéas (à gauche) et autres conifères permet à la neige de glisser jusqu'au sol.

des mousses et des bruyères, mais aussi des arbres. Les vastes étendues marécageuses sont couvertes d'un tapis de sphaigne qui supporte le gel, l'immersion dans une eau stagnante et l'assèchement des marais. Les tiges et les feuilles de sphaigne sont dotées de larges cellules caverneuses, qui protègent la mousse contre l'expansion des cristaux de glace et peuvent aussi contenir vingt fois son poids en eau au printemps, lors du dégel et des pluies. La sphaigne se transforme en tourbe et peut former une couche épaisse de plus d'un mètre dans les marais septentrionaux.

Parmi les autres plantes des marais, on trouve les carex (joncs, roseaux), les épis d'eau, les nénuphars et les algues. Les plantes florifères les plus courantes sont des brandes, comme l'airelle, le romarin des marais et l'azalée. Leurs racines sont capables d'assimiler les maigres ressources nutritives

Climats tempérés froids

LE LIÈVRE VARIABLE
(changeant) a de grosses pattes recouvertes de longs poils drus et des doigts très écartés qui lui permettent de se déplacer facilement dans la neige molle. Son pelage épais, brun en été et blanc en hiver, lui assure un camouflage saisonnier. L'hiver, il se nourrit d'écorces d'arbres.

le lièvre variable ronge le bois de peuplier

pelage blanc en hiver

doigts écartés

pelage brun en été

régime estival composé de plantes vertes et de baies

contenues dans les sols acides. Leurs feuilles sont petites, épaisses et charnues – autant de moyens d'adaptation à la sécheresse due à la congélation du sol en hiver et à l'absorption de l'humidité par les conifères en été. Bon nombre d'espèces ont des feuilles luisantes ou velues, qui les protègent des vents asséchants. À l'exception des airelles, les brandes sont des plantes persistantes qui commencent très vite la photosynthèse au début de la courte période propice à leur croissance.

AU PAYS DE L'ORIGNAL
La faune n'est pas abondante, à cause de la rigueur de l'hiver et de la nourriture peu variée. Beaucoup d'oiseaux migrent vers des régions plus chaudes durant les mois d'hiver. Comme une forte corpulence limite la déperdition de chaleur, les mammifères qui vivent dans cet habitat sont souvent plus imposants que leurs parents des climats plus chauds. Les gros animaux qui vivent sous ce climat sont l'orignal, le cerf, le wapiti, le caribou, le carcajou (de la famille des belettes), le castor et l'ours brun. Les petits mammifères sont

le lièvre variable, la belette et l'écureuil. Ces animaux doivent être pleins de ressources pour trouver à se sustenter. L'orignal, par exemple, broute des plantes aquatiques, comme les joncs, les épis d'eau et les nénuphars. Le durbec apprécie toutes sortes de graines et se rabat sur les fruits et les insectes en temps de pénurie. Les marais des régions tempérées froides sont envahis de nuées de moustiques. Leurs larves se développent dans des eaux marécageuses peu profondes, qui gèlent en hiver et contiennent donc moins de prédateurs, comme les amphibiens et les poissons. Les moustiques adultes meurent dès les premières gelées, mais leurs œufs survivent en hiver dans l'eau gelée jusqu'au dégel du printemps.

L'OURS BRUN (à gauche) est omnivore. Il fait ses réserves de graisse en été et hiberne en hiver.

163

Climats de montagne

Les zones de montagne – étages montagnard, subalpin et alpin – abritent une flore et une faune distinctes et des espèces qui migrent d'une région à l'autre.

LES MONTAGNES ont une influence majeure sur le climat, car elles interceptent et modifient les masses d'air en circulation, ce qui affecte la température, l'humidité et le régime des pluies.
En s'élevant sur le flanc d'une montagne, l'air se refroidit et se condense, ce qui provoque des précipitations plus abondantes *(voir p. 36 et 42)*. L'air sec et pur dissipe la chaleur, et la température baisse brusquement après le coucher du soleil. Les climats de montagne ont aussi tendance à être particulièrement venteux. Le vent forcit à haute altitude et lorsqu'il franchit les crêtes et les gorges *(voir p. 32)*. La flore et la faune doivent donc s'adapter aux basses températures et aux vents violents.

De même, plus l'altitude est élevée, plus la pression de l'air est basse et moins il y a d'oxygène. À 3 000 m d'altitude, un animal doit inspirer un tiers d'air

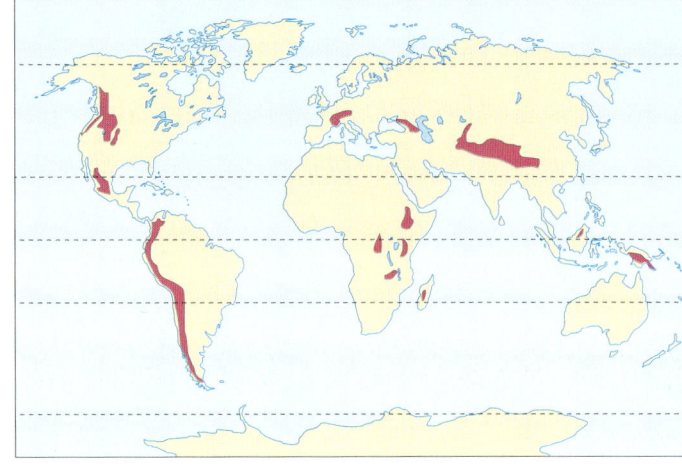

LE SAPIN DE NORVÈGE, *comme les autres conifères, a des branches qui permettent à la neige de glisser facilement. Son écorce épaisse contient des substances chimiques qui le protègent des incendies en été.*

les orifices des aiguilles (stomates) sont cachés pour minimiser la perte d'eau

les cellules des aiguilles de pin sont très espacées pour ne pas s'abîmer quand l'eau gèle et se dilate

les racines sont associées à des champignons qui leur permettent d'assimiler les nutriments

Climats de montagne

LA POPULATION FIXE *(les ours, ci-dessous à droite, et les tamias, en bas) hibernent pour échapper à la froidure de l'hiver ; le grand tétras (coq de bruyère, ci-dessous) se nourrit de bourgeons et de pousses de conifères en hiver. À droite, le Bailey Range (États-Unis).*

en plus pour obtenir le même volume d'oxygène qu'au niveau de l'océan.

ZONES DE MONTAGNE

La température baisse avec l'altitude, ce qui crée des zones de végétation distinctes. Au pied de la montagne, on trouve des pâturages *(voir p. 156)* et/ou des forêts d'arbres à feuilles caduques *(voir p. 160)*. Les préalpes sont souvent couvertes de forêts de conifères. La forêt dégradée caractérise la zone subalpine, tandis que la zone alpine commence là où les arbres ne peuvent plus pousser. Les sommets des hautes montagnes sont couverts de glace ou de neiges éternelles, et la vie y est très limitée, voire inexistante.

En moyenne montagne, sur le versant abrité, le temps plus chaud et plus sec *(voir p. 36)* crée une zone aride de végétation broussailleuse résistant à la sécheresse. Sur les versants sous le vent, le climat peut être aride et créer des conditions désertiques *(voir p. 152)*.

L'ÉTAGE MONTAGNARD

La définition de cette zone varie selon la latitude. Elle commence à 2 700 m dans l'Himalaya, à 1 200 m dans la sierra Nevada, à 900 m dans les Alpes, et au niveau de la mer en Alaska. Les longs hivers rigoureux et les chutes de neige abondantes créent des conditions idéales pour le développement des conifères, comme le pin, le sapin et l'épicéa. Les conifères, qui croissent de façon rapprochée et ont un feuillage dense, créent leur propre microclimat là où les températures d'hiver et d'été sont moins extrêmes et où les vents sont moins violents. Cependant, la période propice à la croissance est plus courte à cause de l'ombre et de la persistance de la neige sous les arbres. La végétation a du mal à croître dans un sol froid, où les matières organiques se décomposent et libèrent très lentement les nutriments. Les racines des conifères sont associées à des champignons, appelés mycorhizes, qui leur permettent d'assimiler les nutriments et l'eau. Sur les pentes couvertes de forêts, des paquets de neige forment des « bourrelets » sur les troncs d'arbres. Les avalanches créent des couloirs sans arbres. La nourriture est restreinte dans les forêts de conifères, et les animaux de montagne, comme le cerf et de nombreux oiseaux, migrent en altitude quand la température se réchauffe et que la nourriture devient plus abondante. En automne, ils redescendent vers les zones plus chaudes. Les animaux qui ne supportent pas la rigueur de l'hiver en montagne descendent vers la vallée ou hibernent dans les arbres ou dans des terriers en vivant sur leurs réserves de graisse.

L'adaptation au climat

EFFETS DU VENT *De nombreux arbres subalpins, comme ce pin blanc (à gauche), sont couchés par le vent. La plupart des plantes alpines croissent près du sol pour se protéger du vent (ci-dessus). Le guanaco (ci-dessous), apparenté au lama, a un cœur et des poumons volumineux pour compenser le manque d'oxygène en altitude. Son épaisse toison réduit la déperdition de chaleur.*

La zone subalpine

La zone subalpine est une région intermédiaire située entre les forêts de l'étage montagnard et la zone alpine, plus rude. Elle se caractérise par une forêt éparse de conifères chétifs et difformes. Les arbres subalpins, comme le pin, l'épicéa (ou épinette) et la pruche du Canada, ont souvent un aspect rabougri, à cause de la neige emportée par le vent qui abîme les bourgeons, les aiguilles et les branches du versant au vent. Au sommet de la zone subalpine, les arbres restent au ras du sol.
Les animaux de la région subalpine offrent un mélange de la faune des deux autres zones. De nombreux animaux de l'étage montagnard montent vers les zones subalpine et alpine en été et redescendent l'hiver dans des régions plus abritées. Le bouquetin des Alpes vit dans la zone alpine en été et dans la zone subalpine en hiver. La marmotte et le tamia alpin vivent toute l'année dans la zone subalpine.

La zone alpine

La zone alpine présente bon nombre des conditions climatiques extrêmes propres aux climats polaires *(voir p. 168)* : hivers longs et froids, vents violents, neige et glace. Et, comme l'atmosphère est plus pure à haute altitude, la lumière y est beaucoup plus intense.
La couverture neigeuse a une influence variable sur la végétation. Une neige trop abondante donne une période de croissance très courte et un sol froid et humide. Une neige trop rare expose la végétation aux méfaits du vent et de la gelée en hiver, et à la sécheresse en été. La zone alpine, dépourvue d'arbres, est constituée presque uniquement de petites plantes vivaces qui se renouvellent plusieurs années de suite. Ces plantes de petite taille, qui vivent près du sol, dépensent moins d'énergie à produire de nouveaux tissus en été et sont recouvertes d'une couche de neige isolante en hiver. Leur caractère vivace leur permet de se munir rapidement de feuilles et de fleurs en été, grâce aux bourgeons qui ont passé l'hiver. Les plantes alpines ont souvent des racines tentaculaires et/ou de longues racines pivotantes qui absorbent une eau rare et leur

Climats de montagne : subalpin et alpin

LE PIKA ou lièvre siffleur, parent du lapin, vit dans les régions alpines d'Amérique du Nord et d'Asie. Ses membres, ses oreilles et sa queue de petite taille limitent la déperdition de chaleur. Avec ses 18 cm, il est trop petit pour hiberner.

- épaisse fourrure à poils longs
- vit dans les lézardes et les rocailles
- cueille et stocke des tas d'herbes
- queue invisible
- plante des pieds couverte de fourrure
- l'orifice nasal se referme par temps froid

TERRIERS Le pika vit dans les rocailles et siffle pour avertir de la présence des prédateurs. En hiver, il se nourrit de plantes séchées qu'il stocke dans son terrier.

permettent de résister à des vents violents. La plupart d'entre elles sont velues, ce qui les protège de la chaleur, du froid et des rayons ultraviolets, et atténue l'effet asséchant du vent. Certaines mettent toutes les substances fragiles en réserve dans un bulbe souterrain, à l'abri du froid.

ANIMAUX ALPINS

Très peu d'animaux vivent toute l'année dans la zone alpine. Ceux qui y restent sont souvent de petite taille à cause de la rareté de la nourriture. Les plus petits, comme le campagnol des neiges d'Eurasie, doivent se nourrir tout l'hiver. S'ils hibernaient, ils épuiseraient toutes leurs réserves de graisse pour tenter de se réchauffer. Les animaux alpins de taille moyenne, comme la marmotte, ont assez de graisse pour hiberner tranquillement durant tout l'hiver. Les plus gros animaux, comme le bouquetin, ont une toison très isolante. Les oiseaux migrent facilement vers des régions plus chaudes, mais ils sont bien adaptés aux climats alpins grâce à leur plumage isolant, dépourvu d'appendices externes qui entraînent une déperdition de chaleur, et à leur appareil circulatoire qui produit deux fois plus d'oxygène que chez l'homme. Le faisan fleuri de l'Himalaya a un gros corp trapu qui minimise la déperdition de chaleur. D'autres oiseaux, comme le martinet à queue épineuse d'Amérique, peuvent voler longtemps pour aller chercher de la nourriture à des kilomètres. Beaucoup d'oiseaux alpins, comme le kea de Nouvelle-Zélande, creusent leur nid dans le sol, où il fait plus chaud. Les insectes sont assez petits pour vivre dans des niches à l'intérieur des feuilles, des fleurs, des graines et des écorces d'arbres. Certains produisent de la glycérine, un antigel naturel, pour ne pas geler.

MAMMIFÈRES DES MONTAGNES, de la marmotte des zones subalpines (à gauche) à la chèvre sauvage des hautes montagnes (à droite).

L'adaptation au climat

Climats polaires

Certaines espèces végétales et animales sont bien adaptées au sol gelé et au froid extrême des régions polaires.

Arctique et Antarctique, autour des pôles Nord et Sud, sont les régions les plus froides de la Terre.

Le climat arctique
L'Arctique comprend le Groenland et certaines parties d'Eurasie et d'Amérique du Nord, ainsi que de vastes étendues océaniques couvertes de glace. La masse continentale est dominée par la toundra, végétation rabougrie adaptée à la rigueur du climat, la brièveté de la période de croissance des plantes et les faibles précipitations.

Les jours d'hiver ne voient guère le soleil, qui, même en été, reste très bas. La température ne dépasse 0 °C que de deux à quatre mois par an ; même en juillet, le mois le plus chaud, la moyenne diurne ne dépasse pas 10 °C.

Des vents violents transportant des cristaux de glace soufflent pendant une grande partie de l'hiver, et la mince couche de terre arable gèle et dégèle en

COULEURS D'AUTOMNE
Les substances chimiques qui captent la chaleur donnent à de nombreuses plantes de la toundra un feuillage coloré en automne. Seules certaines espèces changent de couleur à cause de leur feuillage caduc.

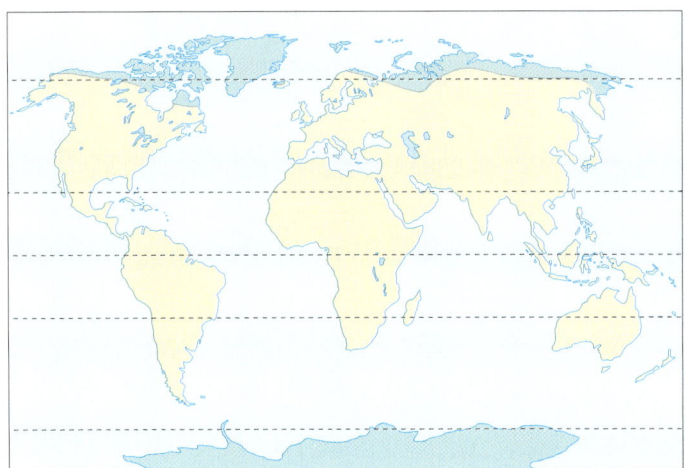

POILS ET PLUMES *Le bœuf musqué (ovibos, ci-dessus) a une toison laineuse composée de poils de 60 à 90 cm, les plus longs qui soient chez les animaux. Le lagopède (en haut à gauche) est l'un des oiseaux au plumage le plus fourni ; ses doigts et son orifice nasal sont aussi couverts de plumes.*

permanence, ce qui ne facilite pas la croissance de la végétation. Les faibles précipitations – environ 250 mm par an – se présentent en général sous forme de neige ou de glace. L'humidité liquide dont bénéficient la faune et la flore est très limitée.
Le sol reste gelé sous la couche superficielle de terre : le permafrost, comme on l'appelle, empêche les racines de pénétrer profondément dans le sol ; il ralentit aussi le drainage, créant des lacs et des marais peu profonds.

Plantes arctiques
Étant donné la brièveté de la période de croissance et la sévérité du froid, même en été, la majorité des plantes arctiques sont vivaces, telles les herbes et les roseaux *(voir p. 166)*. Comme dans l'Antarctique, les mousses et les lichens se

Climats polaires de l'Arctique

- larges pétales cupulaires reflétant la lumière et la chaleur vers les graines qui se forment au centre de la fleur
- les feuilles épaisses et velues retiennent la chaleur et freinent la déshydratation
- pousse à ras de terre pour bénéficier de la chaleur du sol et est protégée par une couche de neige en hiver
- les racines épaisses et rampantes fixent la plante dans un sol peu profond

LA DRYADE ARCTIQUE, très répandue dans la toundra et emblème floral des Territoires du Nord-Ouest, au Canada, supporte les grands froids, les vents forts et les courtes périodes de croissance.

développent dans la mesure où ils tolèrent des températures négatives *(voir p. 170).* Certaines espèces se rencontrent sous une forme nanisée dans l'Arctique. Ainsi, les saules et les bouleaux, qui mesurent de 1 à 18 m de haut sous les climats chauds, ne dépassent pas quelques centimètres dans les régions polaires.

ANIMAUX ARCTIQUES

Bon nombre d'animaux arctiques migrent pour échapper à la rigueur de l'hiver. Plus de 120 espèces d'oiseaux, en particulier les oiseaux aquatiques, se nourrissent en été d'insectes et de végétaux, puis repartent vers des régions plus chaudes à l'approche de l'hiver. Les mammifères comme le caribou et le renne entreprennent des migrations plus courtes pour trouver à se nourrir.

Les animaux non migrateurs, comme le rat d'eau et le campagnol, trouvent refuge sous la neige et se nourrissent de plantes souterraines. Le lagopède (perdrix des neiges) s'enfonce directement dans des bancs de neige molle, où il reste en sommeil, ne laissant ainsi aucune trace de son passage aux éventuels prédateurs. Le lagopède et d'autres animaux des régions arctiques, comme le harfang des neiges, le lièvre variable et le renard bleu, ont un plumage sombre en été qui devient blanc en hiver. Cette mue en fonction des saisons leur permet de se confondre avec leur environnement et de passer inaperçus aux yeux des prédateurs ou de leurs proies. Seuls les animaux les plus résistants peuvent affronter l'hiver au grand air. En général, il s'agit de gros animaux à sang chaud, comme l'ours, le bœuf musqué (ovibos) et le loup, qui perdent moins de chaleur car la surface de leur corps exposée à l'air est petite, comparée à leur volume. Ils sont également protégés par une épaisse couche de graisse et une fourrure dense.

L'OURS POLAIRE a un mécanisme de circulation sanguine à double flux qui limite la déperdition de chaleur. Le sang chaud qui vient du cœur transfère la chaleur vers le sang froid qui reflue de l'épiderme.

L'adaptation au climat

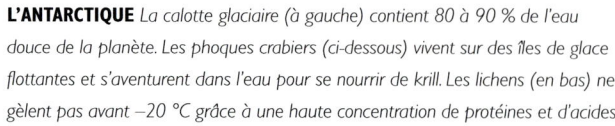

L'ANTARCTIQUE La calotte glaciaire (à gauche) contient 80 à 90 % de l'eau douce de la planète. Les phoques crabiers (ci-dessous) vivent sur des îles de glace flottantes et s'aventurent dans l'eau pour se nourrir de krill. Les lichens (en bas) ne gèlent pas avant −20 °C grâce à une haute concentration de protéines et d'acides.

L'ANTARCTIQUE

Le climat le plus froid, le plus sec et le plus venteux de la Terre se situe en Antarctique, avec une moyenne des températures entre −55 et −60 °C. Les précipitations, uniquement sous forme de neige, sont en moyenne de 50 mm par an. Le vent a parfois la force d'un cyclone et peut dépasser 190 km/h.

La vie n'existe dans l'Antarctique que dans les zones côtières plus tempérées ou dans la péninsule antarctique. La température monte de quelques degrés au-dessus de zéro pendant le mois d'été le plus chaud et descend en hiver à environ −18 °C. La moyenne annuelle des précipitations y est de 400 mm. L'Antarctique est recouvert d'une calotte glaciaire d'environ 2 100 m d'épaisseur. La fonte de ces glaciers entraînerait une élévation de 60 m du niveau des océans.

PLANTES CORIACES

Seules quelques espèces végétales supportent le climat polaire et ne croissent que dans la péninsule antarctique, où le climat est plus clément. Les plus courantes sont les algues, les lichens et les mousses. Ces plantes restent en sommeil presque à longueur d'année, et leur croissance ralentie se mesure au fil des siècles. Les deux seules espèces florifères sont la canche de l'Antarctique, une petite herbe qui ne mesure guère plus de 5 cm, et la brize de l'Antarctique, qui forme un tapis épais de minuscules feuilles charnues.

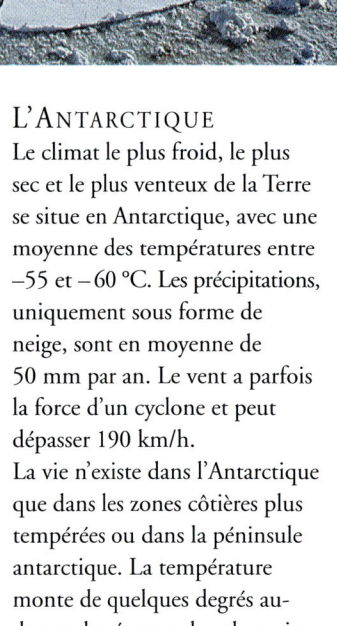

Les lichens sont composés d'une algue et d'un champignon qui vivent en symbiose : le champignon fournit les nutriments, l'humidité et la protection qui permettent à l'algue de faire la photosynthèse à une température plus basse que d'autres plantes. Les lichens n'ont pas besoin de terre pour se développer, car ils trouvent leur nourriture dans l'air et la pierre. À mesure qu'ils croissent, ils libèrent un acide qui dissout la pierre en une terre sablonneuse, ce qui permet à la mousse de pousser.

FAUNE ANTARCTIQUE

L'océan qui cerne l'Antarctique procure une nourriture très variée à de nombreux animaux migrateurs. Parmi eux : l'albatros, le goéland, le pétrel, le sterne et le bec-en-fourreau. Comme la plupart des oiseaux marins *(voir p. 172)*, ils imperméabilisent leurs plumes avec une huile sécrétée par une glande à la base de la queue. Les eaux de l'Antarctique abritent quinze espèces de baleines et six espèces de phoques. L'ours de mer (otarie) de l'Antarctique a deux types de poils : des poils de protection hydrofuges doublés de poils sous

Climats polaires de l'Antarctique

LES ANIMAUX qui vivent dans les eaux glacées de l'Antarctique vont des araignées de mer (à gauche) aux phoques.

n'a pas d'hémoglobine, ce qui lui donne son aspect fantomatique. Parmi les animaux terrestres, la seule population fixe est constituée par de minuscules invertébrés qui se nourrissent essentiellement d'algues, de champignons et de végétaux en décomposition. On trouve notamment des nématodes, des rotifères, des tardigrades, des moucherons (cousins) et des podures.

Certains invertébrés endurent la faim et se déshydratent pendant la saison froide ; sinon, l'eau qui resterait dans leur corps se transformerait en glace. D'autres produisent des substances antigel qui leur permettent de survivre à une température pouvant aller jusqu'à –35 °C.
Le podure est l'insecte le plus répandu du continent antarctique. Il pond ses œufs dès que la température est au-dessus de 0 °C. Le podure ne vit que quelques mois dans les climats chauds, alors qu'ici son métabolisme se ralentit et son espérance de vie est de deux ans.

le pelage qui retiennent une couche d'air isolante.
L'eau froide contient plus d'oxygène que l'eau chaude : c'est pourquoi les poissons de l'Antarctique ont moins d'hémoglobine que les autres. (L'hémoglobine est un pigment rouge contenu dans le sang et qui permet le transport de l'oxygène.) Le poisson de glace

LE MANCHOT EMPEREUR a une épaisse couche de graisse et un plumage d'une étonnante densité (12 plumes au centimètre carré). Le duvet à la base de chaque plume retient l'air chaud tandis que les extrémités squameuses et graisseuses repoussent l'eau de mer froide.

les fosses nasales dans le bec récupèrent la chaleur qui serait perdue pour respirer

duvet soyeux

plumes superposées

base recourbée

extrémités squameuses et graisseuses

anneau de plumes

longues griffes dures pour tenir sur la glace

LES ARTÈRES et les veines des pattes et des ailes sont rapprochées pour réchauffer le sang qui reflue de ces extrémités.

le mâle garde les poussins au chaud

LE MANCHOT EMPEREUR de l'Antarctique supporte mieux le froid que les autres animaux. Il peut passer des semaines dans l'obscurité totale, à –60 °C et avec des vents qui soufflent à 190 km/h, tout en maintenant la température de son corps à 38 °C. Ces manchots se rassemblent en colonies pour se tenir chaud, ce qui réduit de moitié leur déperdition de chaleur. La ponte des œufs a lieu au creux de l'hiver pour que les petits puissent se développer pendant les mois d'été.

L'adaptation au climat

CLIMATS CÔTIERS

Là où la terre rejoint l'océan, les animaux et les plantes doivent supporter les effets asséchants du vent et du sel.

LES TEMPÉRATURES sont plutôt stables dans les régions côtières, car les océans réagissent plus lentement aux variations thermiques que la terre. La brise de mer refroidit l'air par temps chaud et le réchauffe par temps froid. Cela ne radoucit pas forcément le climat sur le continent. Le long du littoral, la température de surface peut être très élevée, et les régions côtières sont souvent exposées aux vagues, au brouillard et aux vents forts qui transportent les embruns.

CÔTES SABLONNEUSES

Les plages et les dunes figurent parmi les milieux côtiers les plus inhospitaliers. L'eau qui s'infiltre rapidement dans le sable crée des conditions désertiques. Le vent et l'eau transportent le sel et le sable abrasif. Les plantes des dunes ont de petites feuilles cireuses qui les empêchent de se dessécher, et de larges systèmes radiculaires qui fixent la plante dans un sable meuble, balayé par le vent. L'une des premières plantes qui apparaissent sur les nouvelles dunes est le gourbet (roseau des sables). Les autres plantes des dunes, comme la roquette maritime et la ficoïde cristalline, ont des tissus charnus qui stockent l'eau.

Les animaux des dunes doivent se protéger des températures de surface, qui peuvent atteindre 49 °C. Les souris, les lapins, les lézards et les tortues se retirent dans des terriers peu profonds. Les insectes ailés, comme les guêpes fouisseuses, peuvent trouver un air plus frais au-dessus du sable. Les cicindèles champêtres ont des poils isolants sur les pattes qui leur permettent de marcher sur le sable chaud.

CÔTES ROCHEUSES

Les côtes rocheuses sont exposées aux vagues déferlantes, au vent du large et à des périodes sèches à marée basse. Juste au-dessus de la ligne de haute mer vivent des algues bleu-vert et des lichens, qui tolèrent un assèchement temporaire. Le bigorneau survit à marée basse en se réfugiant dans des crevasses et en fermant sa coquille avec un opercule. Plus haut sur les falaises, les plantes doivent aussi supporter la sécheresse ; on y trouve des plantes grasses, comme

DES MANGROVES (ci-dessus). *La souris des moissons (à droite) boit l'eau de mer. La ficoïde cristalline (en haut) excrète le sel par des glandes semblables à des cristaux de glace.*

Climats côtiers

LE VENT qui souffle sur les falaises de Lundy Island, au Royaume-Uni, force les plantes à croître à ras de terre.

LE PÉLICAN BRUN d'Amérique s'est adapté à la chaleur et au froid. La température de son corps peut varier de quelques degrés. Il se rafraîchit en haletant et en immergeant ses pattes dans l'eau. Quand il fait froid, il frissonne pour se réchauffer. Son grand corps lui permet de conserver la chaleur, et son plumage lui sert d'isolant.

ses glandes nasales éliminent l'excédent de sel dans le sang, ce qui lui permet de boire de l'eau de mer

il agite sa poche pour maintenir la fraîcheur

les sacs d'air sous-cutanés aident à réguler la chaleur du corps, augmentent la légèreté sur l'eau et amortissent l'impact du plongeon en piqué

le sol de la forêt en dégouttant. Ce supplément d'humidité peut créer une forêt humide tempérée, comme sur la côte nord-ouest des États-Unis.

sécrétion glandulaire étalée sur les plumes pour les rendre imperméables

l'orpin (joubarde). D'autres ont un feuillage adapté : l'armérie maritime a des feuilles épaisses et étroites, tandis que la dragée de cheval a un feuillage velu. De nombreux oiseaux marins font leur nid dans la falaise pour échapper aux prédateurs. Ils utilisent les courants ascendants pour s'envoler.

ESTUAIRES

Les estuaires forment des zones protégées et constituent l'un des écosystèmes les plus productifs du monde. La mangrove est la végétation prédominante des estuaires tropicaux. Ses feuilles épaisses, charnues et luisantes excrètent le sel. Pour se développer, elle a besoin d'une température chaude et stable et d'au moins 1 900 mm de pluie par an. La canopée des mangroves protège les animaux du soleil. Les arbres bloquent le vent, créant une forte humidité qui permet aux animaux marins, comme le bernard-l'ermite, de s'aventurer sur les branches sans se déshydrater.

CONDENSATION PAR LE BROUILLARD

La brume de mer qui envahit les terres se condense parfois sur les feuilles des arbres et retombe sur

La tempête au-dessous de lui formait un autre monde de trois mille mètres d'épaisseur, parcouru de rafales, de trombes d'eau, d'éclairs, mais elle tournait vers les astres une face de cristal et de neige.

ANTOINE DE SAINT-EXUPÉRY, *Vol de nuit*.

Chapitre VIII
Le temps à l'œuvre

Le temps à l'œuvre

Le temps, mode d'emploi

Ce guide pratique des phénomènes climatiques les plus répandus est un instrument idéal pour exercer vos talents de météorologue.

Les pages suivantes décrivent 57 des phénomènes climatiques les plus répandus. Chaque rubrique indique l'endroit où ils peuvent se produire, comment et pourquoi, ainsi que les conditions météorologiques qui les accompagnent en général. Les météorologues amateurs sont friands de ces éléments d'information pour établir leurs prévisions, c'est pourquoi nous avons signalé, dans la mesure du possible, les cas où la présence d'un certain phénomène permet de prévoir le temps qu'il va faire. Cependant, il est bon de souligner que les prévisions météorologiques ressemblent à un puzzle composé de plusieurs centaines de pièces, et que l'assemblage de deux ou trois d'entre elles ne donne qu'une vision limitée de l'ensemble de la situation. Le fait d'observer, par exemple, la présence de tel type de nuage constitue en soi un indice trop aléatoire pour établir des prévisions fiables. Mais cette observation permet de confirmer ou de mettre en doute les prévisions officielles communiquées par les bureaux météorologiques régionaux. Dans ce guide pratique, nous avons tenté d'imposer une classification méthodique et artificielle de phénomènes fluides, tridimensionnels et variables. On peut observer bien d'autres phénomènes qui ne rentrent pas à première vue dans les catégories que nous avons définies. Mais, une fois que vous aurez appris à détecter les phénomènes courants, vous saurez mieux interpréter et identifier les plus inhabituels.

Catégories de phénomènes

Ce chapitre étudie les phénomènes météorologiques suivants :

*La **bande illustrée** définit chaque catégorie de phénomènes météorologiques – voir la liste ci-dessus.*

Notes sur les indices météo :
Symboles : nous indiquons si possible les symboles météorologiques applicables aux situations correspondantes. Liste des symboles p. 85.
◆ Répartition : région du globe où l'on rencontre ce type de temps.
Altitude : altitude moyenne où se produit ce phénomène dans l'atmosphère. Les chiffres se rapportent à des cas typiques plutôt qu'isolés.
◉ Cause : conditions ou circonstances qui sont à l'origine du phénomène.
➤ Temps associé : autre type de temps prévisible pendant ou après ce phénomène.
⚠ Risques encourus : risques liés à ce type de temps.

La rosée, le brouillard et le givre sont dus à la condensation ou sublimation au sol ou près du sol *(voir p. 40)*.

Les nuages se forment par suite d'une condensation ou sublimation au-dessus du sol

Brouillard

Stratus bas ou brouil

Le temps, mode d'emploi

Rosée, brouillard & givre 178

Nuages 188

Précipitations 218

Orages 236

Effets optiques 254

(voir p. 42). Les fiches sont classées en nuages de basse, moyenne et haute altitude. Les cumulonimbus figurent dans la catégorie des nuages cumuliformes de basse altitude car ils sont issus de ces formations.

La rubrique **Précipitations** regroupe les types de précipitations les plus fréquents et les conséquences des pluies ou des chutes de neige trop abondantes ou trop faibles

– inondations et sécheresse. Chaque précipitation étant définie sous la forme qu'elle a quand elle atteint le sol *(voir p. 46),* aucun relevé n'est mentionné dans l'encadré « Indices météo » de cette section.

Les **tempêtes** regroupent les phénomènes météorologiques les plus extrêmes et destructeurs : orages, éclairs, tornades et cyclones.

Les **effets optiques** sont des phénomènes atmosphériques plutôt que météorologiques. Ils nous ravissent et nous aident à interpréter et parfois à prévoir le temps.

La **photo principale** montre une vision classique du phénomène. Lorsque l'image présente une particularité, l'explication est dans la légende.

Brouillard

la persistance de stratus durant presque toute la journée. Dans ce cas, on relèvera des températures basses au niveau du sol.
Une couche nuageuse très dense peut donner une bruine légère ou de la neige par temps froid. Mais,

comme elle a tendance à s'éclaircir en montant, elle engendre des précipitations, qui sont en général de courte durée. Les couches de stratus ou de brouillard étendues peuvent masquer le relief, ce qui perturbe la circulation aérienne. Ce phénomène pose aussi des problèmes pour la circulation routière, surtout en montagne. Les routes peuvent être dégagées dans la vallée, mais les automobilistes sont parfois pris dans un épais brouillard en montant, avant de retrouver le soleil au-dessus de la couche nuageuse.

Stratus dans le Wyoming (ci-dessus) et dans les vignobles de la Sonoma Valley (Californie), aux États-Unis (ci-dessous).

nappe de brouillard

dissipation du brouillard sur le pourtour et la base

stratus bas

Le **texte** donne des détails sur le lieu et la saison où l'on peut voir le phénomène se produire, comment et pourquoi il se produit, et le type de temps auquel il est associé.

Les **illustrations annexes** complètent l'information sur le sujet (variations, aspect historique, phénomènes associés).

Des **schémas en couleur** expliquent le processus qui engendre le phénomène météorologique.

Rosée, brouillard & givre

Rosée

Rosée

Souvent, après une nuit froide et claire, la terre et les plantes scintillent au soleil. Ce phénomène résulte d'une forme de condensation que l'on appelle la rosée et se produit quand la température du sol ou de toute autre surface baisse au point de déclencher la condensation de la vapeur d'eau contenue dans la couche d'air voisine, entraînant la formation de gouttelettes d'eau qui se déposent sur le sol ou les végétaux. Le brouillard résulte du même phénomène ou presque *(voir p. 181)*, et il est souvent difficile de prévoir une double formation de rosée et de brouillard. Il peut cependant y avoir de la rosée sans brouillard, mais jamais de brouillard sans rosée.
Les conditions idéales pour l'apparition de la rosée sont : une nuit claire et calme, un air humide près du sol, un faible degré d'humidité de la couche d'air supérieure et, en général, un vent léger. L'absence de nuages favorise la diffusion d'une grande partie de la chaleur diurne emmagasinée à la surface du sol, dont le refroidissement suffit à provoquer la condensation directe de la vapeur d'eau contenue dans l'air ambiant. Si la couche d'air humide est au contact du sol, la condensation ne se produit qu'en surface ou près du sol. Si cette couche d'air humide s'épaissit, le brouillard apparaît.
La formation de la rosée s'explique par la fusion plus rapide des gouttes d'eau sur des surfaces dures, alors que, dans l'air, elles ont tendance à s'entrechoquer.

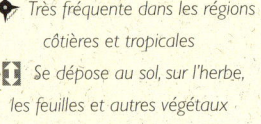

INDICES MÉTÉO

- Très fréquente dans les régions côtières et tropicales
- Se dépose au sol, sur l'herbe, les feuilles et autres végétaux
- Condensation produite dans une mince couche d'air au-dessus du sol
- Aucun

Le scarabée noir du désert du Namib s'hydrate grâce à la rosée.

Après une nuit froide, l'hespéride devra attendre que la température de son corps s'élève pour pouvoir s'envoler.

Brouillard de rayonnement

LE BROUILLARD est un véritable nuage qui se forme près du sol et, comme les nuages, il est dû à la condensation *(voir p. 40)*. Le type de brouillard le plus fréquent est le brouillard de rayonnement, ainsi nommé parce qu'il résulte du refroidissement de la terre par suite du rayonnement. Il se forme durant la nuit, quand la chaleur diurne absorbée à la surface du sol est de nouveau irradiée dans l'espace. Le refroidissement par rayonnement atteint son degré maximal les nuits claires, quand il n'y a pas de nuages pour favoriser de nouveau le rayonnement de la chaleur vers la Terre et quand le vent est calme. Le refroidissement par rayonnement provoque une condensation de la couche d'air au-dessus du sol. La rosée se forme uniquement en présence d'une mince couche d'air humide *(voir p. 180)* ; quand la couche s'épaissit, on voit apparaître le brouillard de rayonnement (et la rosée). Le brouillard de rayonnement peut atteindre de 1 à 300 m d'épaisseur. Comme ce type de brouillard se forme toujours au ras du sol, il a pour effet de réduire fortement la visibilité, qui est parfois limitée à moins de 30 m en cas de brouillard épais. Si la visibilité est de 1 à 5 km, le temps est simplement brumeux. Si le brouillard est mélangé de fumée, on l'appelle brouillard photochimique *(voir p. 266)*.

En général, le brouillard ne tarde pas à se dissiper après le lever du soleil. Comme le brouillard de rayonnement ne se produit que par temps clair, il annonce en général une belle journée. Mais il arrive que des nuages se forment à moyenne altitude en début de matinée et empêchent le soleil de favoriser la dissipation du brouillard. D'épais brouillards de rayonnement ont été responsables d'accidents de voiture et d'avion.

> **INDICES MÉTÉO**
>
> ◆ Monde entier
> ↕ 1-300 m d'épaisseur
> ◉ Refroidissement du sol qui produit une condensation de la masse d'air en contact avec lui
> ➤ Bruine ou neige fine
> ⚠ Mauvaise visibilité

Épais brouillard urbain. Liverpool Docks, *par le peintre britannique John Atkinson Grimshaw (1836-1893).*

Brouillard

Brouillard d'advection

LE BROUILLARD D'ADVECTION a souvent des caractéristiques identiques à celles du brouillard de rayonnement *(voir p. 181)*. Il résulte aussi de la condensation, qui, cette fois, est due non pas à une baisse de la température près du sol, mais à l'arrivée d'air chaud et humide au-dessus d'une surface froide ou d'air froid dans une zone humide. Le brouillard d'advection se distingue parfois du brouillard de rayonnement, en général stationnaire, par son développement horizontal. Le brouillard de rayonnement se formant presque toujours la nuit, tout autre type de brouillard qui apparaît dans la journée sera probablement un brouillard d'advection. La brume de mer est aussi un brouillard d'advection, car les océans n'irradient pas la chaleur comme les

INDICES MÉTÉO

- Très fréquent en mer et sur le littoral
- 0-300 m d'épaisseur
- Arrivée d'air chaud et humide sur le continent, plus froid, ou l'inverse
- Bruine ou neige fine
- Mauvaise visibilité

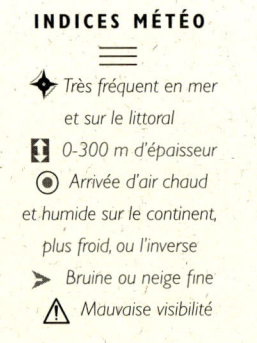

Photo satellite d'une nappe de brouillard en mer du Nord (ci-dessus). Brouillard d'advection dans la baie de San Francisco (en haut).

continents et ne se refroidissent jamais assez pour former un brouillard de rayonnement. Le brouillard apparaît au large, quand l'air chaud associé à un courant chaud se heurte à un courant froid et entraîne une condensation. Ce brouillard gagne parfois l'intérieur des terres par effet de brise (vent venant de la mer).

Le brouillard d'advection est aussi dû à l'arrivée d'air maritime chaud sur le continent, plus froid. Cela se produit la nuit en général, quand la température du sol baisse à cause du refroidissement par rayonnement. La formation de brouillard d'advection est fréquente dans les vallées.

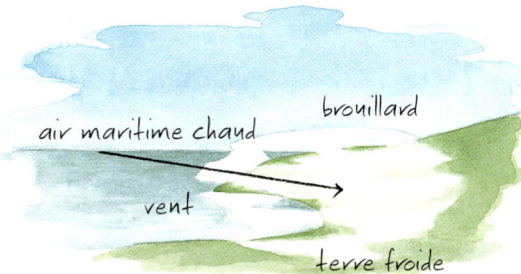

Brouillard de détente

CE TYPE DE BROUILLARD apparaît quand une masse d'air humide est soulevée par le versant d'une colline ou d'une montagne jusqu'à son point de condensation.
Les différences entre ce type de brouillard et les stratus orographiques *(voir p. 192)* sont minimes.
En général, la formation des stratus résulte d'un vent fort, tandis que les courants d'air qui produisent le brouillard de détente sont faibles – dans ce brouillard, la circulation d'air peut paraître imperceptible.
Les stratus orographiques ont tendance à se former au niveau des sommets, ou juste au-dessus, alors que le brouillard de détente apparaît plus bas et s'étale sur une zone plus étendue.
Le brouillard de détente est fréquent en montagne.
Il se présentera en bancs et sera souvent très localisé, en fonction des reliefs.
Le brouillard est de plus en plus épais à mesure qu'il s'élève, mais la surface supérieure est nette.
La formation de brouillard de détente est comparable au nuage de fumée qui se forme après l'ouverture d'une bouteille de boisson gazeuse.
On l'observe pendant les mois d'hiver, quand l'air froid des systèmes de basse pression descend après le passage d'un front froid.

INDICES MÉTÉO

◆ *Très fréquent sur les collines et les montagnes proches de la mer*

▯ 0-300 m au-dessus du niveau du sol

◉ *Léger courant d'air chaud ascendant suivi de condensation*

➤ *Bruine ou neige fine*

⚠ *Mauvaise visibilité*

Un vent léger pousse l'air humide vers la montagne, et il peut y avoir formation de brouillard.

Brouillard

Stratus bas ou brouillard

LES NAPPES DE BROUILLARD se forment en général la nuit et commencent à se dissiper avec les premiers rayons du soleil qui réchauffent l'atmosphère. Dans certaines conditions, il peut alors se former une nappe de brouillard à un niveau supérieur. Ce phénomène est appelé stratus bas ou brouillard. Le soleil commence par réchauffer la terre aux abords de la nappe de brouillard, dont le pourtour se dissipe. La chaleur pénètre aussi dans la nappe, en réchauffant le sol au-dessous. La chaleur qui se dégage de la terre commence alors à évaporer le brouillard par le bas. Ainsi, il se disperse peu à peu des bords vers le centre et de bas en haut, en formant une couche brumeuse à une certaine distance du sol. Ce phénomène se traduit généralement par une meilleure visibilité au niveau du sol. Mais, si la nappe est intacte au lever du soleil, ce dernier peut rester voilé pendant un certain temps.

INDICES MÉTÉO

- Très fréquent à l'intérieur des terres
- 0-600 m d'épaisseur
- Ascension et dissipation de la nappe de brouillard sous l'action du soleil
- Bruine ou neige fine
- Route cachée et visibilité réduite

ASCENSION ET DISSIPATION

Comme ce phénomène se forme par temps calme, le vent souffle rarement au niveau du sol, et le stratus se déplace plus ou moins à la verticale à mesure qu'il se disperse. Mais il arrive qu'un vent léger se mette à souffler peu après que le banc de stratus s'est formé et repousse le brouillard au sol pendant qu'il se disperse, accélérant ainsi le processus d'éclaircissement.
Ce type de brouillard se dissipe en général en milieu ou en fin de matinée, d'autant plus lentement qu'il est très épais. Parfois, l'épaississement de la couche nuageuse à moyenne ou haute altitude peut empêcher le sol de se réchauffer, ce qui entraîne

Épaisse couche nuageuse au-dessus d'une vallée des Alpes suisses.

Brouillard

la persistance de stratus durant presque toute la journée. Dans ce cas, on relèvera des températures basses au niveau du sol.
Une couche nuageuse très dense peut donner une bruine légère ou de la neige par temps froid. Mais, comme elle a tendance à s'éclaircir en montant, elle engendre des précipitations, qui sont en général de courte durée. Les couches de stratus ou de brouillard étendues peuvent masquer le relief, ce qui perturbe la circulation aérienne. Ce phénomène pose aussi des problèmes pour la circulation routière, surtout en montagne. Les routes peuvent être dégagées dans la vallée, mais les automobilistes sont parfois pris dans un épais brouillard en montant, avant de retrouver le soleil au-dessus de la couche nuageuse.

Stratus dans le Wyoming (ci-dessus) et dans les vignobles de la Sonoma Valley (Californie), aux États-Unis (ci-dessous).

nappe de brouillard

dissipation du brouillard sur le pourtour et la base

stratus bas

Givre-gelée blanche

LE GIVRE, comme la rosée, a tendance à se former la nuit, par ciel clair, quand l'absence de nuages favorise le rayonnement de la chaleur au sol, suivi d'une forte baisse de température.
Pour qu'il y ait formation de givre, la température doit être inférieure au point de congélation (0 °C).
Le givre, ou gelée blanche, est dû au refroidissement d'une mince couche d'air humide près du sol, qui forme immédiatement des cristaux de glace sans condensation préalable de la vapeur d'eau en gouttelettes d'eau comme pour la rosée. Ces cristaux se déposent sur des surfaces froides (pierres, herbes, feuilles, baies et même toiles d'araignée).

Ce dessin anglais du XIXe siècle représente le bonhomme Hiver, qui personnifie le givre ou le froid dans de nombreuses cultures. Il trouve probablement son origine dans les mythes scandinaves.

INDICES MÉTÉO
◆ Monde entier, mais uniquement en altitude dans les zones tropicales
⬆ Surtout au sol, mais aussi sur la végétation, les constructions et autres structures basses
◉ La vapeur d'eau gèle sans condensation préalable
➤ Aucun
⚠ Routes glissantes ; préjudiciable à la végétation

La gelée blanche est parfois si épaisse qu'on dirait de la neige. Les cristaux de glace formés par le givre ressemblent à des bijoux aux formes exquises, suspendus à l'extrémité des feuilles et des brins d'herbe.
Ils décrivent aussi des arabesques sur les vitres des fenêtres, dans les maisons non chauffées, lorsque la température extérieure est inférieure au point de congélation. Du fait que le degré d'humidité à l'intérieur de la maison est plus élevé qu'au-dehors, des cristaux se déposent sur les vitres froides et forment de superbes aiguilles, des écailles ou des plumes.
Si la vapeur d'eau se condense et que la rosée apparaisse avant que la température soit inférieure à 0 °C, l'eau ou la rosée gèle en formant des gouttelettes glacées au lieu de cristaux.
Ce type de givre est appelé givre transparent ; il est compact, lisse et semblable au verglas.

Givre-gelée blanche

Dégâts provoqués par le givre

Quand la température est inférieure à 0 °C, l'eau contenue dans les plantes gèle et risque d'endommager les cellules végétales et de noircir les feuilles. Ce phénomène, qui n'est pas toujours accompagné de givre, est connu dans certaines régions sous le nom de « froid noir ». L'air avec un faible point de rosée *(voir p. 40)* peut descendre au-dessous de 0 °C sans atteindre le point de saturation, si bien qu'il ne libère pas de vapeur d'eau et qu'il ne se forme pas de véritable givre.

Le givre et le « froid noir » sont redoutables pour les producteurs d'agrumes, car les bourgeons des arbres fruitiers sont facilement abîmés par la gelée, ce qui est préjudiciable à la quantité et à la qualité des futures récoltes.

Il existe plusieurs méthodes pour réduire ou prévenir la formation du givre dans les vergers. On peut, par exemple, faire brûler de l'essence et installer des ventilateurs aux endroits propices pour faire circuler de l'air chaud autour des arbres.

On peut aussi utiliser des pulvérisateurs qui réchauffent l'atmosphère en diffusant de l'eau liquide, moins froide que le givre. Certains producteurs n'hésitent pas à louer un hélicoptère pour survoler leurs vergers durant la nuit. Celui-ci permet de maintenir la circulation d'air entre les arbres, et ses gaz d'échappement diffusent un peu de chaleur.

Les cristaux de givre qui se déposent sur les végétaux (en bas à gauche) sont encore plus jolis à regarder sur les vitres des fenêtres (ci-dessus).

Nuages

Nuages de basse altitude

Stratus

LES STRATUS forment une couche ou un voile nuageux (en latin, *stratus* signifie strate, couche) produit par l'élévation d'un courant d'air chaud et humide dans une atmosphère stable jusqu'à son point de condensation. Les courants d'air ascendants sont généralement dus à l'approche d'un système de fronts ou au vent qui rencontre un obstacle naturel tel qu'un massif montagneux.
Un type de stratus légèrement différent apparaît quand une nappe de brouillard qui s'est formée au niveau du sol commence à s'élever sous l'action du soleil. On est alors en présence de stratus bas *(voir p. 185)*. Les stratus se forment à très faible altitude, et la condensation se produit aussi bien au niveau du sol qu'à 2 000 m. Le stratus a une couleur grise et un aspect échevelé ; il forme une nappe de quelques centimètres à 450 m d'épaisseur. Son extension horizontale est en général bien plus vaste et atteint parfois des centaines de kilomètres carrés.

Ce type de nuage n'est pas lié à des conditions météorologiques particulières, si ce n'est qu'il donne de la bruine, de la pluie ou de la neige fine quand le thermomètre est au-dessous de 0 °C et que la couche nuageuse est assez épaisse. Les stratus qui amènent des précipitations sont souvent appelés nimbostratus.
Quand un stratus se forme près du sol, il risque de réduire la visibilité, notamment dans les régions montagneuses, ce qui provoque des accidents d'avion. Mais la plupart des appareils sont aujourd'hui équipés de radars qui minimisent les risques liés à ce type de nuage.

INDICES MÉTÉO

✦ Très fréquent sur le littoral et en montagne

⛰ 0-2 000 m

◉ Élévation d'une masse d'air importante suivie de condensation

➢ Bruine ou crachin, et neige quand la température est inférieure à 0 °C

⚠ Mauvaise visibilité parfois dangereuse pour le trafic aérien

Cette illustration de Charles Blunt, Beauty of the Heavens *(1849), montre la formation d'un stratus près du sol.*

Nuages de basse altitude

Stratocumulus

LE STRATOCUMULUS, l'un des nuages les plus communs de la planète, est un bon indicateur d'humidité aux étages inférieurs de l'atmosphère. Il se situe en général entre 600 et 2 000 m d'altitude. Le stratocumulus a souvent un aspect échevelé en surface, mais avec une base bien nette et assez plate ; ses éléments ont le plus souvent la forme de galets, de dalles ou de rouleaux. Il a tendance à s'étaler en minces couches qui atteignent parfois plusieurs centaines de kilomètres de large. Sa couleur varie du blanc au gris foncé, suivant la luminosité et l'épaisseur de la couche nuageuse. Son apparence floconneuse, qui indique la convection à l'intérieur du nuage, est ce qui distingue le stratocumulus du stratus.
Deux phénomènes, isolés ou associés, participent à la formation des stratocumulus. Dans le premier cas, une importante masse d'air chaud et humide est soulevée par un système de fronts ou un relief montagneux qui favorise la condensation à une certaine altitude ; l'atmosphère légèrement instable au niveau du nuage lui donne alors son aspect cumuliforme.
Le second phénomène se présente sous forme de poches d'air chaud qui s'élèvent du sol à la suite d'une faible convection, ce qui provoque la condensation de la vapeur d'eau au même niveau sur une vaste étendue.
Si un stratocumulus ne s'est pas développé à la verticale en milieu d'après-midi, quand la température du sol est à son maximum, il a tendance à se dissiper, ce qui donne un ciel clair en soirée.
S'il est assez épais, il peut entraîner une légère bruine ou de la neige quand la température est inférieure à 0 °C, mais c'est rare.

INDICES MÉTÉO

◆ Monde entier
▯ 600-2 000 m
◉ Élévation d'une grande masse d'air suivie de condensation associée à une instabilité relativement faible au niveau des nuages
▶ Normalement aucun, mais faibles précipitations possibles en cas de nuages épais

Paysage avec des paysans, *de Théodore Rousseau (1812-1867), illustre une formation de stratocumulus.*

Nuages de basse altitude

Stratus orographique

LES NUAGES DE MONTAGNE se forment quand un courant d'air chaud et humide, porté par un vent dominant, s'élève pour franchir un relief important, comme une chaîne de montagnes, et atteint son niveau de condensation. L'un des nuages de montagne les plus fréquents est le stratus orographique. Ce type de nuage bas apparaît le plus souvent dans les régions côtières, où le degré hygrométrique de l'air est élevé. En règle générale, il faut au moins une altitude de 150 m pour voir ce type de nuage, et plus encore dans les régions où l'air est sec et pur, comme les déserts. Contrairement au simple stratus (*voir p. 190*), porté par les mouvements des masses d'air, le stratus

INDICES MÉTÉO

✦ Au sommet des collines et des massifs montagneux

⬍ 0-300 m au-dessus du niveau du sol

⊙ Relief montagneux provoquant l'élévation d'air chaud et humide

➢ Risque de brouillard, bruine ou légères chutes de neige

⚠ Visibilité réduite, dangereuse pour la circulation aérienne

orographique a tendance à rester stationnaire. Le vent circule dans la zone de condensation, régénérant en permanence le nuage quand l'air monte et le dissipant quand l'air descend sur l'autre versant du relief.

Ce type de nuage s'étend plus ou moins suivant l'humidité de la masse d'air environnante. Si l'air est très humide, le nuage peut commencer à se former au bas du versant montagneux exposé au vent, recouvrir le sommet et redescendre sur l'autre versant. On a un bon exemple de ce phénomène en Afrique du Sud, avec la « nappe » qui recouvre le sommet de Table Mountain, près du Cap.

L'extension de ces nuages est fonction de la pente et de l'élévation du relief, de la force du vent et de sa direction par rapport à la montagne. Un vent fort qui souffle perpendiculairement à une montagne abrupte va favoriser le courant d'ascendance et la formation des nuages.

Étant donné que la formation des stratus orographiques dépend du taux d'humidité et du relief, les zones où l'humidité est forte et le relief accidenté – les îles tropicales comme Hawaii,

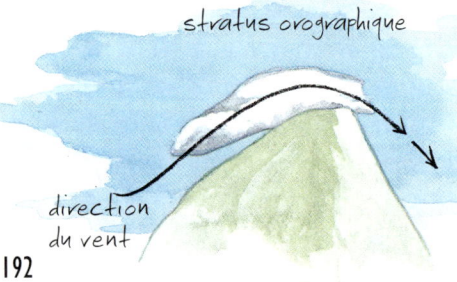

Nuages de basse altitude

par exemple – sont particulièrement propices à l'apparition de ces nuages.

Il arrive parfois que l'humidité soit insuffisante aux étages inférieurs de l'atmosphère pour que la vapeur d'eau se condense au niveau du sol, mais la condensation devient possible à plus haute altitude avec des températures inférieures. Dans ce cas, l'air ascendant peut produire des formations orographiques à moyenne altitude, autrement dit des nuages lenticulaires *(voir p. 210)*.

NUAGES CAPUCHON

L'une des variétés les plus spectaculaires de stratus orographiques est connue sous le nom de nuages capuchon, qui peuvent se former sur les crêtes et sur un versant à l'abri du vent. Dans ce cas, le mécanisme de formation des nuages est un peu différent.

Quand le vent souffle sur une haute montagne, une certaine quantité d'air s'accumule le long du flanc exposé au vent, ce qui fait monter la pression d'air. Il en résulte une baisse de pression sur le versant de la montagne à l'abri du vent. Comme les basses pressions favorisent la condensation, elles

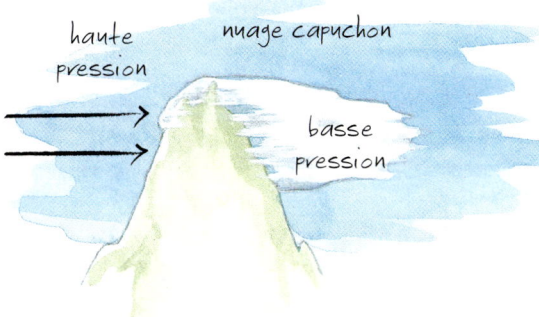

entraînent aussi la formation de nuages en présence d'un degré d'humidité suffisant. Deux exemples bien connus de ce type de stratus sont ceux que l'on peut voir au sommet de l'Everest, dans l'Himalaya, et du Cervin, dans les Alpes. On peut aussi observer ce phénomène à échelle réduite sur de moins hauts sommets.

Stratus orographique au-dessus de Table Mountain au Cap, Afrique du Sud (ci-dessus).

Nuage capuchon au Népal (à droite).

Nuages de basse altitude

Cumulus humilis

LES CUMULUS se forment en général sous l'action de poches d'air chaud ascendant localisées. La vapeur d'eau contenue dans l'air se condense et donne des nuages bas, isolés, aux contours bien définis. La forme de ces nuages leur a valu le nom latin de *cumulus*, qui signifie « amas ».
Le cumulus humilis (en latin, *humilis* signifie humble) est le plus petit des cumulus, à cause d'une convection relativement faible. Il a une base plate qui se rétrécit et s'arrondit vers le haut. Vu du sol, le cumulus humilis paraît plus large que haut.
La base de ce petit nuage commence à se former en fonction du degré d'humidité de l'air. Dans des zones très humides, comme les régions côtières et tropicales, la base du nuage peut commencer à se former à 600 m d'altitude ;

INDICES MÉTÉO

◇ *Partout, sauf dans l'Antarctique*
⬍ 600-1 050 m
◉ *Faible convection*
➤ *Aucun*

mais, dans les zones arides, elle se forme beaucoup plus haut.
Le cumulus humilis représente souvent la première phase du développement d'un cumulus, du stratocumulus *(voir p. 191)* au cumulus mediocris et au cumulus congestus *(voir p. 195-196)*.
En raison de sa faible densité, cette formation nuageuse n'annonce pas de perturbation particulière.
Toutefois, elle peut provoquer des turbulences pour les avions légers qui la traversent, mais ces turbulences sont généralement faibles et de courte durée. Les cumulus humilis se développent sur tous les types de relief et sur les océans par beau temps, sauf dans l'Antarctique, où les températures froides du sol empêchent la convection.

Le cumulus humilis (en haut) est aussi appelé cumulus des beaux jours ou de beau temps.

Ce modèle ancien de baromètre à spirale (ci-contre) est l'équivalent des baromètres des particuliers sur lesquels on trouve, en plus de la pression, l'indication du temps sensible.

Nuages de basse altitude

Cumulus mediocris

LE CUMULUS MEDIOCRIS résulte d'une convection légèrement plus élevée que celle qui engendre le cumulus humilis. Cela donne, vu du sol, un nuage de longueur et de largeur égales. La base de ce nuage de taille moyenne (*mediocris,* en latin, signifie modéré) peut commencer à se former à 600 m d'altitude, selon le degré d'humidité de l'air.
Le cumulus mediocris est blanc ou gris clair et se caractérise par une base plate. Il marque souvent une étape transitoire entre le cumulus humilis et le cumulus congestus, plus développé *(voir p. 196).*
Ce type de nuage est plus fréquent en fin de matinée ou en début d'après-midi, quand le réchauffement

INDICES MÉTÉO
Partout, sauf dans l'Antarctique
600-1 200 m
Convection faible à modérée
Aucun

Champs de blé, par le peintre danois Peter Hansen (1868-1938); des cumulus mediocris recouvrent en partie le ciel.

du sol suffit à produire la convection.
Il n'est pas assez important pour donner des précipitations.
Il peut être à l'origine de légères turbulences de courte durée lorsqu'un avion le traverse.
Si des cumulus mediocris se forment en présence de vents forts, ces derniers risquent de diviser les nuages en fragments horizontaux, qui parcourent ensuite le ciel à grande vitesse.
Cette variété est connue sous le nom de cumulus mediocris fractus.
Les cumulus mediocris apparaissent par beau temps au-dessus des océans et des continents, sauf dans l'Antarctique, où les températures froides du sol empêchent la convection.

humilis   mediocris

Nuages de basse altitude

Cumulus congestus

LE CUMULUS CONGESTUS représente la phase qui suit le développement vertical d'un cumulus, après le cumulus mediocris (voir p. 195). Poussé par de forts courants ascendants, ce type de nuage peut atteindre une altitude de 4 500 à 6 000 m. Les congestus sont plus hauts que larges et ont une base plate et des contours effilés.
Ce type de nuage se forme rarement par suite de la seule convection.
Il faut aussi une instabilité atmosphérique. Cela se produit quand la température de la masse d'air avoisinante baisse plus vite avec l'altitude qu'en temps normal, ce qui résulte souvent du passage d'air froid au-dessus du nuage (voir p. 42).
Le cumulus congestus se transforme en cumulonimbus (voir p. 200) si la convection est assez forte ou si l'atmosphère devient encore plus instable.
Le moment de la journée peut être un facteur décisif, car la convection qui s'opère sur le continent faiblit en fin d'après-midi, quand la température au sol commence à baisser. À ce moment-là, si le nuage le plus gros dans le ciel est un congestus, il est peu probable qu'il se transforme en cumulonimbus.
Ce type de nuage peut donner de fortes averses ou des chutes de neige prolongées. En fait, pendant l'hiver, les cumulus congestus qui se forment dans le ciel de traîne des perturbations provoquent souvent d'abondantes chutes de neige.
La forte convection qui est à l'origine du congestus crée de grosses turbulences au sein du nuage. Mais, si ce phénomène se traduit par un vol agité pour les passagers aériens, il ne constitue pas un risque majeur pour leur sécurité.

INDICES MÉTÉO

- Partout, sauf en Antarctique
- 600-6 000 m
- Convection renforcée par une atmosphère instable
- Possibilité d'averses moyennes à fortes
- Turbulences modérées au niveau des nuages

Averse provenant d'un petit cumulus congestus sur cette vue de Cracovie, en Pologne, peinte par J. Silbermann (1888).

Nuages de basse altitude

Pyrocumulus

CE TYPE DE CUMULUS doit son nom au fait que le feu (en grec *pûr, puros*) engendre le processus ascendant conjugué à la vapeur d'eau pour former ce nuage. Un feu qui se propage dans la nature entraîne de forts courants d'air ascendant et une grande quantité de vapeur d'eau qui se dégage de l'air et de la végétation durant la combustion. L'air ascendant soulève la vapeur d'eau, qui se condense à un certain niveau et forme des cumulus se déplaçant au-dessus de l'incendie. La base des pyrocumulus est difficile à voir, car elle est généralement cachée par la fumée, mais le sommet des nuages s'élève bien au-dessus de l'écran de fumée. L'extension verticale d'un pyrocumulus est très variable : elle peut aller de la taille d'un cumulus humilis à celle d'un congestus. Dans certains cas, ce type de nuage peut produire des averses qui circonscrivent, voire éteignent le brasier. Mais, dans les régions subtropicales en particulier, où la condensation est due à une forte humidité de l'air, les pyrocumulus peuvent se transformer en cumulonimbus. Dans ce cas, la foudre provenant de ces nuages risque d'allumer de nouveaux foyers d'incendie.

Des pyrocumulus se développent toujours au-dessus des incendies. Ils sont évidemment plus fréquents dans les régions où les risques d'incendie sont élevés, comme en Californie, sur la Côte d'Azur ou dans le sud-est de l'Australie.

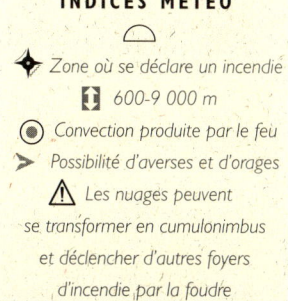

INDICES MÉTÉO

Zone où se déclare un incendie
600-9 000 m
Convection produite par le feu
Possibilité d'averses et d'orages
Les nuages peuvent se transformer en cumulonimbus et déclencher d'autres foyers d'incendie par la foudre

En général, seul le sommet d'un pyrocumulus émerge au-dessus de la fumée.

Cumulonimbus

Cumulonimbus calvus

L E CUMULONIMBUS CALVUS marque l'étape transitoire entre le cumulus congestus et le cumulonimbus capillatus incus *(voir p. 200)*. Il se forme quand la convection et l'instabilité atmosphérique se conjuguent pour propulser le sommet du nuage bien au-delà de celui du congestus, jusqu'à 9 000 m d'altitude.
À ce niveau de la troposphère, la température est inférieure à 0 °C, et la condensation qui s'opère donne des cristaux de glace au lieu de gouttelettes d'eau. C'est ce qui confère un aspect blanc brillant au sommet du nuage. Toutefois, il n'a pas encore pris la forme d'enclume caractéristique du cumulonimbus capillatus *(voir p. 200)*.
Ce type de nuage donne toujours des précipitations sous forme d'averses dans les zones tempérées et de chutes de neige dans les régions plus froides. Celles-ci sont plus ou moins abondantes selon les cas. Dans les zones arides, des ondées peuvent tomber de la base des nuages, mais elles s'évaporent

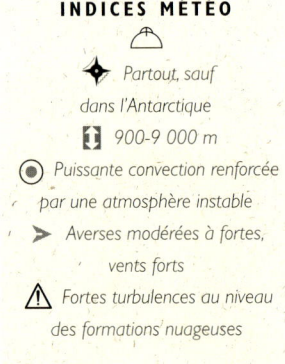

INDICES MÉTÉO

Partout, sauf dans l'Antarctique

900-9 000 m

Puissante convection renforcée par une atmosphère instable

Averses modérées à fortes, vents forts

Fortes turbulences au niveau des formations nuageuses

avant d'avoir atteint la surface terrestre, selon un phénomène appelé virga *(voir p. 220)*.
Les puissants courants ascendants de convection liés au calvus entraînent parfois de grosses turbulences.
Mais les précipitations associées à ce type de nuage sont en général localisées par les radars à bord des avions, qui peuvent ainsi les contourner.

Le sommet du calvus en forme de champignon indique la force des courants ascendants qui obligent le nuage à s'élever aux étages supérieurs de la troposphère.

Cumulonimbus avec pileus

UNE FOIS qu'un nuage est parvenu au stade du calvus et que le phénomène de convection se poursuit, renforcé par l'instabilité de la masse d'air environnante, il va continuer son extension verticale.
Quand l'air s'élève assez rapidement – des courants directement ascendants peuvent atteindre de 32 à 48 km/h –, il peut se produire un phénomène assez curieux.
Le fort courant ascendant associé au calvus entraîne une masse d'air qu'il propulse vers le haut.
La vapeur d'eau contenue dans cette masse d'air se condense et fait apparaître un nuage étiré et floconneux en forme de coiffe (*pileus* en latin) au-dessus de la masse ascendante du calvus. En s'élevant, le calvus rejoint progressivement le pileus.

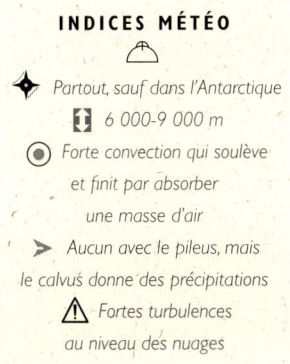

INDICES MÉTÉO

- Partout, sauf dans l'Antarctique
- 6 000-9 000 m
- Forte convection qui soulève et finit par absorber une masse d'air
- Aucun avec le pileus, mais le calvus donne des précipitations
- Fortes turbulences au niveau des nuages

Vue d'ensemble d'un pileus. Si la convection est assez forte dans un nuage pour former un pileus, l'orage menace.

Quand les deux nuages se rencontrent, le pileus s'étale en partie sur les bords du calvus ascendant, qui finit par le dépasser.
Le pileus continue à recouvrir le sommet du calvus jusqu'à ce que les deux nuages fusionnent complètement.
Les pileus permettent aux météorologues de prévoir les orages, car les nuages à l'origine de leur formation sont ceux qui se transforment le plus souvent en cumulonimbus.

Cumulonimbus capillatus incus

Un CUMULONIMBUS capillatus au stade de maturité est vraiment le roi des nuages. C'est une masse d'humidité imposante, souvent beaucoup plus haute que l'Everest, qui atteint parfois 18 000 m dans les zones tropicales et subtropicales. Dans sa magnificence, il est couronné d'une énorme masse de nuages de haute altitude en forme de coin, semblable à une enclume (*incus* en latin). Cette partie du nuage, souvent comparée à un vaste panache d'aspect fibreux ou à une chevelure pendante et désordonnée, annonce qu'un orage approche. Le cumulonimbus incus peut apparaître au petit matin sous forme de cumulus humilis, puis évoluer en cumulus mediocris et congestus *(voir p. 194-196)*. Pour que le nuage continue à se développer jusque-là, le phénomène de convection doit aller de pair avec une atmosphère instable afin de déclencher un puissant courant d'air ascendant. Tant que l'air qui entoure le courant ascendant reste instable, le nuage continue à s'élever et à s'étendre. Le cumulonimbus finit par atteindre le sommet de la troposphère, où la température de l'air se stabilise et commence à monter avec l'altitude *(voir p. 24)*. Cette hausse de température a pour

INDICES MÉTÉO

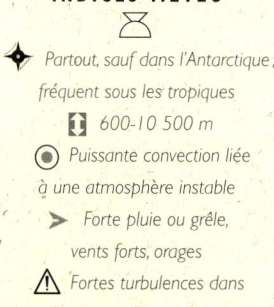

◆ *Partout, sauf dans l'Antarctique ; fréquent sous les tropiques*

▪ 600-10 500 m

◉ *Puissante convection liée à une atmosphère instable*

▸ *Forte pluie ou grêle, vents forts, orages*

⚠ *Fortes turbulences dans le nuage ; vents forts, éclairs, grêle et même tornades sur la terre ferme*

La forme d'enclume de la partie supérieure d'un cumulonimbus est un indice fiable de l'approche d'un orage.

Cumulonimbus

effet de bloquer le courant ascendant, qui ne peut plus continuer à s'élever. Cependant, la vitesse de la masse d'air inférieure continue sa poussée verticale et donne au nuage une extension radiale au niveau de la tropopause, qui lui confère sa forme d'enclume caractéristique. La position de cette formation indique donc l'altitude de la troposphère dans la zone. L'enclume étant située bien au-dessus du niveau où la température de l'air est inférieure au point de congélation, cette partie du nuage se compose de cristaux de glace, qui forment une couronne de cirrus au-dessus de la masse nuageuse principale. Ces cristaux de glace peuvent être balayés par des vents forts à haute altitude, qui leur donnent un aspect zébré.

Magnifique exemple de cumulonimbus capillatus, couronné de cirrus d'un blanc brillant.

SIGNES PRÉCURSEURS

Dans de rares cas, le courant ascendant associé au nuage est si puissant qu'il traverse la tropopause et entraîne un paquet de nuages jusqu'aux étages inférieurs de la stratosphère, avant de perdre sa vitesse et de retomber. Cela produit une poussée verticale sur la partie supérieure de l'enclume, normalement plate – signe de tempête particulièrement forte, qui peut donner de la grêle, de fortes rafales, voire une tornade.

Il faut toujours se méfier des formations de cumulonimbus pour la circulation aérienne, à cause des puissants courants d'air qui les accompagnent et des dégâts qui risquent d'être provoqués par la grêle. Du fait des précipitations qu'engendre ce type de nuage, il est heureusement facile de le localiser à l'aide de radars embarqués et au sol, et de donner les instructions nécessaires pour permettre aux avions d'échapper à cette perturbation.

Cumulonimbus

Cumulonimbus avec mammatus

LES MAMMATUS sont les particularités les plus remarquables des nuages, ce qui fait du cumulonimbus avec mammatus le nuage préféré des météorologues et des photographes. Il est composé de mamelons nuageux (en latin, *mamma* signifie sein) suspendus à la partie inférieure de l'enclume des nuages d'orage *(voir p. 200)*. Le mammatus est toujours associé à des cumulonimbus au stade de maturité ; c'est donc un signe de mauvais temps. Ce nuage est dû à un phénomène que l'on pourrait qualifier de convection inversée. Durant l'orage, des courants d'air ascendant chaud et humide s'élèvent au sommet de la troposphère *(voir p. 24)*. La température se stabilise à cette altitude, de même que l'air. Cela entraîne une extension horizontale du nuage, qui s'élève au-dessus de zones d'air plus froid, dépourvues de nuages. La différence de température entre les deux masses d'air crée une instabilité sous l'enclume, qui produit une convection vers le sol des poches d'air chaud et humide dans le nuage. Cette convection inversée est renforcée sous l'effet de la pesanteur et des précipitations qui viennent du nuage. Ce processus donne des protubérances presque symétriques sous l'enclume, appelées mammatus, qui peuvent couvrir de vastes étendues.

INDICES MÉTÉO

◆ Partout, sauf dans l'Antarctique ; fréquent sous les tropiques
▪ 4 500-7 500 m
● Forte convection suivie d'une convection inversée
➤ Forte pluie, bourrasques, grêle
⚠ Turbulences dans les nuages ; vents forts, grêle, éclairs, orages et risques de tornades

Les mammatus annoncent un orage particulièrement violent.

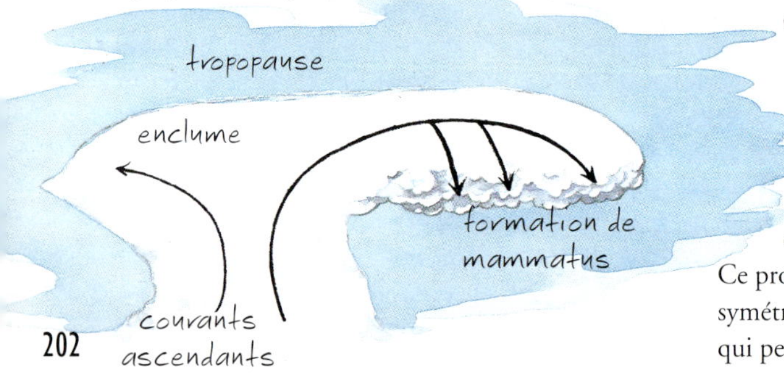

Cumulonimbus

AVIS DE TORNADE

Si l'enclume d'un cumulonimbus s'étend parfois sur des centaines de kilomètres carrés, le centre de la tempête peut se trouver à une certaine distance des mammatus. Cependant, le mammatus apparaît en général peu après que le cumulonimbus a atteint sa dimension et son intensité maximales, et il annonce généralement un orage très violent ou une tornade.

Les pilotes de ligne suivent des routes qui évitent les cumulonimbus, surtout ceux comportant des formations de mammatus, car celles-ci laissent présager des turbulences particulièrement importantes à l'intérieur du nuage.

On peut voir des mammatus partout où apparaissent des cumulonimbus. Ils sont assez fréquents dans les zones où les orages sont violents, telles les régions tropicales et subtropicales.

Comme ce type de nuage est associé aux cumulonimbus au stade de maturité, on en voit surtout du milieu de l'après-midi au début de la soirée, quand la chaleur au sol et la convection associée sont le plus fortes.

Le mammatus se forme au-dessous de l'enclume d'un cumulonimbus. Le centre de l'orage peut être à une certaine distance de là.

Nuages de moyenne altitude

Altostratus

CE NUAGE se développe aux étages moyens de l'atmosphère et annonce toujours la présence d'un taux d'humidité important à cette altitude. Il ne présente guère de signes particuliers, puisqu'il peut former un mince voile blanc qui laisse passer le soleil, comme à travers un verre dépoli.
L'altostratus résulte de l'ascension et de la condensation d'une grande masse d'air à l'approche d'un système de fronts. Ce phénomène entraîne la formation d'une couche nuageuse qui peut s'étendre sur des milliers de kilomètres carrés. S'il est assez dense, l'altostratus donne de la pluie parfois forte ou de la neige sur une zone étendue.
Quand des stratus recouvrent tout le ciel, il est difficile de savoir s'il s'agit d'une formation de basse ou de moyenne altitude. À titre indicatif, si l'on discerne une texture dans la couche nuageuse, il s'agit probablement de stratus de basse altitude ; si les nuages semblent flous et déstructurés, il s'agit plutôt d'altostratus.
Une couche épaisse d'altostratus pose problème aux avions : si la température à l'intérieur des nuages est inférieure au point de congélation, de la glace peut se former sur la carlingue, ce qui modifierait son aérodynamisme. Heureusement, la plupart des appareils sont équipés de systèmes de dégivrage qui éliminent ce problème.

INDICES MÉTÉO

- Partout, notamment dans les zones tempérées
- 2 000-5 000 m
- Élévation d'une grande masse d'air suivie de condensation
- Vastes étendues de pluie et neige
- Formation de glace sur les avions

D'épais rubans d'altostratus couvrent en partie le ciel sur ce tableau de Benjamin Leader, In the Evening It Shall Be Light *(1882).*

Nuages de moyenne altitude

Altostratus undulatus

L'ALTOSTRATUS UNDULATUS se développe en général dans une mince couche d'altostratus ; son aspect remarquable est dû au mouvement ondulatoire au sein de la masse d'air. Ce mouvement est produit par un cisaillement de vent qui survient quand une couche d'air glisse sur une autre couche se déplaçant à une vitesse ou dans une direction différente (ou les deux). Des tourbillons ou des ondes d'air prennent alors naissance entre les couches. Si le taux d'humidité est suffisant, un nuage va se former là où naît l'onde et se dissiper là où elle retombe. Selon le taux d'humidité de l'air et la force du vent, la formation d'undulatus peut engendrer des ondes assez régulières à travers le ciel, avec de minces connexions nuageuses à la base, ou se disloquer en crêtes d'ondes non reliées. Ce type de nuage n'annonce pas de conditions météorologiques particulières, mais, comme il est dû à un cisaillement de vent, il est considéré comme un signe de turbulences. Il s'agit en général de légères turbulences qui ne gênent pas la circulation aérienne.

INDICES MÉTÉO

- Monde entier
- 2 000-5 000 m
- Élévation d'une grande masse d'air suivie de condensation et conjuguée à un cisaillement de vent au niveau du nuage
- Aucun

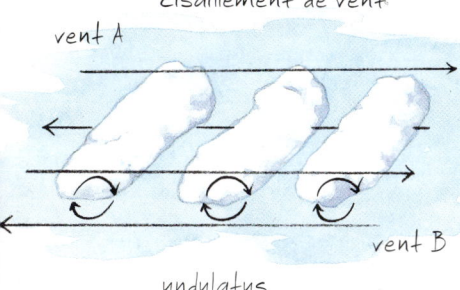
undulatus

Altostratus undulatus au-dessus du mont Fuji, par le peintre japonais Katsushika Hokusai (1760-1849).

Nuages de moyenne altitude

Altocumulus

LES ALTOSTRATUS sont souvent plats et uniformes, alors que les altocumulus donnent en général au ciel un aspect intéressant. Des milliers de petits altocumulus sont parfois enchevêtrés en formations spectaculaires. L'altocumulus, comme l'altostratus, se développe lorsqu'une masse d'air est soulevée à moyenne altitude à cause d'un relief élevé ou à l'approche d'un système de fronts qui produit une condensation sur une zone étendue.
La principale différence entre les deux formations est l'atmosphère instable qui affecte l'altocumulus et lui donne sa texture cumuliforme.
Isolé, l'altocumulus n'a pas beaucoup d'importance pour l'observation du temps, bien qu'il puisse provoquer de légères précipitations si la couche nuageuse est assez épaisse. En revanche, une formation d'altocumulus qui semble s'étendre en cours de journée peut annoncer l'approche d'un système de fronts.
Les altocumulus et les altostratus apparaissent souvent ensemble dans un ciel mélangé. La photo satellite montre que des formations mixtes d'altocumulus et d'altostratus peuvent s'étendre sur des milliers de kilomètres carrés, surtout quand elles sont associées à un système de fronts.
Si des altocumulus s'ajoutent à une épaisse couche d'altostratus à une altitude où la température est inférieure à 0 °C, la glace qui se dépose sur l'avion les traversant peut en altérer l'aérodynamisme. Sinon, seules des turbulences légères ou modérées sont à signaler.

INDICES MÉTÉO

- Monde entier
- 2 000-5 000 m
- Élévation d'une grande masse d'air suivie de condensation et conjuguée à une atmosphère instable
- Pluie fine si le nuage est épais ; peut annoncer l'approche d'un front
- ⚠ Concrétions de glace sur les avions

Les formations d'altocumulus sont souvent plus nettes et plus spectaculaires au lever et au coucher du soleil.

Nuages de moyenne altitude

Altocumulus undulatus

L'ALTOCUMULUS UNDULATUS se forme quand une couche d'altocumulus est affectée par un cisaillement de vent. Le mécanisme est le même que pour l'altostratus undulatus *(voir p. 205)*. La formation d'altocumulus est composée de bandes de cumulus parallèles, qui peuvent s'amonceler ou s'étendre sur une grande partie de ciel visible.
Quand les bandes se rapprochent, elles ressemblent aux ondulations à la surface de l'eau.
L'altocumulus undulatus se distingue de l'altostratus undulatus par son aspect cumuliforme. Comme pour tous les cumulus, cet aspect est dû à une certaine instabilité au niveau des nuages, qui provoque une élévation en différents points. Ces nuages indiquent toujours un taux d'humidité élevé à moyenne altitude, qui peut annoncer l'approche d'un système de fronts.
Si la couche nuageuse est assez épaisse, cette formation peut donner de la pluie ou de la neige à des températures au-dessous de 0 °C.
Les altocumulus undulatus accompagnent souvent les formations d'altostratus dans un ciel mélangé.

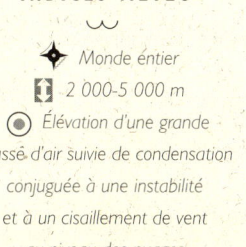

INDICES MÉTÉO

◆ Monde entier
▮ 2 000-5 000 m
◉ Élévation d'une grande masse d'air suivie de condensation conjuguée à une instabilité et à un cisaillement de vent au niveau des nuages
▸ Pluie fine si le nuage est épais ; peut annoncer le passage d'un front

Dans ces conditions, il est parfois difficile de discerner la formation nuageuse qui va donner des précipitations. L'undulatus est considéré par les professionnels de l'aéronautique comme un signe annonciateur de turbulences. Toutefois, les altocumulus undulatus ne provoquent que des turbulences légères à modérées, et les pilotes estiment qu'il n'y a aucun risque.

L'altocumulus undulatus résulte d'un cisaillement de vent aux étages moyens de la troposphère.

Nuages de moyenne altitude

Altocumulus radiatus perlucidus

CETTE VARIÉTÉ d'altocumulus est ainsi nommée car ces nuages paraissent converger vers un point de l'horizon. Comme tous les altocumulus, ces nuages sont dus à l'élévation d'une masse d'air chaud et humide à l'approche d'un front froid, conjuguée avec une atmosphère instable au niveau des nuages. Les raisons exactes de cette formation n'ont pas été établies de manière définitive, mais il est probable qu'une sorte de cisaillement de vent, analogue à celui qui engendre la formation d'undulatus *(voir p. 205)*, en est à l'origine.

Dans le cas présent, le vent engendre un amoncellement de vaguelettes qui produisent une texture très fine de ciel « en écaille ». Comme il résulte souvent de l'approche d'un système de fronts, ce type de ciel a longtemps été associé traditionnellement à une dégradation du temps.

En fait, cette formation nuageuse, à l'instar des autres nuages de moyenne altitude, est un bon indice de changement de temps, bien que, comme dans tous les cas du même type, le passage du front puisse se faire à une certaine distance de l'observateur, ce qui ne change guère les conditions locales.

INDICES MÉTÉO

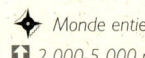

◆ *Monde entier*
↕ *2 000-5 000 m*
◉ *Élévation d'une vaste masse d'air suivie de condensation conjuguée à une atmosphère instable et à un cisaillement de vent*
➤ *Peut indiquer l'approche d'un système de fronts*

Ces petits galets en forme de flocons ressemblent aussi à des écailles de poisson.

Nuages de moyenne altitude

Altocumulus castellanus

CE NUAGE doit son nom aux protubérances crénelées qui se dessinent dans le ciel, tels les créneaux d'un château fort (*castellum* en latin). Cette formation n'a rien de spectaculaire, mais elle est intéressante, car elle signale une instabilité dans les couches moyennes de l'atmosphère et annonce parfois l'arrivée d'un orage dans la journée. Le castellanus se développe quand une couche d'air plus froid traverse une zone d'altocumulus. Cela crée une instabilité, et des bulles d'air localisées commencent à s'élever de la couche nuageuse. La condensation qui s'opère dans ces poches d'air produit l'effet castellanus. Toute convection ultérieure venant du sol sera renforcée par cette instabilité à l'étage moyen. Les cumulus qui prennent naissance dans ces zones se transformeront plus facilement en cumulonimbus. C'est pour cette raison que les météorologues sont toujours attentifs à l'annonce de castellanus. Si plusieurs observateurs au sol ont constaté la formation de castellanus en milieu de journée, il y a de fortes probabilités pour qu'un orage éclate en fin d'après-midi, à la suite du réchauffement de la terre.

Comme la formation d'altocumulus castellanus s'accompagne de courants d'air verticaux, les pilotes d'avion savent qu'il y aura des turbulences légères à modérées en traversant ces nuages, mais cela ne présente aucun danger pour la sécurité aérienne.

INDICES MÉTÉO

M

◆ Monde entier

▮ 2 000-5 000 m

◉ Élévation d'une grande masse d'air suivie de condensation et conjuguée à une instabilité

➤ Orage possible en fin de journée

Les courants de convection engendrent des nuages crénelés.

air froid

courants d'air soulevés

Nuages de moyenne altitude

Altocumulus lenticularis

LES ALTOCUMULUS lenticularis sont ainsi nommés à cause de leur aspect diffus, arrondi, semblable à une amande ou à une lentille (*lenticularis* signifie lenticulaire en latin).
Ces nuages de moyenne altitude ont parfois des formes étonnantes qui font la joie des météorologues et des photographes, et qui ont très certainement été pris pour des ovnis pendant des années.
Quand le vent souffle sur un massif montagneux, il a tendance à former des ondes sur le versant abrité.
Ce phénomène, appelé effet d'onde orographique, est invisible en général, mais, quand il y a de l'humidité à la crête de ces ondes, des altocumulus lenticularis se forment là où le vent se lève et se dispersent là où il tombe. Comme les montagnes ont presque toujours un relief irrégulier et que la force du vent varie selon l'altitude, les ondes ainsi produites ont souvent des distances variables entre leurs crêtes (on parle de longueur d'ondes), et les nuages qu'elles engendrent suivent un tracé irrégulier.
Mais, si la montagne a un relief assez régulier et que le vent souffle à une vitesse constante perpendiculairement aux massifs, les crêtes des ondes et tous les nuages qu'elles produisent forment un tracé régulier.
De plus, s'il y a des couches alternées d'air humide et d'air sec au-dessus des montagnes, les nuages peuvent s'empiler comme des assiettes.
Si le vent qui provoque ces mouvements ondulatoires souffle à une vitesse quasi constante, la nébulosité restera à peu près stationnaire dans le

INDICES MÉTÉO

- Fréquent au-dessus des massifs montagneux
- 2 000-5 000 m
- Masse d'air obligée de s'élever jusqu'au point de condensation pour franchir une montagne
- Pluie fine ou neige ; vents forts
- Turbulences moyennes au niveau des nuages

Des altocumulus lenticularis restent stationnaires tandis que le vent traverse la masse nuageuse, provoquant et dissipant constamment la condensation.

Nuages de moyenne altitude

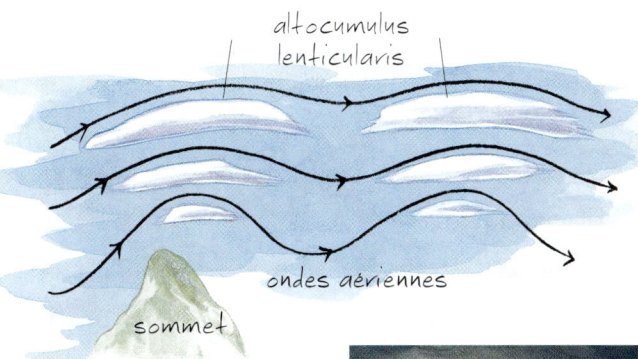

altocumulus lenticularis
ondes aériennes
sommet

Surf sur les ondes

Le mouvement de « montagnes russes » de l'air, rendu visible par la formation de ces nuages, peut engendrer de grosses turbulences, et les avions de ligne devront essayer d'éviter ces zones. Les pilotes de planeur à haute altitude font parfois l'inverse : ils recherchent ces nuages, qui signalent une source d'ascension pour le planeur. Les planeurs peuvent surfer sur ces vagues et maintenir leur altitude en restant du côté ascendant de la crête. Ces nuages apparaissent presque partout dans le monde et peuvent se former sur de petites montagnes. On en a de bons exemples avec les vents chargés d'humidité qui viennent de l'Atlantique, traversent l'Espagne et se heurtent aux Pyrénées. Mais les nuages les plus spectaculaires sont produits par les grandes chaînes de montagnes, comme l'Himalaya, les Andes et les Rocheuses.

ciel pendant de longues périodes. En règle générale, les altocumulus lenticularis n'annoncent pas de perturbations notoires, mais, de temps à autre, s'il y a un taux d'humidité suffisant dans l'atmosphère, ces nuages peuvent s'épaissir jusqu'à donner une pluie fine ou des chutes de neige quand la température est inférieure à 0 °C. Comme ces nuages sont associés à des vents forts à moyenne altitude, ils peuvent annoncer du vent au niveau du sol.

Superbe altocumulus lenticularis au-dessus des Orcades du Sud, dans l'Antarctique.

Nuages de haute altitude

Cirrus

LE MOT LATIN *cirrus*, filament, désigne les nuages de haute altitude qui s'effilochent en écheveaux délicats dans le ciel. Ces formations indiquent un certain degré d'humidité dans les couches élevées de l'atmosphère. À cette altitude, la température est en général inférieure au point de congélation, et les masses d'air qui se refroidissent jusqu'à saturation produisent des particules de glace au lieu de gouttes d'eau. Les cirrus sont donc composés de millions de cristaux de glace et sont propulsés par des vents de haute altitude qui produisent ces traînées blanches. Les cirrus les plus remarquables sont les cirrus intortus, aux enchevêtrements capricieux, et les cirrus uncinus, en forme de crochet *(voir p. 213)*. Moins fréquents mais tout aussi spectaculaires sont les cirrus radiatus, formés de longues bandes parallèles qui semblent rayonner à partir d'un point situé à l'horizon. Les cirrus peuvent constituer des bancs isolés ou couvrir en partie le ciel, selon le taux d'humidité. Les formations isolées n'annoncent rien de particulier, mais les couches étendues qui se développent dans une certaine direction peuvent signaler l'arrivée d'un front. Les cirrus apparaissent parfois à la suite d'orages localisés. L'enclume qui se dessine au-dessus d'un cumulonimbus *(voir p. 200)* est en réalité un cirrus.

Elle résulte de l'humidité que l'orage amène jusqu'au sommet de la troposphère, où elle se transforme en cristaux de glace. Une fois que le cycle orageux est parvenu à son terme, des vents à haute altitude peuvent disperser l'enclume dans le ciel, produisant ainsi de vastes formations de cirrus parfois très éloignées du lieu de l'orage.

INDICES MÉTÉO

- Monde entier
- Au-dessus de 5 000 m
- Saturation de l'air dans les couches élevées
- Une vaste formation peut annoncer le passage d'un système de fronts ou signaler la fin de l'activité orageuse

Cirrus intortus au-dessus de Sydney, en Australie (ci-dessus). Un cirrus radiatus (à droite) semble surgir d'un point de l'horizon.

Nuages de haute altitude

Cirrus uncinus

CE TYPE DE NUAGE souvent spectaculaire est aussi appelé cirrus crocheté (*uncinus* signifie crochet en latin). Le cirrus uncinus se forme de la même façon que les autres types de cirrus.
Toutefois, son aspect filamenteux résulte d'un vent fort qui souffle sous la couche où naissent des cristaux de glace.
À mesure que les cristaux tombent sous l'effet de la pesanteur, le vent les disperse très rapidement à travers le ciel, ce qui donne au nuage cette forme effilée et crochetée.
Comme tous les autres cirrus, l'uncinus est engendré par une forte humidité, et donc souvent associé au passage d'un système de fronts.
Comme il signale aussi qu'un vent fort souffle à haute altitude, il peut indiquer la présence d'un courant-

INDICES MÉTÉO

◆ Monde entier
↕ Au-dessus de 5 000 m
⊙ Saturation de l'air à haute altitude conjuguée avec un vent fort sous les nuages
➤ Peut indiquer le passage d'un front

jet, ou jet-stream *(voir p. 31)*. Le cirrus uncinus ne correspond pas à des conditions météorologiques particulières au sol, bien qu'on puisse voir de la neige tomber juste sous le nuage.
Comme elle s'évapore avant d'atteindre le sol, elle est donc considérée comme une virga *(voir p. 220)*. Ces nuages indiquent en général des vents forts ; c'est pourquoi les pilotes d'avion les associent souvent aux turbulences. Mais, dans la plupart des cas, ces perturbations ne sont pas très gênantes pour eux ni pour les passagers.

Les cirrus uncinus ont la forme d'un crochet ou d'une griffe. Parfois, ils présentent un flocon assez dense prolongé obliquement par une traînée fibreuse plus ou moins ténue.

Nuages de haute altitude

Cirrus Kelvin-Helmholtz

AVEC LEUR FORME de spirale horizontale élancée, les cirrus Kelvin-Helmholtz figurent parmi les nuages les plus caractéristiques. Mais ils ont tendance à se dissiper une ou deux minutes seulement après s'être formés, de sorte qu'ils sont difficiles à observer.

Ce type de cirrus doit son aspect à un cisaillement de vent particulier, provoqué par le glissement d'une couche d'air sur une autre couche qui se déplace à une vitesse ou dans une direction différente (ou les deux). Cela provoque des tourbillons verticaux qui produisent un tracé régulier d'ondes aériennes *(voir p. 205)*. Dans la plupart des cas, le cisaillement de vent engendre une série de couches nuageuses qui ondulent à la crête des ondes. Mais, dans le cas des cirrus Kelvin-Helmholtz, les tourbillons sont plus puissants et propulsent les nuages au-dessus des crêtes avant de redescendre sur l'autre face, de sorte que les ondes se « brisent » comme les vagues de l'océan déferlent sur le rivage. En effectuant un mouvement de rotation complet, ces ondes suivent un tracé en spirale. Cette forme d'instabilité se produit

INDICES MÉTÉO

◆ Monde entier
↕ Au-dessus de 5 000 m
◎ Saturation d'air à haute altitude associée à un cisaillement de vent
➤ Aucun
⚠ Turbulences modérées à fortes au niveau des nuages

aussi dans la couche supérieure de l'atmosphère terrestre. Ce processus a été décrit pour la première fois à la fin du XIXe siècle par le physicien britannique lord Kelvin (1824-1907) et le physicien allemand Hermann von Helmholtz (1821-1894), d'où le nom du nuage.
Les ondes Kelvin-Helmholtz sont sans doute plus fréquentes dans les couches élevées de la troposphère, mais en général l'humidité y est insuffisante pour donner des nuages et rendre visible leur tracé.
La présence de ces cirrus indique qu'un cisaillement de vent risque de provoquer des turbulences modérées à fortes au niveau des nuages. En l'absence de nuages, le même phénomène peut engendrer des turbulences d'air pur à haute altitude. Comme elles sont invisibles et qu'elles ne sont pas signalées par les radars, les avions risquent de les rencontrer inopinément.

Nuages de haute altitude

Cirrostratus

LE CIRROSTRATUS est une couche uniforme de cirrus recouvrant une grande partie du ciel. Comme les autres cirrus, il se développe quand une masse d'air humide est propulsée à une altitude où elle se refroidit jusqu'à saturation en formant des cristaux de glace. Dans le cas des cirrostratus, ce processus se développe à grande échelle.
Les météorologues distinguent plusieurs types de cirrostratus. Les plus courants sont le fibratus et le nebulosus. Le premier se présente en longs filaments, appelés stries, qui s'étendent sur une grande partie du ciel. L'aspect uniforme de ces nuages est dû aux cristaux de glace soulevés par des vents forts et réguliers à haute altitude.
Dans le cas du cirrostratus nebulosus, le soulèvement qui engendre le nuage est très faible, et la couche de particules de glace qui en résulte, très mince, avec des contours diffus, difficiles à discerner, et un manque de texture ou de détail apparent commun à tous les cirrus. Le seul signe de cette formation nuageuse est souvent marqué par une légère baisse d'intensité des rayons solaires. Quand il se présente en couche très mince, le cirrostratus nebulosus donne souvent des halos, des parhélies et une irisation *(voir p. 259-261)*. Les formations de cirrostratus provoquent parfois des averses de neige, qui s'évaporent avant d'atteindre le sol et sont alors considérées comme des virgas *(voir p. 220)*. Une formation de cirrostratus se développant dans une certaine direction indique une humidité croissante à haute altitude et annonce parfois le passage d'un front froid. Les formations de cirrostratus peuvent créer de légères turbulences au niveau des nuages, mais celles-ci ne risquent pas de gêner la circulation aérienne.

INDICES MÉTÉO
2
◆ Monde entier
⬆ Au-dessus de 5 000 m
◉ Saturation d'une grande masse d'air à haute altitude
➤ Le nuage qui s'épaissit peut annoncer l'approche d'un système de fronts

Le cirrostratus fibratus (ci-dessus) a l'aspect de filaments.
Le cirrostratus nebulosus crée souvent des effets optiques (droite).

Nuages de haute altitude

Cirrocumulus

Les cirrocumulus, comme les cirrostratus *(voir p. 215)*, se développent quand une grande masse d'air humide dans une couche élevée de l'atmosphère atteint le point de saturation et forme des cristaux de glace. Les cirrocumulus se distinguent des cirrostratus par la présence d'une instabilité au niveau des nuages. C'est ce qui leur donne leur aspect cumuliforme. Quand elle est isolée, cette formation nuageuse n'a pas grande signification. Mais, si elle augmente régulièrement pendant un certain temps, elle peut annoncer un système de fronts.

INDICES MÉTÉO

◆ Monde entier
◧ Au-dessus de 5 000 m
◉ Saturation d'une grande masse d'air à haute altitude conjuguée à une instabilité au niveau des nuages
➤ Une nébulosité croissante peut indiquer l'arrivée de fronts

Le cirrocumulus est l'un des nuages les plus attractifs, avec des motifs souvent étonnants qui peuvent s'étirer dans le ciel sur des centaines de kilomètres. L'un des cirrocumulus les plus étonnants est le cirrocumulus undulatus, qui apparaît en minces couches ondulantes dans le ciel. Comme pour les autres formes d'undulatus, ces ondulations sont produites par des ondes atmosphériques dues à des cisaillements de vent *(voir p. 205)*. Mais le cirrocumulus undulatus a un aspect beaucoup plus fin. Cela est dû, d'une part, au fait que les ondes atmosphériques formées à haute altitude ont tendance à avoir une plus grande longueur que celles formées dans les couches moyennes, d'autre part, à la distance plus grande entre la formation nuageuse et l'observateur au sol.

Cirrocumulus undulatus (ci-dessus). Formation de cirrocumulus illustrée par Charles Blunt dans son livre de 1849 The Beauty of the Heavens *(à gauche).*

Nuages de haute altitude

Traînées de condensation

CETTE FORMATION est exceptionnelle, car il ne s'agit pas d'un phénomène naturel mais plutôt d'un cirrus artificiel dû à la circulation aérienne à haute altitude. Les moteurs à réaction produisent en effet des gaz d'échappement qui introduisent des noyaux de condensation. Quand un avion se trouve dans les couches élevées de la troposphère, où la température est très inférieure à 0 °C et l'air sursaturé, les gouttelettes se condensent sous forme de cristaux de glace en formant un nuage artificiel. Il arrive souvent que l'air environnant contienne peu d'humidité, ce qui donne un nuage fin, éphémère et invisible depuis la Terre. Mais, si la masse d'air est proche du point de saturation, le nuage sera beaucoup plus étendu et persistera environ trente minutes. C'est cette formation visible que l'on appelle traînée de condensation. Pour le météorologue, une traînée visible est parfois une indication utile, car elle révèle la présence d'un taux d'humidité élevé, qui peut annoncer à son tour l'approche d'un système de fronts.

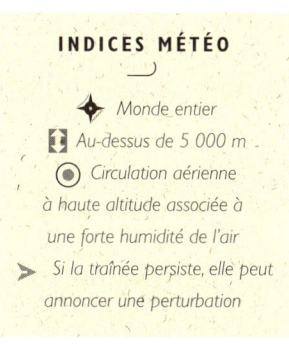

INDICES MÉTÉO

◆ Monde entier
↕ Au-dessus de 5 000 m
◉ Circulation aérienne à haute altitude associée à une forte humidité de l'air
➤ Si la traînée persiste, elle peut annoncer une perturbation

Les traînées de condensation ont aussi une importance sur le plan militaire et stratégique, car elles révèlent la présence et la situation d'avions à haute altitude qui sont normalement invisibles à l'œil nu. De nombreux témoins de la bataille d'Angleterre, durant la Seconde Guerre mondiale, ont observé jour après jour les traînées de condensation dans le ciel britannique, pendant que la Luftwaffe et la Royal Air Force s'affrontaient dans les couches supérieures de la troposphère.

Des traînées de condensation persistantes annoncent parfois le passage d'un front.

Précipitations

Pluie

Pluie

LA PLUIE est définie comme une précipitation qui atteint le sol sous forme liquide. À l'origine, la pluie se développe en particules d'eau ou de glace au sein des nuages *(voir p. 46)*. Ces particules grossissent suffisamment pour tomber du nuage sous l'effet de la pesanteur, les cristaux de glace fondant avant d'atteindre le sol. Des gouttes d'eau ou des cristaux de glace tombent parfois des nuages mais s'évaporent dans l'air. Cela crée un effet qui ressemble à une frange sombre suspendue à la base des nuages. Ce phénomène, appelé virga, se produit quand il y a une couche épaisse d'air sec ou une couche mince d'air très sec sous le nuage.

INDICES MÉTÉO

- Partout, sauf dans les régions polaires
- Particules d'eau ou de glace qui tombent des nuages sous l'effet de la pesanteur
- Humidité croissante au niveau du sol
- ⚠ Des pluies incessantes risquent de provoquer des inondations

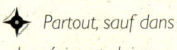

Comme la virga n'atteint pas le sol, elle ne peut être classée dans la catégorie des précipitations. Mais l'évaporation qui en est à l'origine augmente la vapeur d'eau dans la couche d'air sec, ce qui rend d'autant plus probables les chutes de pluie ultérieures qui atteindront le sol.

CLASSIFICATION DES PLUIES

La pluie qui atteint le sol peut avoir plusieurs définitions. Les précipitations liquides sont répertoriées selon la grosseur des gouttes et le degré de visibilité correspondant. La pluie composée de gouttes d'eau entre 0,1 et 0,5 mm de diamètre

Une averse isolée tombant d'un cumulus congelus.

Pluie

Averse soudaine au pont d'Ohashi, à Ataka (Japon), par Ando Hiroshige (1797-1858).

tombant de manière rapprochée s'appelle de la bruine. La bruine est qualifiée de faible, modérée ou forte, en fonction de la visibilité. Des gouttes de pluie plus grosses (0,5 à 5 mm), ou plus petites et très espacées, constituent une pluie faible, modérée ou forte selon la quantité et la visibilité. Cette classification est précise mais inexploitable pour un météorologue amateur. Une distinction plus simple et plus pratique, adoptée dans certains pays, définit le type de précipitation en fonction du nuage qui la produit. Dans ce système, les précipitations liquides entrent dans la catégorie des pluies ou des averses. La pluie correspond aux précipitations qui proviennent de nuages stratiformes, notamment les stratus et les altostratus *(voir p. 190, 204)*. Ces nuages couvrent en général une grande partie du ciel, de sorte que les pluies issues de nuages stratiformes ont tendance à s'étendre et à durer un certain temps. Les averses proviennent de nuages cumuliformes *(voir p. 196-203)*. Elles ont tendance à être localisées et ne durent parfois qu'une minute. Mais certaines averses sont violentes, en particulier quand elles sont associées à des orages. Le temps sec entre deux averses dure normalement bien plus longtemps que l'averse elle-même. Mais, s'il y a une forte nébulosité, plusieurs averses peuvent se succéder entre des périodes très courtes de temps sec. Les inondations peuvent être provoquées par la pluie qui vient des nuages stratiformes et les averses provenant des nuages cumuliformes *(voir p. 228)*. Les pluies persistantes peuvent provoquer des inondations sur des surfaces étendues, alors que les averses violentes risquent plutôt de provoquer des inondations isolées telles celles de Vaison-la-Romaine, Nîmes ou Béziers.

Bruine issue de stratus (ci-dessus). Les averses dues à des nuages cumuliformes sont courtes et violentes sous les tropiques (ci-dessous).

Pluie verglaçante

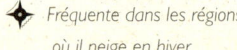

Pluie verglaçante

EN HIVER, quand les températures au niveau des nuages sont inférieures à 0 °C, les particules d'eau qui tombent des nuages sont très froides *(voir p. 40)*, si bien qu'elles se glacent dès qu'elles entrent en contact avec une couche d'air plus froid ou une surface dont la température est inférieure à 0 °C. C'est cette sorte de précipitation que l'on appelle pluie verglaçante.

Dans le cas où la pluie se transforme en minuscules boules de glace dans l'air, le grésil tombe sous forme d'averses. Le diamètre du grésil est plus faible que celui de la grêle. Il rebondit sur un sol dur mais ne se brise pas.

INDICES MÉTÉO

- Fréquente dans les régions où il neige en hiver
- Gouttelettes d'eau traversant un air glacé ou tombant sur un sol gelé
- Dépôts de glace au niveau du sol
- ⚠ Surfaces glissantes, concrétions de glace sur les routes, les avions et les navires

La différence la plus importante entre les divers types de précipitations verglaçantes réside dans la forme des particules de glace du grésil et de la grêle *(voir p. 226)*. Cette dernière ne se développe que dans un nuage d'orage (le cumulonimbus), alors que le grésil provient de tous les nuages qui peuvent donner de la pluie, quand l'air est assez froid.

CONDITIONS DE SURFACE

Quand de grosses gouttes d'eau froide tombent sur un sol gelé, l'impact a tendance à les disloquer avant qu'elles ne gèlent, recouvrant la surface d'une couche de verglas. Ce type de glace présente un danger, car il est extrêmement difficile de conduire ou même de marcher dans ces conditions. L'accumulation sur des objets exposés pendant de très fortes chutes de verglas peut provoquer d'importants dégâts, tels que la rupture de fils électriques ou de branches d'arbres.

Les gouttes d'eau très froide tombant des nuages peuvent geler en traversant une épaisse couche d'air froid et former de minuscules particules de glace.

Pluie verglaçante

Givre sur les arbres et l'herbe (ci-dessus). Gros plan du givre sur les fleurs (à gauche).

Les particules d'eau très froide qui tombent sur un sol glacé ont tendance à geler immédiatement au contact du sol en retenant des bulles d'air. Cela donne un revêtement opaque et granuleux que l'on appelle givre et qui n'est pas aussi glissant que le verglas.

Les particules de glace éclatent en touchant le sol et s'éparpillent. Mais, si elles ne sont pas complètement gelées, l'eau qu'elles contiennent se répand à terre et forme du verglas en gelant. Si elles sont portées par un vent fort, ces particules de glace piquent la peau exposée au grand air, ce qui est très désagréable. Le verglas ainsi formé fond normalement en quelques heures. Mais, parfois, il persiste pendant des jours. Le record a été enregistré pendant l'hiver 1969, dans le Connecticut, aux États-Unis, où le verglas est resté sur les arbres pendant six semaines.

Ces gouttelettes d'eau très froide ont gelé en atteignant le sol.

Les pluies verglaçantes ont des effets très désagréables, mais leur principal danger est la formation de glace sur les avions et les navires. Si un avion traverse un nuage très froid, la glace va se former sur son fuselage, ce qui réduit d'autant sa vitesse et son aérodynamisme. L'accumulation de glace sur les mâts d'un voilier en haute mer risque de le faire chavirer.

Neige

UN PAYSAGE enveloppé dans un épais manteau de neige fraîche est l'un des plus beaux spectacles de la nature. Les chutes de neige sont fréquentes durant les mois d'hiver en Europe et en Amérique du Nord, et les neiges éternelles recouvrent les plus hauts sommets de la planète. Le sommet du Kilimandjaro, en Tanzanie, est en permanence recouvert de neige bien qu'il soit situé à 3° sud de l'équateur. La neige apparaît sous l'aspect de cristaux de glace, qui se forment dans un nuage quand la vapeur d'eau gèle autour de particules solides dans les couches moyenne et supérieure de l'atmosphère, où la température est très inférieure à 0 °C. Les cristaux de glace s'assemblent peu à peu en formant des flocons de neige. Quand ces flocons sont assez gros, ils tombent au sol.

Les cristaux de glace adoptent des formes très variées selon la température et l'humidité

Beaucoup de cristaux de neige ont une forme hexagonale, mais certains ont la forme de triangles, de colonnes ou d'aiguilles.

INDICES MÉTÉO
✳

✦ *Fréquentes aux moyennes latitudes, mais également possibles près de l'équateur en altitude*

⊙ *Cristaux de glace amassés dans les nuages, qui tombent en traversant de l'air froid*

➤ *Basses températures et amas de neige au niveau du sol*

⚠ *Neige et vents forts entraînent blizzards, congères et avalanches*

de la masse d'air environnante. L'invention du microscope a permis d'admirer la beauté et la diversité de ces cristaux. Un fermier américain, William Bentley (1865-1931), a photographié des milliers de cristaux de glace au microscope et constaté qu'en dépit de leurs similitudes il n'y a pas deux cristaux pareils. Pour pouvoir examiner les cristaux séparément, Bentley recueillait les flocons sur un plateau recouvert de velours, les isolait avec une sonde et les manipulait avec une plume.

TEMPÉRATURE DE LA NEIGE

La neige qui tombe d'un nuage fond souvent dans l'air et atteint le sol sous forme de pluie. Mais la fonte des neiges dégage une chaleur latente de l'air, ce qui entraîne son refroidissement et permet aux chutes de neige ultérieures d'atteindre le sol. Il est intéressant de noter que les conditions idéales pour qu'il neige sont des températures proches de 0 °C ou juste inférieures, mais pas plus basses. Car, plus la neige est chaude, plus elle contient

Neige dans le Sequoia National Park, en Californie (ci-dessus), et à Colorado Springs, aux États-Unis (à gauche).

d'humidité, et plus les flocons sont gros. Une température proche de 0 °C permet à la neige de fondre, de geler à nouveau et de former de plus gros flocons.

Les écarts très faibles de température qui indiquent la différence entre la neige et la pluie ne facilitent pas l'exactitude des prévisions.

La neige peut rester au sol sous diverses formes, en fonction du vent, de la température et de l'humidité. Les températures très inférieures au point de congélation produisent de petits flocons poudreux qui offrent des conditions idéales pour la pratique du ski. Les flocons qui se forment à une température proche de 0 °C, plus gros et moins durs, ont tendance à coller à la surface. Des vents forts poussent parfois la neige, qui s'amasse dans les creux et contre les maisons en formant des congères.

Une fois que la neige est tombée, elle peut fondre ou reglacer, durcir et devenir plus compacte.

En montagne, l'accumulation de neige peut déclencher des avalanches, qui dévalent les pentes en balayant tout sur leur passage. Elles résultent souvent de nouvelles chutes de neige poudreuse et molle sur une base dure formée par les chutes de neige précédentes.

Le blizzard est plus fréquent et tout aussi dangereux. Il résulte de la conjonction de fortes chutes de neige, de basses températures et de vents violents, et peut bloquer des villes entières.

Dans les pays où sévissent ces intempéries, l'annonce d'un blizzard est l'une des prévisions météorologiques les plus importantes. L'exactitude des prévisions permet d'éviter les accidents en incitant les gens à rester chez eux pendant la tempête et en avertissant les équipes de secours avant que le temps se gâte.

Grêle

LA GRÊLE est peut-être le type de précipitation le plus destructeur. Les morceaux de glace produits par des orages sont chaque année responsables d'accidents corporels et de dégâts matériels considérables dans le monde entier. La grêle est formée de gouttes d'eau glacée *(voir p. 40)* qui sont diffusées dans la zone de courant d'air ascendant d'un cumulonimbus. En traversant des zones de température et d'humidité différentes, ces gouttes d'eau se recouvrent d'amas de glace. Quand la température est juste au-dessous de 0 °C et qu'il y a beaucoup de particules d'eau en surfusion, des couches de givre se forment.

INDICES MÉTÉO

- Très fréquente
- Formation de grêlons dans un nuage d'orage
- Tonnerre, éclairs et averse
- Risques pour la sécurité aérienne, la population et les biens matériels

Dans les parties de nuage les plus froides, où les gouttes d'eau sont moins nombreuses et plus petites, la congélation est si rapide qu'elles retiennent des bulles d'air formant un givre opaque. Ce phénomène s'accentue quand les grêlons fondent ou se glacent en croisant de l'air plus chaud ou plus froid.

Un grêlon a en général la taille d'un petit pois, mais certains peuvent atteindre la grosseur d'une balle de golf ou d'une orange. Leur taille dépend du temps que le grêlon passe dans le cumulonimbus – on a vu des grêlons composés de 25 couches de glace successives. La grêle

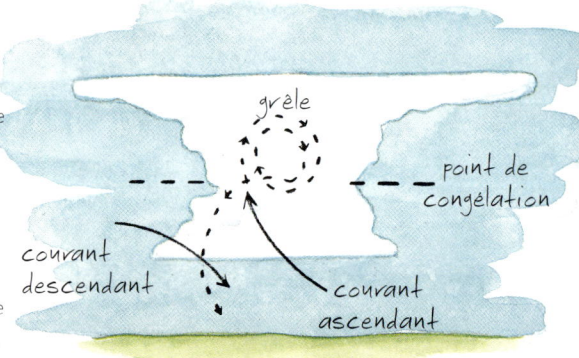

Les grêlons (à gauche) forment des couches successives de glace opaque et transparente sur une goutte d'eau. Cette coupe polarisée d'un des plus gros grêlons jamais vus (en bas à gauche), de la taille d'un pamplemousse, montre bien les différentes couches.

Grêle

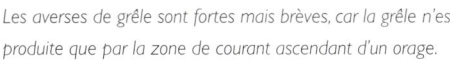

Les averses de grêle sont fortes mais brèves, car la grêle n'est produite que par la zone de courant ascendant d'un orage.

finit par tomber des nuages, quand elle devient trop lourde pour être soulevée par des courants ascendants ou quand ces courants faiblissent, ou encore quand elle est écartée de la zone des courants ascendants. La formation de la grêle nécessite de forts courants ascendants associés aux orages de printemps et d'été. Mais elle atteint rarement le sol dans les régions tropicales, où la chaleur fait fondre les grêlons. Les orages qui donnent de la grêle sont donc plus fréquents sous les latitudes tempérées, et causent de graves dégâts, surtout dans le centre de l'Amérique du Nord.

Au XIXe siècle, les paysans tiraient au canon dans les nuages pour détourner les averses de grêle.

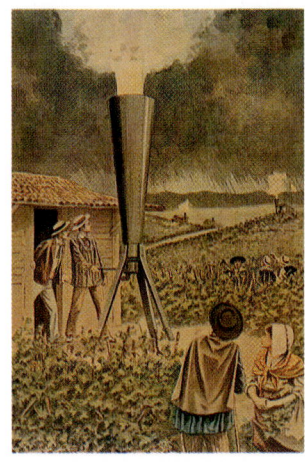

Records de grêle

En 1888, en Inde du Nord, une averse avec des grêlons de la grosseur d'une balle de tennis fit 250 morts et décima des troupeaux. Plus récemment, en 1986, une averse de grêle au Bangladesh a donné des grêlons de 1 kg qui ont fait 92 victimes. La grêle occasionne des dégâts matériels considérables. Les voitures sont particulièrement vulnérables et les assurances doivent rembourser des centaines de millions de francs chaque année.

Les averses de grêle sont aussi dangereuses pour la circulation aérienne, bien que les radars embarqués réduisent le risque. Une averse de grêle peut être signalée à l'approche d'un cumulonimbus par la teinte verdâtre à la base du nuage ou le blanchiment d'une averse. Si l'on annonce de la grêle, il faut s'abriter et rentrer les animaux domestiques. Les averses de grêle, heureusement, ne durent jamais longtemps, car elles se produisent dans une petite portion d'un orage qui se déplace.

Inondations

Inondations

LES INONDATIONS font souvent beaucoup de victimes et de dégâts matériels. Elles sont responsables de 40 % des accidents mortels dus aux catastrophes naturelles à travers le monde. Mais, dans certaines régions du globe, les inondations font partie du cycle naturel des saisons. Pendant des siècles et des siècles, les crues du Nil ont fait prospérer l'agriculture, donc la civilisation *(voir p. 62)*. De nos jours, de nombreuses zones tropicales sont tributaires des crues annuelles, qui fertilisent les cultures et reconstituent les réserves d'eau pour la saison sèche *(voir p. 150)*.

INDICES MÉTÉO
- Répandues sur tous les continents, sauf l'Antarctique
- Trombes d'eau localisées ou pluies abondantes sur une longue période
- Fortes pluies, humidité accrue, glissements de terrain
- Peuvent provoquer de gros dégâts matériels et des pertes en vies humaines

Les inondations résultent d'un certain nombre de conditions météorologiques.
On en distingue deux grands types : les crues éclair et les inondations étendues. Chacune a une origine, des caractéristiques et une durée différentes.

CRUES ÉCLAIR
Les crues éclair se produisent lorsque des pluies intenses et brèves ne parviennent pas à se disperser par infiltration, ruissellement ou écoulement. La cause la plus fréquente de ces inondations

Les inondations peuvent être soudaines (ci-dessus) ou massives, comme le déluge évoqué dans la Bible, au livre de la Genèse. Sur cette fresque vénitienne (à gauche), Noé envoie une colombe à la recherche de la terre.

Inondations

Inondations à Tewkesbury, en Angleterre, en 1995 (ci-dessus). Les conséquences des crues éclair de Johnstown, en Pennsylvanie, États-Unis, en 1889 (à droite).

est un orage qui se déplace lentement et peut déverser d'énormes quantités d'eau sur une zone limitée en très peu de temps.
Les orages qui se déplacent rapidement sont moins gênants à cet égard, car ils donnent de la pluie sur une zone plus étendue.
Les crues éclair se produisent souvent dans les vallées et les gorges. Quand de l'air humide est poussé vers la montagne, il s'élève et peut provoquer un orage accompagné des pluies torrentielles.
Si le vent maintient l'orage stationnaire, l'eau peut ruisseler sur les pentes de la montagne et descendre jusqu'au fond de la vallée. Les gorges sont comme des entonnoirs qui accélèrent le débit de l'eau, dont la force emporte tout sur son passage.
Un fleuve comme l'Ardèche, en France, est connu pour ses crues violentes, qui peuvent parfois dévaster des campings entiers.
Les dernières crues éclair catastrophiques qui ont touché la France se sont produites en octobre 1988 à Nîmes (31 victimes), en septembre 1992 à Vaison-la-Romaine, en janvier 1996 à Béziers.
Il est surprenant de voir que des orages qui s'éloignent lentement peuvent aussi provoquer des crues soudaines dans le désert. La terre dure et sèche absorbe très peu la pluie : c'est pourquoi une trombe d'eau isolée peut transformer en un court laps de temps le lit d'une rivière à sec en un torrent tumultueux.
Pour ces mêmes raisons, les crues éclair se produisent de plus en plus fréquemment dans les villes. Plus la terre est recouverte d'asphalte et de ciment, et moins la pluie peut s'infiltrer. Une fois que les caniveaux débordent, l'eau ne tarde pas à envahir les rues et les avenues.
Les crues éclair sont parfois dues aux structures mêmes qui ont été mises en place pour les contenir. Les barrages et les digues sont efficaces, mais

Inondations

Les inondations massives font souvent sortir les cours d'eau de leur lit, détruisant des ponts (ci-dessus) et isolant le bétail (à gauche).

(voir p. 34), qui donne des pluies durables sur une vaste étendue. Ces inondations prennent souvent naissance près d'un cours d'eau, qui va sortir de son lit et recouvrir les terres alentour en imbibant progressivement le sol.
Contrairement aux crues éclair, ce type d'inondation peut mettre plusieurs semaines à atteindre sa cote maximale. Ainsi, à Paris, en janvier 1910, la crue de la Seine transforma certaines artères de la capitale en canaux vénitiens !
Aujourd'hui, des services spécialisés surveillent avec les météorologues le niveau des cours d'eau lors de précipitations abondantes. Cette prévention permet de cerner les risques d'inondations, mais il est toujours très difficile de les éviter ou de les endiguer.
Les cyclones sont l'une des principales causes d'inondations massives dans les régions côtières et les terres avoisinantes. Ils déclenchent des pluies torrentielles et s'accompagnent de tempêtes en mer qui peuvent

ils ont aussi révélé leurs carences en provoquant des inondations dévastatrices. Les crues éclair peuvent être destructrices, mais elles sont de courte durée et se dispersent presque aussi vite qu'elles sont survenues. Elles ont aussi tendance à se concentrer sur une zone assez restreinte. C'est ce qui les distingue des inondations massives.

INONDATIONS MASSIVES OU ÉTENDUES
Ce type d'inondation est associé en général à un système de fronts, comme un front froid ou une zone de basse pression

Dans la mythologie chinoise, le dragon est le symbole des mers et de la pluie. Des offrandes sont présentées aux dragons-rois en période de sécheresse et pour éloigner les inondations.

Inondations

amener de grandes quantités d'eau très loin à l'intérieur des terres *(voir p. 54, 250)*.
Le cyclone faiblit au-dessus du continent et peut s'établir en une dépression qui apporte encore de la pluie. Les inondations associées aux cyclones se produisent dans le monde entier.
Les Antilles françaises sont souvent balayées par des cyclones. Hugo, en 1989, a provoqué la mort de 82 personnes et causé des dégâts considérables. En Guadeloupe, le 17 septembre 1989, on a déploré 11 morts, 107 blessés, 25 000 sans-abri et 35 000 sinistrés.
Mais ces ravages ne sont rien en comparaison des catastrophes naturelles qui frappent certaines parties de l'Asie. Au Bangladesh, en 1991, un cyclone dans le golfe du Bengale a provoqué des inondations qui ont fait 150 000 morts.

Les inondations de 1993 (ci-dessus) ont touché 15 % des États-Unis et fait 20 milliards de dollars de dégâts. Les pluies de mousson en Inde (à droite) et au Bangladesh se soldent souvent par de lourdes pertes humaines.

Le fleuve Jaune, en Chine, est sans doute le plus menacé par les crues, et on le surnomme Chagrin de la Chine. En 3 500 ans, on a dénombré 1 500 inondations majeures le long du fleuve, qui ont causé d'innombrables victimes. Celle qui s'est produite entre 1887 et 1888 a entraîné la mort de quelque 2 500 000 personnes, ce qui en fait l'inondation la plus meurtrière de l'histoire de l'humanité.
Dans ces régions sujettes aux inondations, des digues sont souvent construites sur les rives des fleuves. Certains contestent leur efficacité en invoquant le fait que les dégâts causés par leur rupture sont pires que ceux qui résultent de simples crues. Bon nombre de leurs détracteurs affirment qu'une autre approche architecturale, telle que la construction de maisons sur pilotis, serait plus efficace.
Les services météorologiques du monde entier ont fait un gros travail de contrôle des pluies et de prévision des inondations. Mais les inondations soudaines, en particulier, resteront probablement difficiles à prévoir.

Sécheresse

Beaucoup de phénomènes météorologiques sont soudains et éphémères, tandis que la sécheresse est plus insidieuse, car elle frappe progressivement une région et maintient son emprise au fil du temps. Dans les cas graves, elle peut durer de nombreuses années, envahir une grande partie d'un continent, anéantir l'agriculture et engendrer la famine.

INDICES MÉTÉO
- Se produit irrégulièrement dans les zones tempérées
- Pluviosité inférieure à la normale sur de vastes régions
- Nette progression de l'aridité dans la zone touchée ; tempêtes de sable et tourbillons de poussière
- Famine, terres et végétation endommagées, troupeaux affamés, tempêtes de sable et incendies

Contrairement à une idée répandue, la sécheresse n'est pas simplement synonyme de faibles précipitations. La pluie n'est pas équitablement répartie sur la planète, et certaines régions seront toujours moins arrosées que d'autres. Les déserts, par définition, enregistrent une faible pluviométrie. Les régions tropicales ont une saison sèche et une saison des pluies, et ne reçoivent presque pas de pluie pendant la saison sèche. La sécheresse est donc un terme relatif, fondé sur la pluviométrie moyenne pour une zone donnée à un moment de l'année. Les périodes de sécheresse peuvent être accentuées du fait de l'activité humaine, mais ce sont des phénomènes naturels auxquels il faut toujours s'attendre. Les définitions précises de la sécheresse varient énormément

Le Sahel connaît depuis plus de trente ans une sécheresse qui a engendré la famine et fait des milliers de victimes.

Sécheresse

La sécheresse qui a frappé l'Australie en 1982 et 1983 (ci-dessus et à droite) a peut-être un rapport avec le changement de température de la surface de l'océan dans le Pacifique Est – El Niño (voir p. 102-103).

d'un pays à l'autre. Aux États-Unis, le terme est utilisé quand une zone étendue reçoit 30 % ou moins de précipitations qu'en temps normal sur un minimum de vingt et un jours. En Australie, on parle de sécheresse quand une région reçoit moins de 10 % de précipitations par rapport à la moyenne annuelle, alors qu'en Inde la sécheresse est déclarée quand les précipitations annuelles sont inférieures de 75 % aux normales saisonnières.

On dit qu'il y a sécheresse en France quand moins de 0,2 mm de pluie est tombé sur une période d'au moins quinze jours.

À cause de la sécheresse, en Afrique, on prévoit qu'environ 30 à 40 % des terres sont sous la menace de la désertification. L'amélioration du climat local et l'atténuation des effets de la sécheresse en Afrique semblent nécessaires et ont des influences directes sur la vie économique.

Une période de sécheresse peut se poursuivre pendant plusieurs mois avec un retour progressif des précipitations normales. Elle peut aussi être interrompue par de fortes pluies qui provoquent des inondations. L'équilibre entre la sécheresse et les inondations qui se produisent dans de nombreuses régions du globe fait dire aux météorologues que la moyenne des précipitations est égale à une sécheresse plus une inondation divisées par deux.

Une période de sécheresse prolongée peut avoir des effets catastrophiques. La pénurie d'eau va décimer les cultures et le bétail, mettant ainsi en péril la survie économique des agriculteurs. La couche arable s'altère et devient poussiéreuse, et la végétation inflammable, ce qui crée les conditions parfaites pour déclencher des tempêtes de sable *(voir p. 249)* et des incendies *(voir p. 268)*. Dans les pays en

Sécheresse

développement, la sécheresse est parfois encore plus grave et entraîne la famine.

Le caractère cyclique de la sécheresse se conjugue souvent avec ses effets, surtout dans les régions arides et semi-arides. Une période prolongée de pluie supérieure à la moyenne risque de donner aux habitants d'une région une idée trop optimiste de la fertilité du sol. Les nomades et les agriculteurs vont étendre leurs pâturages et s'établir sur des terres auparavant inhabitables. Quand la sécheresse resurgit inéluctablement, ces gens n'y sont pas préparés.

C'est ce qui s'est passé dans les années 1960 au Sahel, en Afrique. En général, la pluviosité y est extrêmement faible, mais, au début des années 1960, il y eut une suite de saisons exceptionnelles qui ont favorisé le peuplement du désert. Puis, à la fin de la décennie, a commencé une période de sécheresse qui se poursuit encore de manière quasi ininterrompue et a entraîné la mort de milliers de personnes, victimes de la famine. Une estimation des changements de climat prévoit pour le milieu du siècle prochain une augmentation des pluies dans le Sahel, un réchauffement et une diminution des pluies en Europe méridionale.

Le temps du dénuement

La pire sécheresse de l'histoire contemporaine des États-Unis, en termes de persistance et de pertes au niveau de la production agricole, eut lieu dans les années 1930. De vastes étendues du Middle West connurent pendant près de dix ans une pluviosité bien au-dessous des normales saisonnières.

Pendant les périodes de sécheresse en Afrique, les animaux, comme l'hippopotame (à droite), se rassemblent autour des points d'eau jusqu'à ce que la pluie (ci-dessus) vienne les soulager.

Sécheresse

Les Grandes Plaines, jadis prospères, n'étaient plus qu'une région désolée et battue par les vents. Les pertes furent considérables dans le domaine agricole. Le soulagement arriva enfin en 1940, quand des pluies abondantes tombèrent sur la région. La catastrophe prit fin en 1941.

Prévoir la sécheresse

De nombreuses études ont été entreprises au cours des dernières décennies pour déterminer les causes de la sécheresse. Il semble maintenant évident que des périodes prolongées de précipitations anormalement faibles en Amérique et en Australie sont liées aux températures de la surface de l'eau à travers le Pacifique et le long de la côte occidentale d'Amérique du Sud. Celles-ci évoluent rapidement, ce qui peut expliquer l'irruption soudaine de périodes de sécheresse.

La sécheresse au pays de Galles en 1989 (en haut) a fait resurgir d'anciennes habitations englouties lors de la construction de ce réservoir. La grande sécheresse des années 1930 (à droite) fut à l'origine de migrations massives à l'intérieur des États-Unis.

Le phénomène El Niño est le plus connu de ces effets *(voir p. 104)*. Il a probablement affaibli les alizés venant du Pacifique Est. Étant donné que ces vents apportent normalement de l'humidité au Pacifique Ouest, El Niño est sans doute à l'origine des périodes de faible pluviosité en Australie orientale.

Le rapport établi par les météorologues entre les températures à la surface des océans et la sécheresse constitue un progrès enthousiasmant pour les prévisions à long terme. Les gouvernements, les services d'urgence et les agriculteurs pourront désormais prendre des mesures préventives, comme le rationnement de l'eau, la sélection des cultures et le brûlage des terres bien avant l'arrivée de la sécheresse.

Tempêtes

Orages

L E CUMULONIMBUS, ce superbe nuage en forme d'enclume, au stade de maturité, fait toujours naître un frisson mêlé de fascination, car c'est lui qui libère la pluie, le vent, la grêle et les tornades dévastatrices, ainsi que le tonnerre et la foudre. Les orages se produisent dans diverses conditions, mais ils ont plus fréquents au printemps et en été dans les zones équatoriales et tropicales. Les orages de masses d'air *(voir p. 48)* ont tendance à se produire en fin d'après-midi ou en soirée, quand le réchauffement du sol est le plus élevé.
Les orages dus à des systèmes de fronts peuvent survenir à tout moment, mais le réchauffement du sol aura tendance à accélérer leur développement.
Près de 40 000 orages éclatent chaque jour à travers le monde. La région où ils sont le plus fréquents est le sud-est des États-Unis, où certaines parties de la Floride voient des orages éclater en moyenne cent jours par an. Un orage typique peut durer jusqu'à deux heures, bien qu'il ne reste que pendant quinze à trente minutes à son stade de maturité, après quoi il commence à s'éloigner en laissant derrière lui

INDICES MÉTÉO

- Partout, sauf dans l'Antarctique ; fréquents sous les tropiques
- 600-10 500 m
- Forte convection conjuguée à une atmosphère instable
- Forte pluie ou grêle, vents forts
- Éclairs, vent, grêle et tornade ; fortes turbulences dans les nuages

La forme caractéristique de la base de cet orage estival indique de fortes turbulences.

Orages

Cette statue de Zeus brandissant la foudre date de 460 av. J.-C. Dans la mythologie grecque, Zeus était le maître des dieux mais également le dieu du ciel, donc de la pluie, des nuages et du tonnerre.

quelques traînées nuageuses de haute altitude (cirrus).

AVIS DE TEMPÊTE

Il y a plusieurs façons d'observer les signes annonciateurs d'orages. Si le relief est relativement plat et que le ciel n'est pas assombri par des stratus de basse altitude, on peut voir un cumulonimbus à 320 km à la ronde. La direction dans laquelle il avance peut être déterminée par l'observation de la forme de l'enclume *(voir p. 200)*. En général, elle comporte des parties longues et des parties courtes, la partie longue s'étirant dans la direction où soufflent les vents des couches supérieures. C'est la meilleure indication du mouvement de l'orage. Le vent de surface n'est pas un bon indice, car les orages sont affectés par la vitesse et la direction du vent à tous les niveaux de la troposphère.

Dans certains cas, quand le ciel est couvert par toutes sortes de nuages ou que le relief est montagneux, on ne peut pas voir arriver l'orage. Mais on peut détecter des orages éloignés de 160 km à l'aide d'un récepteur radio.

Réglez le récepteur pour une zone donnée sur une fréquence où il n'y a pas de transmissions, puis augmentez le volume. S'il y a un orage dans les environs, vous entendrez des sautes d'électricité statique dues aux éclairs. L'accroissement du volume d'électricité statique indique que l'orage se rapproche.

Si l'orage gronde à moins de 32 km de l'endroit où vous vous trouvez, vous devriez pouvoir l'entendre. Comme la vitesse du son et de la lumière n'est pas la même, vous pouvez déterminer approximativement la distance à laquelle se situe l'orage en calculant l'intervalle entre l'éclair et le coup de tonnerre qui suit.

En gros, un intervalle de trois secondes équivaut à une distance de 1 km qui vous sépare de l'orage. Si l'intervalle entre l'éclair et le tonnerre diminue, l'orage se rapproche, et, lorsque l'éclair et le tonnerre se produisent simultanément, vous êtes directement sous l'orage.

Orages

Éclairs entre nuages et terre

LES ÉCLAIRS sont dus à une décharge électrique au sein ou autour d'un orage *(voir p. 50)*. Les éclairs entre les nuages et la terre (en langage courant : la foudre) se produisent quand la décharge passe de la base du nuage, chargée négativement, à la terre, chargée positivement. Avec ses zébrures qui déchirent le ciel, ce type d'éclair est très spectaculaire.
Un éclair dure une fraction de seconde. Il en faut parfois une série pour décharger toute l'électricité accumulée, ce qui donne l'impression que les éclairs vacillent. Un coup de tonnerre puissant s'accompagne souvent de plus faibles grondements qui se déchargent dans l'air ou au sein du nuage. La terre et presque tous les objets solides en prise avec le sol sont meilleurs conducteurs d'électricité que l'air. C'est pourquoi les reliefs montagneux et les hautes structures comme les immeubles et les arbres attirent la foudre. Les éclairs entre les nuages et la terre partent en général de la base des nuages. Certains, plus rares, appelés éclairs positifs, se produisent quand des charges positives plus élevées au sein d'un nuage réagissent à des charges négatives au sol, en envoyant un coup de foudre très puissant. La charge est d'autant plus forte que son parcours est long.
La couleur de l'éclair indique le contenu de l'air environnant.
L'éclair est rouge s'il y a de la pluie dans le nuage et bleu s'il y a de la grêle. La présence d'un volume important de poussière dans l'atmosphère donne un éclair jaune.
L'éclair blanc indique un faible taux d'humidité ; c'est ce type d'éclair qui risque le plus de déclencher des incendies au sol.

> **INDICES MÉTÉO**
> - Partout, sauf en Antarctique ; fréquents sous les tropiques
> - Se produisent de la base des nuages vers la terre, rarement à partir du sommet
> - Décharge électrique
> - Fortes pluies ou grêle, vents forts dus aux nuages d'orage
> - La foudre peut blesser ou tuer et provoquer des incendies

charges positives — charges négatives

Orages

LA FOUDRE

Bien que seulement 20 % d'éclairs atteignent le sol, des coups de foudre se produisent plus de cent fois par seconde à travers le monde. En France, régulièrement, des personnes meurent frappées par la foudre, car près d'un coup de foudre sur quatre peut être fatal.
Il y a un certain nombre de précautions à prendre pour éviter ce genre d'accident.
Il faut si possible rester à l'abri. Quand la foudre tombe sur un immeuble, elle a tendance à suivre les circuits électriques et les canalisations, c'est pourquoi il faut éviter de toucher des tuyaux métalliques et d'utiliser du matériel électrique, un téléphone ou un ordinateur pendant un orage. L'un des lieux les plus sûrs est l'intérieur d'une voiture dont les pneus sont isolants. À bord des avions aussi, le risque est faible, car ils ne sont pas en contact avec la terre et ne peuvent donc pas conduire l'électricité.
Si vous êtes dans la nature, ne vous abritez pas sous un arbre isolé, qui a tendance à attirer la foudre. Éloignez-vous des objets métalliques, comme les clôtures en fil de fer, qui conduisent l'électricité sur de très longues distances.
Si vos cheveux commencent à se dresser, cela veut dire que vous êtes dans la zone d'électricité positive sous le nuage et que la foudre va tomber. Accroupissez-vous et baissez la tête.
Ne vous allongez pas par terre, car vous augmenteriez le contact avec les charges qui pourraient être conduites dans la terre par un sol humide.
Si quelqu'un est frappé par la foudre, appelez tout de suite un médecin et tentez de pratiquer une réanimation cardio-pulmonaire.
On croit souvent, à tort, que la foudre ne tombe jamais deux fois de suite au même endroit. Ainsi, le sommet de l'Empire State Building est touché environ 500 fois par an et l'a même été un jour 15 fois de suite en quinze minutes.

Un éclair blanc entre les nuages et la terre indique le faible taux humidité de l'air. C'est donc ce type d'éclair qui risque le plus de déclencher des incendies.

Orages

Éclairs entre nuages

LES ÉCLAIRS qui se produisent entre différents nuages sont les plus courants. On les appelle éclairs entre nuages ou éclairs en nappe. Le phénomène se produit en général au sein d'un nuage quand de l'électricité passe entre la base du nuage, chargée négativement, et le sommet, chargé positivement. Cet éclair au sein du nuage illumine ce dernier de l'intérieur. Un gros éclair peut donner une photo spectaculaire de tout un cumulonimbus, que l'on verra une demi-seconde s'il y a une série d'éclairs du haut en bas du parcours conducteur *(voir p. 50)*.

INDICES MÉTÉO

✦ *Partout, sauf dans l'Antarctique ; fréquents sous les tropiques*

▯ *N'importe où au niveau d'un cumulonimbus*

◉ *Décharge électrique entre deux nuages d'orage ou au sein d'un seul nuage d'orage*

▶ *Fortes pluies ou grêle, vents forts associés au nuage orageux*

Il arrive plus rarement qu'un éclair entre différents nuages contienne une décharge électrique entre des charges opposées dans deux nuages adjacents. Cela se produit en général entre le sommet positif d'un nuage et la base négative d'un nuage voisin.
Du fait qu'un éclair entre différents nuages se produit à plus haute altitude qu'un éclair entre les nuages et la terre *(voir p. 240)*, on peut le voir d'assez loin, surtout la nuit. Par exemple, un gros cumulonimbus est visible à 320 km si le relief est relativement plat.
On peut entendre le tonnerre jusqu'à 30 km à la ronde après la formation de l'éclair qui l'a provoqué.
C'est pourquoi les éclairs entre différents nuages donnent souvent l'impression d'un orage silencieux, avec des éclairs fréquents qui illuminent le ciel dans un silence menaçant.
Les éclairs de chaleur entrent dans cette catégorie.

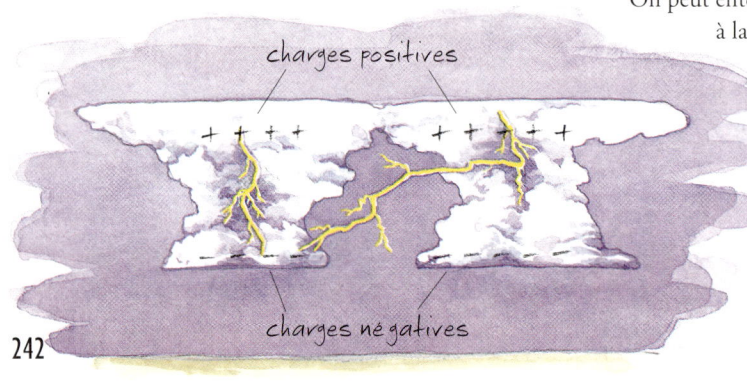

Orages

Éclairs entre air et nuages

CET ÉCLAIR apparaît quand une décharge électrique se produit entre l'accumulation d'une charge négative ou positive au sein d'un cumulonimbus et une zone de charge opposée dans l'atmosphère environnante. Ce type d'éclair est souvent moins puissant qu'un éclair entre la terre et les nuages (voir p. 240), et un seul éclair suffit normalement à réduire la différence de charges au-dessous du seuil critique. C'est pourquoi des éclairs répétés sont inhabituels le long du même axe conducteur entre l'air et le nuage.

Ce type d'éclair se produit normalement entre l'air et les couches nuageuses supérieures, chargées positivement. Il ne se produit pas à la base des nuages, mais se combine avec les éclairs positifs entre les nuages et la terre. Les éclairs entre air et nuages apparaissent alors comme des ramifications plus faibles que les éclairs principaux et sont issus du même phénomène. Cela résulte du fait que, dans les couches inférieures, la différence de charges entre les nuages et la terre est supérieure à celle qui existe entre les nuages et

INDICES MÉTÉO

- Partout, sauf dans l'Antarctique ; fréquents sous les tropiques
- N'importe où au niveau d'un cumulonimbus
- Décharge électrique entre un nuage d'orage et l'atmosphère environnante
- Fortes pluies ou grêle, vents forts associés au nuage orageux

l'air. Étant donné qu'un éclair entre les nuages et l'air se forme dans la partie supérieure d'un cumulonimbus, il est souvent visible de très loin. Si l'orage est trop éloigné pour qu'on entende le tonnerre – à plus de 32 km en général –, il s'agit d'un « orage silencieux » (voir p. 242).

Quand des éclairs entre les nuages et l'air ou entre différents nuages sont cachés par des nuages, on ne voit que leur reflet vacillant sur les nuages voisins. Ces éclairs diffus ou en trait, comme on les appelle, sont un simple effet d'optique.

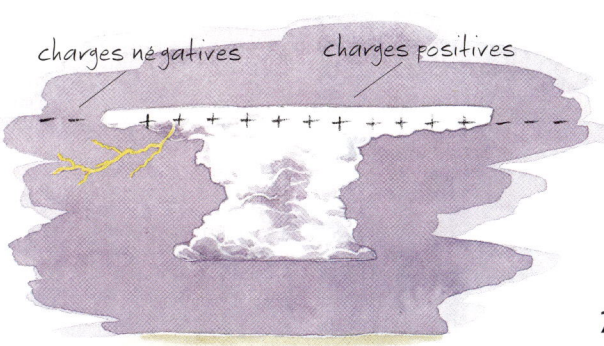

Tourbillon d'air

Tornades

UNE TORNADE est un violent tourbillon d'air qui s'étend de la base d'un nuage d'orage ou cumulonimbus jusqu'au sol *(voir p. 52)*. Elle est liée à une forte perturbation orageuse, et ses effets sont parmi les plus destructeurs, puisqu'elle peut s'accompagner de vents de plus de 500 km/h dans les cas extrêmes. Des tornades exceptionnelles peuvent durer des heures sur des centaines de kilomètres. Mais la plupart ne sont pas aussi violentes ; certaines durent seulement quelques secondes avec des vents à moins de 80 km/h. Une tornade peut être un phénomène isolé ou se produire en série. En France, on a eu le cas de tornades spectaculaires mais souvent isolées, comme en 1961, à Évreux, où une voiture fut projetée au-dessus d'une maison. En 1967, à Pommereuil, dans le Nord, le village fut dévasté et des vaches furent soulevées et transportées à 1 km de leur pré.

INDICES MÉTÉO

- Là où il y a de l'orage
- De la base d'un cumulonimbus jusqu'au niveau du sol
- Tourbillon d'air ascendant à l'intérieur d'un orage
- Vents de surface destructeurs
- ⚠ Danger pour les vies humaines et les biens matériels

Les tempêtes assez fortes pour déclencher des tornades se produisent plutôt sous des latitudes tempérées.
Les États-Unis sont de loin le pays le plus exposé au monde, avec quelque 750 tornades par an. La plupart se produisent dans les Grandes Plaines, le centre de l'Oklahoma ayant le triste privilège de compter plus de tornades à l'hectare que toutes

Cette lithographie de Kurz & Allison dépeint une tornade à Saint Louis en 1896.

Tourbillon d'air

La couleur d'une tornade dépend de la poussière et des débris qu'elle transporte.

les autres régions du globe. Des tornades se déclenchent aussi régulièrement en Australie et, de temps en temps, dans d'autres pays comme le Royaume-Uni ou la France.
Une tornade peut se produire en toute saison. Aux États-Unis, ce type de perturbation est très fréquent en mai et juin dans les Grandes Plaines. Mais il y en a aussi dans d'autres régions à différentes périodes de l'année, le centre de l'activité se déplaçant du golfe du Mexique à la fin de l'hiver au Middle West en été, puis de nouveau vers le sud en automne.

AVIS DE TORNADE

Deux indices peuvent signaler l'imminence d'une tornade. Lorsque le haut de l'enclume, normalement plat, présente d'énormes boursouflures *(voir p. 48)*, cela signifie que la poussée d'air ascendant près du centre de la tempête est si forte qu'elle a « crevé » la tropopause avant de remonter en bouillonnant dans la stratosphère. Le second indice est une formation étendue et nette de mammatus *(voir p. 202)*.
Une tornade suit souvent un parcours irrégulier qui crée un axe destructeur cycloïdal (comme une toupie qui tourne sur une surface plane). C'est pourquoi elle peut détruire des habitations en laissant l'un des pans intact.
Il y a quelques précautions élémentaires à prendre en cas de tornade. Si possible, restez à l'abri, dans une salle de bains de préférence, parce que c'est souvent la pièce la plus résistante d'une maison. Si vous êtes dehors, essayez de vous protéger dans un fossé.

Tourbillon de vent

Trombes

LES TROMBES sont des colonnes d'air tourbillonnantes qui se forment au-dessus des lacs et des océans. Elles ressemblent à des tornades à la surface de l'eau et, parfois, c'est exactement le cas. Mais elles n'ont pas besoin d'un gros orage pour se déclencher ni continuer leur mouvement, et elles sont souvent associées à des congestus (voir p. 196).

Les trombes sont classées en tornadiques ou non tornadiques. Les premières se forment selon les mêmes mécanismes que les tornades terrestres (voir p. 52) et sont assez rares. Les secondes, moins intenses, semblent être dues à une rotation préexistante près de la surface de l'eau, combinée à une sorte de courant d'air ascendant. Une colonne d'air tourbillonnant, qui va de la surface de l'eau à la base du nuage, prend naissance. Les trombes non tornadiques sont très fréquentes à la fin de l'été ou au début de l'automne. À cette époque, l'association des températures chaudes à la surface de l'eau et des masses d'air froid produit une instabilité (voir p. 42) et de forts courants d'air ascendant.

On a tendance à croire qu'une trombe aspire l'eau de la mer ou des lacs. En fait, hormis les projections à la base de la trombe, l'eau concentrée dans cette colonne provient de la condensation provoquée par une très basse pression au sein de la masse d'air tourbillonnante.

Les trombes se produisent isolément ou en groupe. Le premier indice de formation d'une trombe peut être une ombre à la surface de l'eau, où se produit le tourbillon d'air, puis un « buisson ». Une fois formée, la trombe a tendance à se déplacer lentement en décrivant une courbe pendant quinze minutes jusqu'à l'arrivée d'air plus froid dans la colonne, qui provoque rapidement sa dissipation.

INDICES MÉTÉO
)(
- Très fréquentes sur le littoral des zones tempérées
- En moyenne 450 m de haut, maximum : 900 m
- Tornade à la surface de l'eau ou tourbillon d'air au-dessus de l'eau
- Averses dues aux nuages voisins
- Danger pour la navigation

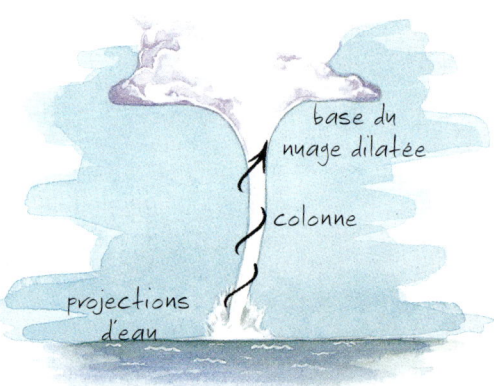

Tourbillon de vent

Tourbillons de poussière

UN TOURBILLON de poussière est une colonne d'air ascendant chargée de poussière, qui évolue en spirale et dont la hauteur peut aller de quelques centimètres à 300 m. Les tourbillons de poussière se produisent surtout dans les déserts et les zones semi-arides, où la terre est sèche et où les températures en surface sont élevées. Les tourbillons de poussière ressemblent à de mini-tornades *(voir p. 52)*, mais ils sont loin d'être aussi violents et destructeurs. Ils se développent lorsque le vent qui souffle autour du relief local crée une masse d'air tourbillonnant dans les couches inférieures ou moyennes de la troposphère. Cette rotation se conjugue à de forts courants ascendants dus au réchauffement de la terre et provoque une forte aspiration de l'air. En s'élevant, l'air entraîne d'énormes quantités de poussière. C'est donc la poussière qui permet de voir le tourbillon.

Il arrive qu'un cumulus se développe au-dessus d'une zone d'air ascendant et donne l'impression que le tourbillon de poussière vient des nuages, mais c'est faux ; c'est la rotation de la masse d'air environnante qui est à l'origine du tourbillon. La présence des nuages est une indication de la force relative du courant ascendant initial, et les tourbillons de poussière les plus intenses sont souvent associés à des cumulus. On a vu de violents tourbillons souffler le toit d'une maison ou renverser une voiture, mais, en général, il n'y a pas grand danger.

INDICES MÉTÉO

◆ *Zones arides, surtout par temps chaud*
▮ *0-300 m de haut*
◉ *Poussière soulevée par une masse d'air tourbillonnant associée à des courants ascendants*
➤ *Vent fort localement*
⚠ *Dégâts matériels possibles*

Les tourbillons de poussière sont plus fréquents dans les déserts et les zones semi-arides.

Bourrasques de vent

Microtornades

Une microtornade humide (ci-dessus).

UNE MICROTORNADE est un coup de vent violent qui semble rayonner à partir d'un point central au sol. Elle est provoquée par de forts courants descendants qui se forment au centre d'un congestus ou d'un cumulonimbus.
Il existe deux catégories de microtornade : sèche et humide. La première se produit par temps sec, quand un rideau de pluie tombe dans une couche d'air sec sous les nuages et commence à s'évaporer immédiatement. L'évaporation entraîne le refroidissement de l'air, ce qui accélère le mouvement descendant de la colonne d'air en donnant une forte rafale soufflant dans toutes les directions. S'il y a de l'air chaud près du sol, il aura tendance à monter et à contrer l'air descendant. Malgré tout, l'air descendant peut encore atteindre la surface avec une certaine force. Du fait que la précipitation s'évapore en général complètement, le seul signe visible de cette perturbation sèche est la poussière qu'elle soulève.

La microtornade humide se produit en même temps qu'une averse et, là encore, l'évaporation est l'élément principal qui donne des vents de surface violents. Mais, dans ce cas, la précipitation atteint le sol. Il arrive souvent que le vent et la pluie se rejoignent au sol avec une telle force qu'ils s'étirent et remontent en formant un tourbillon remarquable. Les microtornades sont dangereuses pour la circulation aérienne, car elles peuvent déstabiliser un avion qui décolle ou s'apprête à atterrir. Elles sont à l'origine d'accidents graves.

INDICES MÉTÉO

- De type sec dans les zones arides, de type humide dans les zones humides.
- Base du nuage autour de 1 500 m pour le type sec ; 750 m pour le type humide
- Forts courants d'air descendant
- Coups de vent violents et averses
- Circulation aérienne très dangereuse

Bourrasques de vent

Tempêtes de sable

DES VENTS VIOLENTS peuvent soulever la couche arable en la disséminant sur de vastes étendues, mais certaines conditions sont parfois réunies pour former de véritables murs de poussière qui charrient des tonnes de terre et d'éboulis.
Ces phénomènes se produisent souvent après une longue période de sécheresse qui a laissé le sol sec et poussiéreux. Si un front froid vigoureux traverse cette zone, l'air ascendant à l'avant du front risque de soulever la couche arable, en formant un mur de poussière mobile. Ce mur sera transporté par le front et se remplira de poussière tout en progressant. On estime qu'un nuage de poussière devient une véritable tempête de sable si la visibilité est réduite à 1 km. La situation est grave quand la visibilité est inférieure à 500 m. La poussière peut être soulevée jusqu'à 3 000 m et parcourir plusieurs milliers de kilomètres pendant des jours. Des tempêtes de sable déclenchées par des fronts vigoureux au-dessus du sud-est de l'Australie ont transporté de la poussière jusqu'en Nouvelle-Zélande à travers la mer de Tasman, ce qui a donné de la « neige rouge » teintée de poussière dans les Alpes néo-zélandaises. Le même phénomène se produit en Amérique du Nord, où les tempêtes de sable des Grandes Plaines colorent la neige et la pluie qui tombent sur la côte atlantique.
Une tempête de sable peut être précédée de tourbillons de poussière *(voir p. 247)* qui se sont détachés du front principal, mais ces derniers sont sans grand danger. Les grosses tempêtes de sable laissent souvent derrière elles une énorme quantité de poussière qui s'infiltre dans tous les recoins des maisons. Elles causent surtout de gros dégâts en faisant disparaître la couche de terre arable des exploitations agricoles.

INDICES MÉTÉO

- Très fréquentes dans les zones arides ou tempérées après une période de sécheresse.
- 0-3 050 m
- Soulèvement de la terre sèche par un front froid actif
- Vents violents
- Mauvaise visibilité ; destruction des récoltes et des terres cultivables

Tempête de sable sur Alice Springs, en Australie (en haut).
Illustration d'une tempête de sable en Afrique au XIXe siècle (ci-dessus).

Cyclones

PEU DE PHÉNOMÈNES naturels ont un effet aussi destructeur que les cyclones.
Ces systèmes massifs et puissants peuvent donner des vents soutenus qui soufflent à 250 km/h avec des pointes à 300 km/h, accompagnés de trombes de pluie et de raz de marée qui provoquent d'importantes inondations *(voir p. 54)*.
Les tornades peuvent être accompagnées de vents encore plus violents, mais elles ne durent que quelques heures, alors qu'un cyclone peut persister des semaines et parcourir des milliers de kilomètres.
Un cyclone à maturité est formé de bandes de nuages orageux qui s'enroulent autour de l'œil 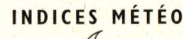 – une zone de temps calme et clair au cœur du cyclone. L'ensemble de la perturbation abrite parfois des centaines d'orages et peut atteindre 970 km de diamètre.
Pour être qualifiée de cyclone, une tempête doit engendrer des vents de plus de 120 km/h.

INDICES MÉTÉO

- Entre 5 et 30° nord et sud
- Environ 18 000 m
- Intense convection au-dessus des mers tropicales, associée à une instabilité
- Pluies et vents destructeurs
- Populations et biens matériels très menacés

En 1992, des vents à 235 km/h et des vagues de 5 m de haut dus au cyclone Andrew (ci-dessus) ont fait des dégâts évalués à 25 milliards de dollars. Une nouvelle catastrophe a été évitée en septembre 1993, quand le cyclone Emily (à gauche) a changé de cap juste avant d'atteindre la côte est des États-Unis.

Cyclones

Le cyclone Bonnie, vu de la navette spatiale (ci-dessus). Les effets d'un cyclone à Kauai, dans les îles Hawaii (à droite).

Dans l'hémisphère Nord, ce mouvement de rotation avec une force du vent inférieure est qualifié de tempête ou de dépression tropicale.
Dans le Pacifique Ouest et les régions de la mer de Chine, le cyclone prend le nom de typhon, du cantonais *tai-fung*, qui signifie grand vent.
En Australasie et dans les pays autour de l'océan Indien, on l'appelle ouragan ou cyclone tropical.
Les tempêtes qui produisent des cyclones n'apparaissent que là où la température de l'eau est au moins de 27 °C, autrement dit, le plus souvent, sous les tropiques.
Pour que se développe sa rotation, le cyclone doit prendre naissance au moins à 5° de l'équateur, parce que c'est là que la force de Coriolis commence à se faire sentir *(voir p. 31)*.
Une fois qu'elle s'enroule en spirale, la tempête a tendance à s'éloigner de l'équateur, sans toutefois aller au-delà de 30° nord ou sud.
Quand un cyclone revient vers l'équateur, il commence en général à faiblir. Il lui est impossible de franchir l'équateur, où la force de Coriolis n'agit pas, de sorte que, perdant toute sa force de rotation, il se désagrège en une simple masse orageuse.

HISTOIRES DE CYCLONES

Des cyclones destructeurs ont marqué l'histoire à de nombreuses reprises, anéantissant des villes côtières et engloutissant des flottes entières sous des déchaînements de vents furieux et de vagues monstrueuses.
La flotte de l'empereur mongol Kubilay Khan fut dispersée par des typhons en 1274, puis en 1281,

Cyclones

alors qu'elle se préparait à attaquer le Japon. Les Japonais, convaincus que ces tempêtes salvatrices leur étaient envoyées par les dieux, les qualifièrent de vents divins et leur donnèrent le nom de kamikazes.

Jusqu'à ces derniers temps, on ne pouvait prédire l'arrivée d'un cyclone qu'en observant l'état de la mer.

Une tempête en mer provoque une forte houle qui s'étend du centre de la perturbation jusqu'à l'avant du cyclone. Donc, si l'on observe une forte houle, notamment quand il y a un faible vent local, on peut craindre un cyclone.

En étant bien placé, on doit pouvoir observer d'où vient la houle et, à partir de là, déduire la direction du cyclone. Plus les vagues sont éloignées de la tempête, plus la distance qui les sépare est importante ; par conséquent, si les vagues déferlent de plus en plus vite au cours d'une journée, c'est qu'un cyclone se rapproche.

Illustration d'un cyclone dévastateur qui a frappé la Géorgie, aux États-Unis, en 1940.

TECHNIQUES MODERNES DE SURVEILLANCE

L'exploitation des photos satellite nous permet d'apprécier pleinement le spectacle et la majesté de ces spirales nébuleuses et aide les scientifiques à suivre leur évolution de plus près. On se fonde désormais sur ces images satellite pour anticiper la formation des cyclones et, comme les météorologues savent de mieux en mieux les interpréter, leurs prévisions ne cessent de s'améliorer.

À l'époque des cyclones, dans une région donnée, les météorologues reçoivent des photos satellite toutes les heures. Ils repèrent les formations de nuages orageux au-dessus des mers tropicales, qui sont des cyclones à l'état embryonnaire. Une fois qu'ils les ont identifiées, ils surveillent les séquences d'images prises par satellite afin de déceler les signes de rotation. Si les photos satellite révèlent un mouvement de rotation qui se dirige vers des latitudes supérieures,

Cyclones

Afin d'étudier les cyclones, les chercheurs entreprennent des vols dans l'œil du cyclone (en haut à gauche). Les tours crénelées des cumulonimbus qui entourent l'œil atteignent parfois une hauteur de 18 000 m. Les raz de marée (à droite) sont responsables de la plupart des pertes en vies humaines dues aux cyclones et d'une grande partie des dégâts matériels (ci-dessus).

les spécialistes cherchent à localiser l'endroit où se forme l'œil du cyclone. Avec cet indice, dès que la vitesse du vent de surface atteint 119 km/h, le service météorologique concerné annonce l'arrivée du cyclone auquel il va donner un nom officiel (un prénom féminin et un prénom masculin en alternance) d'après la liste fournie par l'Organisation météorologique mondiale *(voir p. 55)*. Une veille permanente est alors mise en place, et des avis de cyclone sont communiqués aux services de navigation maritime et aérienne, et à la population en général, tant que dure la perturbation.

Dès lors qu'un cyclone se trouve à environ 240 km des côtes, il peut être détecté par les radars, qui vont suivre son évolution de manière précise. Mais, même à ce stade, il reste un élément d'incertitude, car l'évolution des cyclones est imprévisible. Ils peuvent continuer tout droit, perdre de la vitesse ou changer de direction. Les raisons de ce mouvement erratique sont l'objet de recherches permanentes.

Les populations sont en état d'alerte dès qu'un cyclone atteint le littoral. Les pertes en vies humaines peuvent être minimisées en évacuant la zone concernée, mais les dégâts matériels sont inévitables. Les raz de marée associés aux cyclones peuvent engloutir une grande partie des régions côtières, sans parler des dégâts supplémentaires dus aux pluies et aux vents violents.

Quand le cyclone franchit le littoral et s'éloigne de la mer – sa source d'énergie et d'humidité –, il se dissipe rapidement, même s'il continue à pleuvoir pendant quelques jours.

Effets optiques

Arcs-en-ciel

INDICES MÉTÉO

◆ Très répandu, surtout le matin et l'après-midi

▪ Rayon angulaire à 42° au-dessus de l'horizon

◉ Réfraction et réflexion des rayons solaires par des gouttes de pluie

➤ Alternance d'averses et de ciel clair

ÉBLOUISSANT, éphémère, longtemps perçu comme magique, l'arc-en-ciel n'a trouvé son explication scientifique qu'à la fin des années 1660. Au cours d'une expérience classique, Newton a montré qu'un rai de lumière passant à travers un prisme en verre était réfracté et décomposé en un spectre de couleurs. Il en a déduit que la lumière blanche était en réalité la combinaison de toutes les couleurs du spectre visible *(voir p. 56)*. Cette expérience a permis d'expliquer la formation de l'arc-en-ciel : les gouttes de pluie forment des millions de prismes minuscules qui diffractent les rayons du soleil dans leurs couleurs successives.

Quand la lumière rencontre une goutte de pluie, elle la traverse presque entièrement, mais la lumière qui borde la goutte de pluie est réfractée dans les couleurs du spectre, puis réfléchie deux fois à l'intérieur de la goutte. Cette réfraction de la lumière place la goutte de pluie à un angle d'environ 42° par rapport aux rayons projetés. Chaque couleur apparaît dans un angle légèrement différent, selon sa fréquence.

On ne peut voir qu'une couleur à la fois dans une goutte de pluie, en fonction de l'angle d'où on l'observe. L'observateur au sol voit à la fois la réfraction et la réflexion de la lumière à partir de millions de gouttes qui forment des bandes de couleurs différentes : du rouge, avec la plus grande longueur d'ondes, à l'extérieur, jusqu'au violet à l'intérieur.

L'arc-en-ciel dépend du mouvement des gouttes de pluie et de la position du Soleil et de l'observateur au sol. Du fait de ces variables, il n'y a pas deux personnes qui voient le même arc-en-ciel.

Un arc-en-ciel secondaire apparaît parfois au-dessus de l'arc-en-ciel primaire. L'ordre de ses couleurs est inversé.

Arcs-en-ciel

OBSERVATION DES ARCS-EN-CIEL

L'arc-en-ciel étant dû à l'interaction des rayons solaires et de la pluie, il se produit en général avec une averse. Pour le voir, il faut se trouver entre le Soleil et l'averse. Les plus beaux arcs-en-ciel sont ceux qui se forment avec de grosses gouttes de pluie, qui dispersent mieux la lumière.

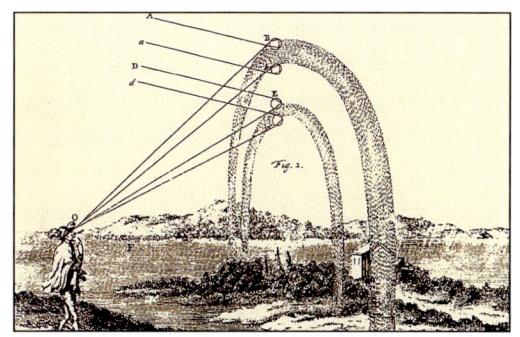

Arc-en-ciel sur la sierra Nevada, aux États-Unis (ci-dessus). Les arcs-en-ciel de brouillard sont incolores ou presque (à gauche).

L'arc-en-ciel est plus grand quand le Soleil est proche de l'horizon. Plus le Soleil est haut, plus l'arc-en-ciel est plat, jusqu'à ce que le Soleil s'élève à plus de 42° au-dessus de l'horizon, au moment même où disparaît l'arc-en-ciel. S'il n'y avait pas l'horizon, l'arc-en-ciel formerait un cercle complet, comme on l'observe parfois d'avion.

Comme la formation des arcs-en-ciel dépend de la proximité du Soleil par rapport à l'horizon, ces derniers se produisent plus souvent le matin et l'après-midi qu'en milieu de journée. Ils sont aussi plus fréquents en hiver qu'en été, et à de hautes ou moyennes latitudes que sous les tropiques. Outre les arcs-en-ciel classiques, il en existe d'autres, engendrés par la Lune et la pluie, et par le Soleil et le brouillard. Le premier se produit quand la lumière réfléchie par la Lune se réfracte au contact de la pluie en couleurs pâles.

Le second apparaît quand les rayons solaires rencontrent des gouttelettes d'eau dans le brouillard. Ce type d'arc-en-ciel est incolore ou presque, car les minuscules particules d'eau du brouillard ne dispersent pas bien la lumière.

Illustration du XVIIe siècle expliquant un double arc-en-ciel.

Couronnes

UNE COURONNE est formée d'un ou plusieurs disques lumineux, qui apparaissent occasionnellement autour du Soleil ou de la Lune. Elle se produit quand ces derniers sont voilés par une mince couche nuageuse composée de gouttelettes d'eau.

La couronne est due à une légère diffraction – déviation des rayons lumineux au voisinage d'un corps opaque. Ce phénomène entraîne la dispersion des couleurs qui donnent une lumière blanche, car chacune d'elles a une longueur d'ondes et des angles différents. Ce sont les gouttes d'eau qui diffractent la lumière à travers le nuage, donnant ainsi naissance à une couronne.

La diffraction de la lumière bleue, la plus importante, apparaît à l'intérieur de la couronne, tandis que le rouge est à l'extérieur. L'orange, le jaune et le vert sont visibles dans des couronnes brillantes, mais le bleu et le rouge sont les couleurs prédominantes. On voit parfois plusieurs anneaux qui pâlissent à mesure qu'ils s'éloignent du centre. Il est préférable d'observer une couronne quand la lumière vient de la Lune plutôt que du Soleil, dont l'éclat a tendance à masquer les effets subtils de la diffraction. Les petites gouttes produisent les plus grandes couronnes, et celles qui sont de taille uniforme donnent les couleurs les plus vives. Si les nuages contiennent des gouttes de différentes grosseurs, la couronne se déforme et devient irrégulière, et les couleurs sont diffuses.

Ces couronnes appliquées à la Lune portent les noms de paraséléniques, parasélènes, parantisélènes ou antisélènes.

INDICES MÉTÉO
◆ *Rares apparitions bien que répandues ; très fréquentes en hiver au-dessus des montagnes*
▣ *Associées en général à des nuages de moyenne altitude*
◉ *Diffraction de la lumière venant du Soleil ou de la Lune*
➤ *Temps variable associé à de minces altostratus*

Couronnes autour du Soleil (ci-dessus) et de la Lune (à droite).

Irisation

INDICES MÉTÉO

◆ Rares apparitions mais très répandue ; très fréquentes en hiver au-dessus des montagnes

▯ Associées en général à des nuages de moyenne altitude

◉ Diffraction de la lumière venant du Soleil ou de la Lune

▶ Temps variable associé à de minces altostratus ou altocumulus

L'IRISATION apparaît sous forme de taches de couleur irrégulières dans les nuages de moyenne altitude autour du Soleil ou de la Lune. C'est en quelque sorte une couronne partielle ou imparfaite *(voir p. 258)*, qui est due au même phénomène de diffraction de la lumière sur les gouttes de pluie. L'irisation n'est pas aussi symétrique que la couronne, car elle forme des taches de couleurs diffuses à l'intérieur des nuages ou des franges de couleur sur leur pourtour. Du sol, on observera une irisation au lieu d'une couronne quand le nuage est trop petit pour former des anneaux symétriques, ou si le Soleil ou la Lune n'est pas directement derrière lui.

Les couleurs d'une irisation dépendent de la grosseur des gouttes à l'intérieur du nuage et de l'angle où se place l'observateur. Le bleu, qui forme l'anneau intérieur de la couronne, est la couleur dominante, mais le rouge et le vert sont aussi visibles. Les couleurs sont d'autant plus vives que les gouttes d'eau dans le nuage sont nombreuses et qu'elles sont de taille identique. Comme pour les couronnes, ce sont les petites gouttes uniformes qui produisent les plus beaux effets optiques, et ce sont, par conséquent, les altostratus ou les altocumulus nouvellement formés *(voir p. 204, 206)* qui offrent les meilleures conditions d'irisation. L'irisation associée au Soleil donne des couleurs plus tranchées, souvent écrasées par l'éclat du Soleil. La Lune donne des couleurs plus pâles mais plus faciles à voir.

Bien qu'inhabituelle, l'irisation se produit un peu partout dans le monde, mais elle est plus fréquente en hiver au-dessus des montagnes. Quand elle a lieu au-dessus d'une ville, elle suscite une grande curiosité.

Irisation avec presque toutes les couleurs du spectre.

Halos

Halos

LE HALO est une couronne blanche ou à peine colorée qui se forme parfois autour du Soleil ou (moins souvent) de la Lune. Les couronnes *(voir p. 258)* semblent presque toujours émaner de ces sources lumineuses, alors que les halos les entourent d'un anneau. La principale différence entre les deux phénomènes est que la couronne ne peut se former qu'avec des gouttes d'eau, alors que le halo se forme avec des cristaux de glace. Ces cristaux tombent tout seuls ou à l'intérieur de minces couches de cirrus.
En général, quand les rayons solaires ou lunaires rencontrent des cristaux de glace, ils réfléchissent en partie la lumière en produisant un halo tout blanc. Mais, si les rayons lumineux rencontrent les cristaux de glace sous un angle particulier, il y aura réfraction d'une partie de la lumière *(voir p. 56)*. Dans ce cas, le halo sera à peine coloré, le rouge apparaissant près du centre et le bleu à l'extérieur. L'ordre des couleurs est inversé par rapport à celui d'une couronne, car il s'agit d'une réfraction de la lumière et non d'une diffraction *(voir p. 258)*.

En général, les cristaux de glace sont hexagonaux et l'angle de réfraction sur chacun d'eux est environ de 22°. C'est pourquoi les halos les plus courants sont appelés halos de 22°. Les cristaux qui ont une autre forme ou un angle différent par rapport au Soleil donnent des halos de taille et de forme différentes. Les halos les plus petits à 9° et les plus grands à 46° ne sont pas courants, et il arrive qu'un halo ne se forme qu'en partie et ait l'aspect d'un arc.

Dans les traditions populaires, le halo a longtemps été synonyme de pluie, ce qui n'est pas si éloigné de la vérité. Les cirrus qui engendrent un halo indiquent parfois l'arrivée d'un système de fronts. Mais, la plupart du temps, ce front sera inactif ou s'éloignera de la zone sans donner de pluie. C'est pourquoi le halo a une valeur limitée pour les prévisions.

INDICES MÉTÉO
- Partout ; très courants sous les hautes latitudes
- Souvent associés à des cirrus
- Réflexion et réfraction de la lumière sur des cristaux de glace
- Les cirrus annoncent parfois du mauvais temps

Halo lunaire de 22° au-dessus de l'Arctique.

Parhélies

INDICES MÉTÉO
- Monde entier ; très fréquents à de hautes latitudes
- Souvent associés à des cirrus
- Réflexion et réfraction de la lumière sur des cristaux de glace hexagonaux
- Les cirrus peuvent annoncer l'arrivée du mauvais temps

Sous les climats polaires, comme dans l'Antarctique (ci-dessus), les cristaux de glace qui se forment près du sol peuvent produire des parhélies.

LES PARHÉLIES, que l'on appelle aussi faux soleils, apparaissent sous l'aspect de deux points lumineux incolores, situés de chaque côté du Soleil, ce qui donne l'impression étrange de voir trois Soleils dans le ciel. Ils surgissent souvent en même temps qu'un halo de 22° et se développent dans les mêmes conditions.

Ce phénomène est dû au passage des rayons solaires dans un voile de cristaux de glace qui se trouvent à l'intérieur de cirrus ou qui tombent aux étages inférieurs. Les parhélies ne se produisent que lorsque les cristaux de glace hexagonaux sont orientés dans le sens horizontal – les côtés larges et plats tournés vers le bas –, de sorte qu'il en faut une grande quantité pour que dure un parhélie. Une fois bien développés, les deux parhélies peuvent sembler légèrement teintés de rouge à l'intérieur et de bleu à l'extérieur. Il n'y a parfois qu'un seul faux soleil, ou l'un est beaucoup plus éclatant que l'autre.

Un très beau clair de lune peut créer le même effet, mais les « fausses lunes », comme on les appelle, sont très rares. Parfois, les parhélies prennent de l'altitude avec le Soleil en cours de journée, bien qu'ils ne soient visibles que jusqu'à un angle de 45° au-dessus de l'horizon. Une fois que le Soleil s'est élevé à cette altitude, la lumière réfractée est invisible pour l'observateur au sol.

Si un cirrus crée des parhélies, cela peut indiquer l'arrivée d'un système de fronts ou le développement d'une cellule de basse pression, mais, en général, ce n'est pas une méthode de prévision très fiable.

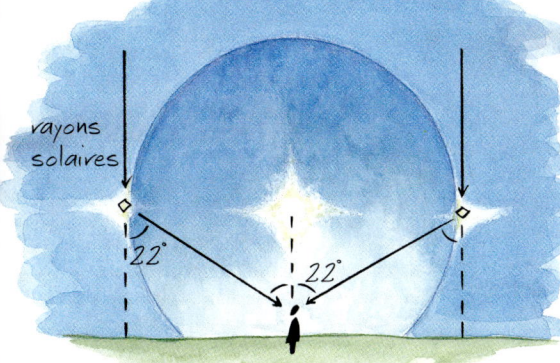

Aurores polaires

INDICES MÉTÉO
- Fréquentes aux pôles
- 80-1 000 km d'altitude
- Bombardement d'électrons de l'atmosphère par émissions solaires
- Lien possible avec des conditions météorologiques exceptionnelles
- Peuvent perturber les réseaux de communication et provoquer des pannes de courant

L'AURORE est l'une des plus belles curiosités de la nature, avec ses rideaux de couleurs lumineuses qui se déplacent dans le ciel nocturne. Parfois, l'aurore a l'aspect d'un arc flamboyant quasi stationnaire pendant de longues périodes. Parfois, elle semble vaguement planer à travers le ciel en une cascade de couleurs.

Les aurores se produisent dans les deux hémisphères. Dans le Nord, c'est l'aurore boréale (lumières septentrionales) et, dans le Sud, l'aurore australe (lumières méridionales). Le mot aurore vient du nom de la déesse de l'aube chez les Romains. Dans l'Europe médiévale, les lumières septentrionales étaient considérées avec crainte et superstition comme présages de catastrophe. Les traditions des peuples du Grand Nord, tels les Inuit, sont riches en références à l'aurore boréale. De même, l'aurore australe occupe une place prééminente dans la mythologie des Maoris de Nouvelle-Zélande, qui l'appellent le feu du ciel.

Comme tous les autres effets optiques, les aurores ont une explication scientifique. On sait qu'elles sont produites par la rencontre d'électrons provenant d'émissions solaires avec des molécules gazeuses dans la couche supérieure de l'atmosphère, entre 80 et 1 000 km d'altitude. Ces électrons, qui se déplacent à la vitesse de 1 600 km par seconde, entrent en collision avec les gaz raréfiés de la haute atmosphère, en produisant une gerbe de lumière électronique que l'on appelle quantum. La longueur d'ondes, et par conséquent l'aspect visible de cette lumière, dépend du type de molécule qui reçoit l'impact de l'électron et de la pression d'air à laquelle se produit la collision. Quand les électrons rencontrent des molécules

L'aurore australe vue de la navette spatiale Discovery.

Aurores polaires

L'aurore boréale (ci-dessus) et l'aurore australe (à droite) apparaissent sous des formes variées et éblouissantes.

d'oxygène dans les zones de basse pression de l'atmosphère, cela donne une aurore jaune teintée de vert. Le rouge est produit par des collisions avec des molécules d'oxygène dans des zones de pression encore plus basse à des altitudes supérieures. La teinte bleue résulte de l'interaction avec l'azote atmosphérique.

ZONES AURORALES

Les électrons ont une charge négative et sont orientés au nord et au sud vers les deux pôles magnétiques par le champ magnétique de la Terre. C'est pourquoi les aurores sont surtout un phénomène des régions polaires, qui apparaît dans deux « zones aurorales » situées à environ 20-25° des pôles magnétiques nord et sud de la Terre. Vue de l'espace, l'aurore a l'aspect d'un anneau géant formé de particules lumineuses, au centre d'un pôle magnétique. Les aurores sont visibles toute l'année par nuit claire dans les zones aurorales. Elles apparaissent le plus souvent au moment des équinoxes *(voir p. 24)*, pour des raisons encore inexpliquées. On comprend mieux le rapport entre les aurores et les taches solaires *(voir p. 117)*. Étant donné que les aurores sont dues à des émissions solaires, il n'est pas surprenant qu'elles se développent principalement au cours des onze ans d'activité maximale des taches solaires et très rarement en période d'activité minimale. En période d'activité maximale, les lumières septentrionales ont été observées plus au sud, jusqu'à Athènes et Mexico, et les lumières méridionales plus au nord, jusqu'à Brisbane, en Australie. Depuis des années, les scientifiques tentent de confirmer le lien qui existe entre une activité solaire intense et un temps exceptionnellement chaud ou froid. Même si l'hypothèse ne manque pas d'intérêt, ce lien reste encore à prouver.

Rayon vert

QUELQUEFOIS, quand le Soleil va disparaître à l'horizon, on peut voir une lumière verte pendant quelques secondes au-dessus du soleil : 1,8 seconde à l'équateur, 2,5 secondes à une latitude de 45°. Ce phénomène est appelé rayon vert.

Les rayons solaires se décomposent en couleurs de différentes longueurs d'ondes dispersées par les particules de poussière présentes dans l'atmosphère. C'est ce qui fait varier la couleur du ciel du bleu au rouge selon la quantité de poussières et le parcours de la lumière dans l'atmosphère *(voir p. 56)*. C'est un phénomène identique qui fait changer la couleur du soleil couchant. La réfraction du Soleil par l'atmosphère crée un spectre vertical. Les couleurs du spectre disparaissent une à une derrière l'horizon, à commencer par le rouge. Pendant un instant, parfois à peine le temps d'un éclair, après que le rouge, l'orangé et le jaune ont disparu, le vert est la seule couleur visible. S'il n'y avait pas de poussières dans l'air, il y aurait un éclair bleu, puis un violet. Mais l'atmosphère contient presque toujours assez de particules de poussière pour disperser la lumière bleue et violette. Une quantité de poussière modérée disperse aussi la lumière verte, ce qui explique la rareté de ce phénomène.

Le ciel autour et au-dessus du Soleil reste rouge pendant que ce phénomène se produit, car la lumière au-delà de l'horizon continue d'être dispersée par les particules dans l'air.

Ce phénomène peut se produire aussi au lever du Soleil.

Dans les deux cas, c'est au-dessus de l'océan que le rayon vert est le plus net, là où l'horizon semble plat et où il y a peu de poussière. Il se manifeste plus fréquemment sous de hautes latitudes, parce que le Soleil se lève et se couche plus lentement dans ces régions.

Fixer directement les rayons solaires abîme la vue, aussi est-il conseillé d'observer le lever ou le coucher du Soleil seulement pendant de brefs instants.

INDICES MÉTÉO
- Partout
- Juste au-dessus de l'horizon
- Réfraction de rayons solaires directs par l'atmosphère au lever ou au coucher du Soleil
- Aucun

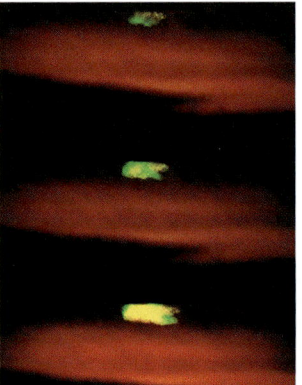

Ces accélérés (ci-dessous) montrent la couleur du Soleil qui passe du jaune au vert.

Mirages

LES MIRAGES sont dus à la réfraction de la lumière dans des couches d'air dont la température et la densité sont inégales. L'air est comme une lentille qui fixe les rayons lumineux et présente une image déformée, inversée ou élargie dans une position différente.
Il y a deux types de mirage – inférieur et supérieur –, qui peuvent se combiner pour créer toutes sortes d'effets.
Le mirage inférieur est le plus courant. L'indice de réfraction de l'air augmente avec l'altitude, notamment dans les tout premiers mètres quand le sol est brûlant.
Aussi, les mirages se produisent souvent en été, sur les routes ou dans le désert, par temps calme et clair.
Ainsi, la lumière provenant d'un objet éloigné suit une trajectoire courbe pour donner une image virtuelle inversée située au-dessous du niveau du sol.
Quand la personne voit un arbre à l'horizon, elle perçoit à la fois l'image réelle et l'image fausse qui miroite au-dessous. De même, la lumière du ciel peut apparaître juste au-dessous de l'horizon, donnant l'image d'un lac.
Le mirage supérieur se produit lorsque l'air près du sol est plus froid que l'air immédiatement au-dessus. Dans ce cas, la courbure est dans l'autre sens, et l'image virtuelle se trouve au-dessus du sol. Ce phénomène se produit souvent au-dessus de l'eau froide. Une personne qui regarde un bateau sur l'eau peut donc voir une image inversée de ce bateau flottant dans le ciel.

INDICES MÉTÉO
- Partout, mais plus souvent dans le désert
- Près de l'horizon
- Réfraction de la lumière dans des couches d'air de densités inégales
- Ciel clair

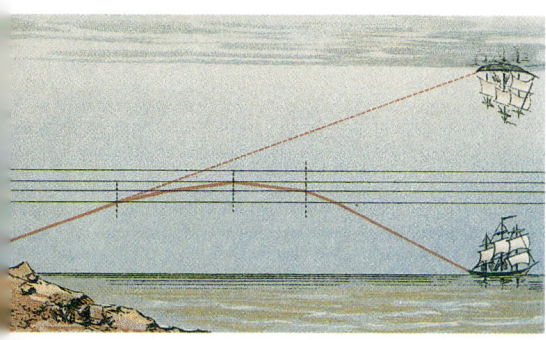

Les mirages inférieurs apparaissent souvent dans des zones arides, comme le désert africain du Namib (ci-dessus).
Cette illustration de 1902 (à gauche) montre un mirage supérieur. On voit l'image inversée du navire qui s'inscrit dans le ciel, mais qui se forme en réalité au point de convergence des deux lignes.

Pollution de l'air

Pollution de l'air

LA POLLUTION de l'air est un phénomène atmosphérique qui ne se produit pas naturellement, mais qui est le résultat direct de l'activité humaine.
La pollution a des origines multiples, entre autres les gaz industriels (en particulier ceux qui nécessitent la combustion de carburants) et les automobiles.
La pollution se manifeste dans l'atmosphère sous forme de brume sèche, de brume humide ou de brouillard. Ces nuages ont des formes et des origines très diverses. Ils ont une incidence directe sur la visibilité. Par temps sec, la pollution fait apparaître un voile de fumée. Cependant, les particules qui composent cette fumée augmentent considérablement le nombre de noyaux de condensation dans l'air (voir p. 41), de sorte que la vapeur d'eau va se condenser et provoquer l'apparition de brouillard.
Le brouillard ne se dissipe que s'il est balayé ou dispersé par le vent ou la pluie. Cela sous-entend que les villes les plus polluées ont une forte densité de population, reçoivent peu de précipitations et connaissent souvent un temps chaud, clair et calme, comme Mexico ou Los Angeles.
La composition du brouillard varie selon les dégagements de gaz toxiques. Les agents polluants les plus courants sont l'oxyde de carbone, l'oxyde d'azote, les hydrocarbures et l'anhydride sulfureux. La plupart sont toxiques, et certaines de ces substances donnent des brouillards acides qui provoquent l'érosion de la pierre et entraînent de graves problèmes respiratoires chez certaines personnes. Les gaz d'échappement contribuent sans doute aussi au réchauffement de la planète (voir p. 126). Les brouillards épais dus à la combustion de la houille ont posé un grave problème au Royaume-Uni de la fin du XIXe siècle jusqu'aux années 1960, où l'on a introduit des combustibles non polluants.

INDICES MÉTÉO

◆ Monde entier ; fréquente dans les métropoles et les zones industrielles
▯ Du sol à 150-300 m
⊙ Gaz industriels et automobiles
➤ Brumes et brouillards, mauvaise visibilité
⚠ Dangereuse pour la santé ; peut contribuer au réchauffement de la planète

Bien des traitements industriels sont à l'origine de graves pollutions.

Pollution de l'air

Pollution de l'air à Los Angeles (ci-dessus).
Le brouillard meurtrier de Londres en 1952 (à droite).

Londres a connu en 1952 l'un des brouillards les plus meurtriers (environ 4 000 victimes).

BLOCAGE DE L'AIR

Le degré de pollution des zones urbaines est en général assez uniforme. Toutefois, certaines conditions météorologiques en aggravent considérablement les effets. L'un des facteurs de pollution les plus importants est l'inversion de la température à basse altitude. Cela se produit lorsqu'une couche d'air chaud (plus léger), souvent associée à de hautes pressions, passe au-dessus d'une couche d'air froid (plus lourd) et empêche cette dernière de s'élever et de se disperser. Ce phénomène se traduit souvent par une bande de brouillard noirâtre qui s'élève jusqu'à 150 à 300 m d'altitude. Au fil de la journée, le réchauffement de la terre va éroder la couche d'inversion par le dessous, et, une fois qu'elle est disloquée, le brouillard peut se disperser assez rapidement. Mais, si la couche d'inversion se maintient, il risque de s'épaissir pendant la nuit. Si cela dure plusieurs jours, la pollution atteindra un seuil critique. La situation géographique d'une ville et la topographie de ses environs influencent aussi le degré de pollution, qui varie également selon les saisons. À Paris, durant les mois d'été, l'inversion se produit le plus souvent quand l'anticyclone des Açores vient se centrer sur la France.

Ces facteurs météorologiques montrent qu'il est impossible de réduire la pollution si ce n'est par le contrôle des émanations. De grandes villes ont mis en place des restrictions sur les concentrations de gaz industriels et ont interdit la circulation automobile dans le centre.

Incendies

LES INCENDIES ont un effet considérable sur la visibilité atmosphérique, et leur propagation est souvent liée aux conditions météorologiques. Les termes « feu de forêt » en Europe et « feu de brousse » en Afrique sont employés pour décrire un feu incontrôlé qui embrase toute la végétation. La Californie, la Côte d'Azur et certaines parties de l'Australie sont souvent touchées par des incendies. Ces régions connaissent des périodes de sécheresse, des étés chauds et des vents secs, et sont couvertes d'une végétation très inflammable, telle la garrigue. Ce sont là des conditions idéales pour les incendies. Bien qu'ils se produisent toujours naturellement, souvent à la suite d'un orage, leur fréquence s'est nettement accrue du fait de l'activité humaine, entre autres à cause du non-respect des réglementations, des feux de camp mal éteints et des mégots jetés dans la nature. Si un incendie n'est pas immédiatement maîtrisé, il peut se transformer en une fournaise dévastatrice qui fera d'importants dégâts.

INDICES MÉTÉO
- Monde entier
- La fumée peut atteindre la haute troposphère
- Végétation détruite si conditions météorologiques favorables
- Peuvent créer des pyrocumulus qui donneront pluie et éclairs
- Danger pour les vies humaines et les biens matériels

CIEL EN FEU
La fumée qui se dégage d'un incendie peut atteindre la troposphère, ce qui augmente les noyaux de condensation *(voir p. 41)* dans l'air et modifient les rayons du Soleil. Normalement, quand la lumière traverse l'atmosphère, les couleurs du spectre se dispersent une par une, en commençant par le violet à l'extrémité du spectre *(voir p. 56)*. Lors d'un incendie, les particules de fumée invisibles accentuent ce phénomène

Un incendie en France.

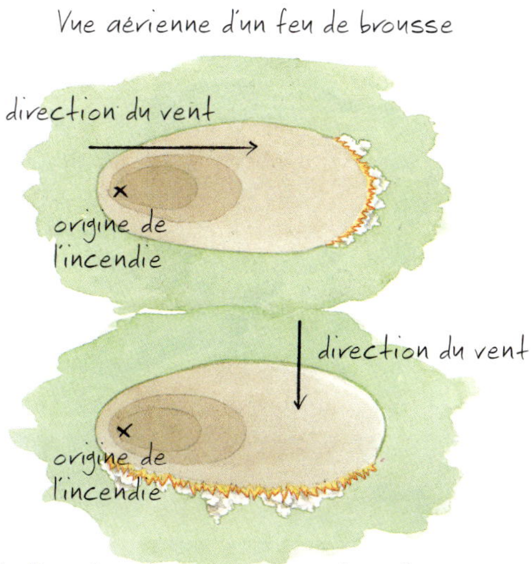

Incendies

Vue aérienne d'un feu de brousse

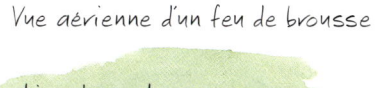

Nuage de fumée au-dessus de Sydney, en 1994 (en haut). Photo satellite d'un incendie dans le nord de l'Australie (ci-dessus).

de dispersion, de sorte que les couleurs du spectre proches du rouge se dispersent juste au-dessus du niveau du sol, ce qui donne un ciel curieusement orangé et des couchers de soleil d'un rouge intense. Cela durera jusqu'à ce que la fumée soit dispersée par le vent ou la pluie.

Si un incendie fait rage pendant assez longtemps, il peut entraîner la formation de pyrocumulus (voir p. 197). Cela risque de provoquer la foudre, qui déclenchera de nouveaux foyers d'incendie… Une fois qu'un incendie se déclare, il peut se propager de manière irrégulière. Connaître les interactions avec la météorologie peut aider les pompiers à anticiper certains de ses mouvements. Si un incendie démarre et qu'il n'y a pas de vent, il va se propager dans toutes les directions. Si le vent se lève, l'incendie formera une ellipse, avec des flammes qui progresseront lentement dans le sens du vent, plus vite sur le flanc et encore plus vite sous le vent. C'est ce front sous le vent qui est le point le plus dangereux de l'incendie. Un changement brutal de la direction du vent, associé parfois à l'arrivée d'un système de fronts, peut créer un front d'incendie encore plus large et plus menaçant au bord de l'ellipse.

Quand on observe un incendie, la direction de la fumée indique l'emplacement du front qui se déplace à grande vitesse. Quand la fumée s'épaissit au niveau du sol près de l'observateur, il est temps d'évacuer les lieux.

Nuages volcaniques

INDICES MÉTÉO
✦ Effets ressentis dans le monde entier
↕ Du sol jusqu'à 18 000 m
◉ Cendres et poussières sont propulsées dans l'atmosphère
➤ Peuvent provoquer des pluies acides ; une éruption s'accompagne d'éclairs
⚠ Danger pour les hommes, les biens matériels et l'aéronautique

DURANT la préhistoire, l'activité volcanique était bien plus fréquente et violente que de nos jours, et les gaz renvoyés dans le ciel depuis le cratère des volcans – y compris le gaz carbonique et l'oxygène – ont contribué à la formation de l'atmosphère. Les nuages volcaniques avaient une incidence très nette sur le climat, en faisant baisser la température et augmenter les précipitations. Aujourd'hui, les grandes éruptions se font rares, mais elles sont d'une telle puissance qu'elles continuent d'avoir une influence à court terme sur le temps, et l'on constate leurs effets dans le monde entier.

Les éruptions volcaniques libèrent un énorme volume de cendres et de particules de poussière dans l'atmosphère, qui se dispersent autour du globe. Lors d'une forte éruption, une partie de ces matières peut percer la tropopause et atteindre la stratosphère. Les vents stratosphériques sont alors capables de maintenir pendant plusieurs années les cendres et les poussières en circulation autour de la Terre.
Les gros nuages de cendres ont une incidence très nette sur le temps, car ils renvoient dans l'espace une partie du rayonnement solaire, inhibant par là même l'effet de chaleur dû au Soleil. Benjamin Franklin fut le premier à observer ce phénomène après une éruption volcanique en Islande, en 1783, où il découvrit qu'un rayon solaire à travers une loupe

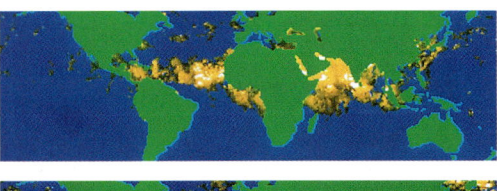

Ces images satellite montrent, en jaune, la dispersion des matières volcaniques dans l'atmosphère immédiatement après l'éruption du mont Pinatubo aux Philippines, en 1991 (en haut à gauche) et deux mois plus tard (à gauche). Les cendres se sont peu à peu dispersées autour de la Terre, formant un bandeau au-dessus des latitudes inférieures, avec des levers et des couchers de soleil spectaculaires (en haut) dans de nombreuses régions du globe.

Nuages volcaniques

ne réussissait pas à mettre le feu à un bout de papier. L'année qui suivit la plus grande éruption qu'on ait jamais vue, sur l'île de Tambora, près de Bornéo, en 1815, fut surnommée en Europe « l'année sans été ». De même, l'éruption du mont Pinatubo, aux Philippines, en 1991, a créé un voile d'acide sulfurique dans la stratosphère qui s'est répandu ensuite autour du globe. Cela a probablement eu pour effet de refroidir le climat planétaire pendant peut-être plus de deux ans. Toutefois, même si le refroidissement temporaire est dû à une éruption volcanique, il est difficile de séparer ce phénomène des variations de température qui se produisent dans le cadre de l'évolution climatique. On ne peut pas dire vraiment non plus si d'autres variables, comme le régime pluviométrique, sont affectées.

Crépuscules volcaniques

Les poussières volcaniques ont un effet non négligeable sur la couleur bleue du ciel et le rouge du soleil couchant. Quand les rayons du Soleil traversent notre atmosphère, les particules en suspension dans l'air dispersent les couleurs du spectre. Les couleurs que nous voyons changent en fonction de l'angle auquel la lumière traverse l'atmosphère, qui varie selon l'heure de la journée (voir p. 56). L'arrivée de poussières volcaniques dans l'atmosphère augmente le nombre de particules, et par conséquent

Les cendres et la fumée ont assombri pendant des jours le ciel des États-Unis après l'éruption du mont St Helens le 18 mai 1980.

la dispersion des couleurs. Cela signifie que la dispersion des couleurs du côté rouge du spectre se fait mieux dans le ciel, ce qui donne un ciel diurne plus pâle et des levers et des couchers de soleil d'un intense rouge violacé (les crépuscules volcaniques). Les éruptions volcaniques sont très dangereuses pour la circulation aérienne, car les petites particules propulsées dans l'atmosphère risquent d'obstruer les moteurs des avions. Les images satellite des nuages volcaniques sont examinées avec les relevés des prévisions de dispersion, afin de définir les zones interdites au trafic aérien.

L'ouragan dégarnit les bois

J'endors, moi, la foudre aux yeux tendres.

Laissez le grand vent où je tremble

S'unir à la terre où je crois.

RENÉ CHAR, *le Nu perdu.*

ANNEXES

BIBLIOGRAPHIE

CETTE BIBLIOGRAPHIE vous permettra d'approfondir vos connaissances aussi bien en météorologie qu'en histoire de la météorologie. Nous ne mentionnons que des ouvrages français ou traduits en français, faciles à se procurer. Les ouvrages présentés sans commentaires n'ont pas moins de mérites que les autres.

Météorologie générale & évolution

Après la pluie, le beau temps / la météo, catalogue de l'exposition du musée national des Arts et Traditions populaires, Paris, Réunion des musées nationaux, 1984.

Beltrando G. et Chémery L., *Dictionnaire du climat*, Paris, Larousse, 1995. Livre de référence pour répondre à toutes les questions sur la météo générale.

Berroir A., *la Météorologie*, Paris, PUF, 1991.

Besse J., Fournier A. et Renaudin M., *Météorologie*, Toulouse, École nationale de l'aviation civile, 1989. Ouvrage de chevet des spécialistes de météo et d'aéronautique.

Blanchet J., *les Paramètres et les Systèmes prévisibles en physique et en météorologie*, Boulogne, direction de la Météorologie nationale, 1985.

Chaboud R., *la Météo. Question de temps*, Paris, Nathan, 1993. Un bon livre de vulgarisation assez complet.

Chaboud R., *les Prévisions du temps*, Paris, Bordas, 1982. Un livre précieux pour les amateurs.

Chaboud R., *Pleuvra, pleuvra pas. La météo au gré du temps*, Paris, Gallimard, 1994. La météo à travers l'histoire : de la flèche dans les nuages à la science de l'atmosphère.

Chassany J.-P., *Dictionnaire de météorologie populaire*, Paris, Maisonneuve et Larose, 1970. Un ouvrage sur les racines de la météo.

Farrand J. Jr., *Climats*, Paris, Denoël, 1990. Des photos d'une qualité exceptionnelle, un texte pédagogique à la fois clair et attrayant.

Galan R., *Météorologie du pilote de ligne*, Rungis, institut aéronautique Jean-Mermoz, 1990, 2 vol. Un livre très technique réservé aux professionnels.

Geleyn J.-F., Jarraud M. et Labarthe J.-P., « La prévision météorologique à moyen terme », *La Recherche*, vol. XIII, n° 131, p. 324-338, 1982.

Hufty A. *Introduction à la météorologie*, Paris, PUF, 1976. Pour comprendre tous les mécanismes de l'atmosphère.

La Prévision du temps et du climat, suppl. *La Recherche*, n° 201, juillet-août 1988.

Leduc, R. et Gevais R., *Connaître la météorologie*, Québec, Presses de l'université du Québec, 1985. Un livre très simple et très complet.

Les amis de l'Aigoual, *la Météo de A à Z*, Paris, Stock, 1989. Ouvrage simple, précis pour une initiation.

Pagney P., *la Météorologie*, Paris, PUF, 1993.

Pueyo G., *les Observations météorologiques des correspondants météo de Louis Cotte dans divers pays d'Europe*, 1982. Compte-rendu des séances de l'Académie d'agriculture de France. Les débuts de la météorologie moderne.

Queney P., *Éléments de météorologie*, Paris, Masson, 1974.

Queney P., *les Fronts atmosphériques permanents et leurs perturbations*, Alger, Institut de météorologie et de physique du globe de l'Algérie, 1943.

Renaudin M., *Météorologie*, Toulouse, Cépaduès, 1991.

Triplet J.-P. et Roche J., *Météorologie générale*, Paris, École nationale de la météorologie, 1987, 3ᵉ éd. Le meilleur manuel technique sur la météorologie.

Viaut A., *la Météorologie*, Paris, PUF, 1978, 10ᵉ éd.

Climatologie & agrométéorologie

Daget P., « Le bioclimat méditerranéen : caractères généraux, mode de caractérisation », *Vegetatio*, vol. XXXIV, n° 1, 1977.

Escourrou, G., *Climat et Environnement. Comprendre les évolutions climatiques liées à l'urbanisation*, Paris, Masson, coll. « Géographie », 1980.

Fellous J.-L. dir., *Climatologie et Observations spatiales*, Toulouse, Cépaduès, 1987.

Grisollet H., Guilmet B. et Arlery R., *Climatologie. méthodes et pratiques*, Gauthier-Villars, Paris, 1973, 2ᵉ éd. Un classique, mais un peu ardu.

Hare F. K., *Variations et Variabilité climatiques*, conférence mondiale sur le climat, Genève, OMM, 1979.

Leroy-Ladurie, E., *Histoire du climat depuis*

l'an 1000, Paris, Flammarion, coll. « Champs », 2 vol. Les grands bouleversements du temps à travers l'histoire.
Megie G., *Ozone. L'équilibre rompu,* Paris, CNRS, 1989. Les secrets du « trou » de la couche d'ozone.
NOAA, *US Standard Atmosphere,* US Government Printing Office, Washington (DC), 1976 ; *Normales climatologiques, 1951-1980,* Boulogne-Billancourt, direction de la Météorologie nationale, 1986-1987, 3 vol.
Pagney, P., *les Catastrophes climatologiques,* Paris, PUF, coll. « Que sais-je ? », 1970.
Payen D., *la Vague de froid de janvier 1985,* commission de l'Académie d'agriculture, n° 71 (3), 1985. Pour tout connaître sur le dernier hiver rigoureux.
Perlat A. et Petit M., *Mesures en météorologie,* Paris, Gauthier-Villars, 1960.
Sanson J., *Recueil de données statistiques relatives à la climatologie de la France,* Paris, ONM, 1945. La bible de la climatologie.
Swaminathan M. S., *Aspects mondiaux de la production alimentaire,* conférence mondiale sur le climat, Genève, OMM, 1979.
Viers G., *Éléments de climatologie,* Paris, Nathan Université, 1994. Description régionale des climats sans négliger les explications scientifiques.
White R., « Le devenir des climats », *Pour la science,* n° 155, 1990.

Météorologie physique & météorologie dynamique

Bjerknes V., Jerknes J. B., Solberg H. et Bergeron T., *Hydrodynamique physique avec applications à la météorologie dynamique,* Paris, PUF, 1934, 3 vol.
Guyon É., Hulin J.-P. et Petit L., *Hydrodynamique physique,* Paris, InterÉditions, 1991.

Nuages

Atlas international des nuages, Genève, OMM, 1966, 2ᵉ éd.
Bessemoulin J. et Clausse R., *Vents, Nuages et Tempêtes,* Paris, Éditions maritimes et d'outre-mer, 1978. Un guide indispensable pour reconnaître et nommer les nuages.
Gilet M., « Les nuages », *Pour la science,* n° 42, 1981, p. 88-103.
Météorologie nationale, *les Nuages,* t. I : *Nuages et météores ;* t. II : *Systèmes nuageux et types de ciel,* Paris, 1959 et 1961.

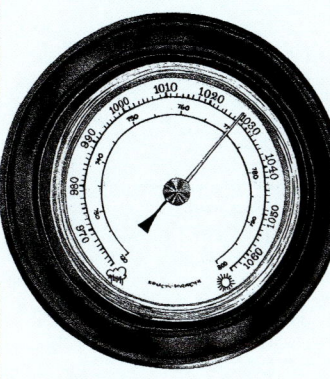

Ouvrage rassemblant les nuages les plus importants pour l'aéronautique.

Précipitations

Mezeix J.-F., Waldvogel A. et Vento D., « La grêle », *La Recherche,* vol. XVII, 1986, p. 300-310.
Richard E. et Chaumerliac N., *Microphysique des nuages chauds dans un modèle à méso-échelle,* Clermont-Ferrand, Observatoire de physique du globe, 1989.

Tornades & trombes

Bordes A., *Trombes et Phénomènes exceptionnels des 23, 24 et 25 juin 1967 sur le nord de la France,* Paris, direction de la Météorologie nationale, 1969.
Dhonneur G., *Traité de météorologie tropicale : application au cas particulier de l'Afrique occidentale et centrale,* Boulogne-Billancourt, direction de la Météorologie nationale, 1985. La référence pour comprendre un sujet difficile.
Ellenberger M., *les Phénomènes naturels : de la foudre aux marées,* La compagnie du Livre, Éditions BRGM, 1994. Une promenade à travers la météo, l'océanographie, la géologie et l'histoire des sciences.
Leborgne J., *les Cyclones,* Paris, PUF, 1986.
Roux F., *les Orages : la météorologie des grains, de la grêle et des éclairs,* Paris, Payot, 1991. Pour tout comprendre sur les phénomènes météo les plus dangereux.
Snow J. T., « The Tornado », *Scientific American,* 1984, vol. CCL, n° 4, p. 56-66, (« Les tornades », *Pour la science,* n° 80, 1984, p. 80-91).

Météorologie spatiale

Cadet D., « TOGA : les océans tropicaux mis sous surveillance », *La Recherche,* n° 176, avril 1986, p. 516-518.
Centre de météorologie spatiale de Lannion, *Photographies météorologiques satellitaires : interprétation, utilisation,* Boulogne-Billancourt, direction de la Météorologie nationale, 1988, 2 vol. Ouvrage simple et images superbes.
Kandel R., « Observation spatiale : atmosphère et océans », *La Science au présent,* Paris, Encyclopædia Universalis, 1992, p. 86.
Lepoutre D., « Les images satellite pour le suivi des productions agricoles », *Compte-rendu de l'Académie d'agriculture française,* 77, n° 6, 1991.
Malingreau J.-P. et Tucker C. J., « La végétation vue de l'espace », *La Recherche,* vol. XVIII, n° 185, févr. 1987.
Pério J., *Météorologie spatiale,* Direction de la météorologie, 1982. Un classique clair et concis.

Météorologie marine

La Météo marine, Paris, Éditions du Seuil, 1992, coll. « Guides Glénans ». Destinée aux navigateurs, la météo des spécialistes de la célèbre association des Glénans.
Fons C., *Météorologie marine,* Éditions du Pen duick. Un livre passionnant par un professionnel du routage des courses autour du monde.
Mayençon R., *Météorologie marine,* Paris, Éditions maritimes et d'outre-mer, 1982. Un incontournable pour tous les marins.
Viaut A., *la Météorologie du navigant,* Paris, Blondel la Rougery, 1970.

Organisations

International
Organisation mondiale de la météorologie (OMM)
41, avenue Giuseppe-Motta,
Genève, Suisse
tél. (41 22) 730 83 15
fax (41 22) 733 02 42
e-mail : ipa@www.wmo.ch
Composée de 155 États-membres et de 5 territoires.
L'organisation a été créée pour :
1. faciliter la coopération internationale ;
2. encourager les applications de la météorologie à l'aéronautique, la marine, l'agriculture et autres activités humaines ;
3. encourager les recherches et l'enseignement en météorologie.
International Weather Watchers,
POBox 77442,
Washington, DC 20013, USA
tél. (202) 544 4999
e-mail : iww@delphi.com
Association pour les amateurs et professionnels passionnés de météorologie. Elle édite un magazine bimensuel et organise des conférences.

Europe
Sociétés dépendant de l'OMM :
Centre européen de prévisions météorologiques à moyen terme (CEPMMT)
Cette société, dont le siège est à Shinfield Park, près de Reading (Angleterre), existe depuis 1975. Tous les pays de l'Union européenne en font partie.
EUMETSAT Cette organisation européenne de satellites météorologiques qui travaille avec l'Agence spatiale européenne a été créée le 18 juin 1986. Elle est dirigée par les pays qui constituent l'Union européenne. Outre Météosat 5, dont elle gère l'exploitation, elle prépare les observations satellite de l'an 2000.

France
Météo-France
1, quai Branly
75340 Paris Cedex 07
tél. (1) 45 56 74 25
fax (1) 45 56 71 11
e-mail : http ://www.meteo.fr/
Service météorologique français, dont le centre national est basé à Toulouse. Il comporte sept grandes régions et au moins une station par département. Météo-France possède aussi des stations météorologiques dans les départements et les territoires d'outre-mer. Elle dispose d'un catalogue complet de publications scientifiques qui traitent des sujets les plus divers concernant la météorologie.
Société météorologique de France (SMF)
1, quai Branly
75340 Paris Cedex 07
tél. (1) 45 56 73 64
fax (1) 45 56 73 63
Association scientifique d'amateurs et de professionnels de la météorologie. Elle publie une revue trimestrielle.

Canada
Atmospheric Environment Service Environment Canada,
Inquiry Center, Ottawa,
Ontario K1A 0H3 ;
tél. (800) 668 6767
Envirofax (819) 953 0966
e-mail : http ://www.doe.ca
Bureau national à Toronto, Dorval et Hull. Il fournit des informations et produit des documentations sur des sujets tels que les tornades, les orages, les changements climatiques et la couche d'ozone.
The Canadian Meteorological and Oceanographic Society (CMOS)
903/151 Slater Str., Ottawa,
Ontario, K1P 5H3 ;
tél. (613) 990 0300
fax (613) 990 5510
e-mail :
CMOS@ottmed.meds.dfo.ca
Treize centres sur le Canada. Produit des informations et des conférences sur la météorologie et l'océanographie. Cette société édite de nombreuses plaquettes d'informations.

Suisse
Institut suisse de météorologie
Krähbühlstrasse 58
CH. 8044 Zurich
tél. (41 01) 256 91 41
fax (41 01) 256 92 78
Centre national de Zurich, des stations dans les cantons. Établit des prévisions nationales et régionales. Produit de nombreuses informations sur divers sujets concernant la météo.

Belgique
Institut royal de météorologie (IRM)/KMI
3, avenue Circulaire
1180 Bruxelles
tél. 32 2 373 05 01
fax 32 2 375 12 59
Centre national situé à Bruxelles, stations régionales. Produit des informations et des publications sur la météorologie en français et en flamand.

Réseaux informatiques
Le réseau mondial informatique, Internet, contient de nombreux serveurs spécialisés *(voir la liste ci-dessous)* sur les sujets traitant de météorologie et de climat.
Atmoslist : une liste fournie par les scientifiques et météorologues australiens travaillant en étroite collaboration.
http ://www.monash.edu.au/atmos/
NASA : images satellite de la Terre et de l'atmosphère.
http ://www.hq.nasa.gov/
National Climatic Data Center (NCDC) : centre national de données climatiques pour les États-Unis et le monde entier.
http ://www.ncdc.noaa.gov/
National Oceanic and Atmospheric Administration (NOAA) : modèles de prévision, images satellite, cartes du temps.
http ://www.noaa.gov/
The Weather Channel Forum,
États-Unis : chaîne météo. Informations, statistiques et forum. Serveur accessible par Compuserve. GO.TWCFORUM
WeatherNet : liste de 250 serveurs Internet, concernant la météo, réactualisée régulièrement.
http ://cirrus.sprl.umich
The Weather Page : une liste simple des serveurs météo.
http ://acro.harvard.edu/GA/weather.html

Glossaire

A

aérosol Particules très fines en suspension, liquide ou solide, comme les cristaux de sel de mer ou la poussière servant de noyaux de condensation à la vapeur d'eau.

anticyclone Masse de hautes pressions atmosphériques, tournant dans le sens des aiguilles d'une montre dans l'hémisphère Nord et dans le sens contraire dans l'hémisphère Sud.

B

basses latitudes Régions proches de l'équateur, du sud du tropique du Cancer et du nord du tropique du Capricorne ; ces régions ont un climat tropical.

biome Ensemble écologique présentant une grande uniformité sur une vaste surface et où dominent les mêmes conditions climatiques.

C

CFC *voir* chlorofluorocarbure

chaleur latente Quantité de chaleur absorbée ou dégagée par l'eau quand elle passe de l'état de glace à celui de liquide, ou de celui de liquide à celui de vapeur, ou bien encore de celui de glace à celui de vapeur.

chlorofluorocarbure (CFC) Gaz utilisé notamment dans la fabrication industrielle des bombes aérosols, des isolants, des réfrigérants, et dont la libération provoque la dissociation des molécules d'ozone de la haute atmosphère.

cirrus Nuage de haute altitude, blanc, en flocons ou filaments, qui indique un certain degré d'humidité dans les couches élevées de l'atmosphère. Les cirrus sont composés uniquement de millions de cristaux de glace.

cisaillement de vent Effet dû à une couche d'air qui glisse sur une autre couche se déplaçant à une autre vitesse ou dans une autre direction. Variation d'intensité du vent dans une des trois directions de l'espace.

coalescence État des particules liquides en suspension dans un nuage qui se réunissent en gouttelettes plus grosses jusqu'au moment où elles atteignent le sol sous forme de pluie.

condensation Formation d'eau à partir de la vapeur d'eau. Ce phénomène se produit lorsque l'air a atteint un point de saturation et qu'il ne peut plus contenir de vapeur d'eau. Transformation d'un gaz en liquide ou en solide.

convection Mouvement vertical de l'air, d'origine thermique ou orographique. Si la masse d'air est chaude, l'air monte ; au contraire, si elle refroidit, l'air tend à retomber. (Généré par la force de flottabilité.)

Coriolis (force de) Théorie identifiée par un mathématicien du nom de Gustave-Gaspard de Coriolis (1792-1843) expliquant la circulation atmosphérique des systèmes climatiques. Cette force déviante (vers la droite dans l'hémisphère Nord et vers la gauche dans l'hémisphère Sud) est produite par l'accélération complémentaire due à la rotation terrestre. Elle joue un rôle important dans le déplacement des masses d'air.

courant ascendant Tout mouvement d'air montant depuis le sol. Ils sont fréquents lors des tempêtes.

courant descendant Courant causé par la descente d'une colonne d'air qui peut provoquer des vents puissants et une forte pluie.

courant-jet Vent très fort qui se développe vers 10 km d'altitude, grâce aux différences de température entre l'air polaire et l'air tropical ; les courants-jets sont plus marqués en hiver.

cumuliforme (nuage) Catégorie regroupant les nuages qui sont bourgeonnants et boursouflés (*cumulus* en latin signifie amas). Le plus souvent, les cumulus se forment par convection localisée ou ascension orographique. Les cumulus, stratocumulus, altocumulus et cirrocumulus appartiennent à cette catégorie.

cumulonimbus Nuage cumuliforme, de grandes dimensions verticales, d'aspect foncé, qui produit des orages ou des chutes de grêle. Lorsqu'il est coiffé de cirrus, il ressemble à une enclume.

cyclogenèse Ensemble des processus qui déterminent un cyclone : élévation de l'air chaud, naissance d'une zone de basse pression, développement des nuages, des précipitations et des vents violents.

cyclone Masse atmosphérique animée d'un mouvement de rotation, accompagnée d'une baisse de pression atmosphérique et de vents forts. Dans l'hémisphère Sud, ces vents soufflent dans le sens des aiguilles d'une montre alors que, dans l'hémisphère Nord, ils tournent dans le sens contraire.

cyclone tropical Stade de maturité des perturbations dans les océans tropicaux (vent supérieur à 120 km/h).

D

dépression Masse atmosphérique sous basse pression et qui est la zone de mouvements ascendants.

diffraction Phénomène optique de déviation des rayons lumineux entraînant la dispersion des couleurs et donnant une lumière blanche entourée des couleurs du spectre. Le processus de diffraction est à l'origine des couronnes : ces anneaux colorés entourant parfois le Soleil ou la Lune.

E

effet de serre Processus de réchauffement de l'atmosphère dû à certains gaz. Ces « gaz à effet de serre » absorbent et réémettent les rayonnements infrarouges à la surface de la Terre.

El Niño Ce courant chaud des eaux équatoriales doit son nom à l'Enfant Jésus – « El Niño », en espagnol –, car il apparaît à l'époque de Noël sur les côtes nord-ouest d'Amérique du Sud. Lorsqu'il se manifeste de façon très marquée, l'eau chaude, qui s'étale sur une énorme superficie, entraîne l'apparition de pluies torrentielles.

évaporation Transformation d'un liquide (l'eau par exemple) en gaz (la vapeur).

exosphère Couche extrême de l'atmosphère terrestre, au-delà de la thermosphère, qui se situe au-dessus de 1 000 km.

F

front atmosphérique Surface de contact entre des masses d'air de température, humidité et densité différentes. L'interaction entre une masse d'air chaud et une masse d'air froid engendre des dépressions, qui provoquent des perturbations atmosphériques.

front chaud Zone d'air chaud. Lorsqu'un front chaud rencontre une masse d'air froid stationnaire, l'air chaud monte et refroidit. Suit alors une condensation qui forme des nuages et produit souvent des précipitations. Il est représenté sur les cartes météo par une ligne bordée de demi-cercles.

front froid Zone marquant le contact entre des masses d'air convergentes, différenciées par leur température et leur degré d'humidité. Lorsqu'un front froid rencontre une masse d'air chaud, le temps devient instable, et la pluie et le vent ne tardent pas à se manifester. Il est représenté sur les cartes météo par une ligne bordée de triangles.

front occlus Type de front se formant lorsqu'un front froid rattrape un front chaud. Synonyme : occlusion.

H

hautes latitudes Régions proches des pôles Nord du cercle arctique et Sud du cercle antarctique ; ces régions ont des climats polaires.

humidité absolue Mesure du volume d'eau contenu dans un certain volume d'air à une température donnée.

humidité relative Pourcentage de vapeur d'eau contenue dans l'air par rapport à la quantité de vapeur d'eau qui serait nécessaire pour saturer ce dernier à une température donnée.

I

instabilité État de l'atmosphère lorsqu'une masse d'air continue à s'élever tant que sa température reste supérieure à celle de l'air ambiant.

inversion de température Phénomène qui traduit la présence d'une couche

atmosphérique anormalement chaude passant au-dessus d'une couche d'air froid et empêchant cette dernière de s'élever. Ce phénomène se traduit souvent par la formation de brouillard et de nuages bas, souvent lents à se dissiper.

isobare Ligne dessinée sur une carte météorologique qui joint les points où la pression est identique. Elle délimite les dépressions et anticyclones. Quand elles sont rapprochées, ces lignes indiquent des zones de vents forts.

J-L

jet-stream *Voir* courant-jet.

latitudes moyennes Régions qui s'étendent entre le cercle arctique et le tropique du Cancer (y compris l'Amérique du Nord et l'Europe) et entre le cercle antarctique et le tropique du Capricorne. Ces régions ont des climats tempérés.

ligne de grains (orages en) Se dit de plusieurs orages qui se forment simultanément sur une ligne, le long d'un front froid principal ou secondaire.

M

marée de tempête Monticule d'eau se formant sous le centre du cyclone par l'effet des basses pressions qui soulèvent l'eau par un phénomène d'aspiration. Ce phénomène peut provoquer des vagues énormes si l'ouragan atteint la côte.

mésosphère Couche de l'atmosphère située entre la stratosphère et l'ionosphère, vers 50 à 80 km. Couche dans laquelle la température décroît avec l'altitude.

microclimat Ensemble des conditions de température, d'humidité et de vents particulières à un espace homogène de faible étendue à la surface du sol, dues à la topographie, à la végétation, et/ou à la proximité de l'eau. Par extension : climat local.

modèle climatique Simulation informatique qui reproduit un climat global et permet d'établir un échantillon de prévision. Il nécessite l'utilisation d'ordinateurs puissants.

O

ouragan Terme utilisé en Amérique du Nord et dans les Caraïbes pour désigner une baisse de pression d'origine tropicale. En cas d'ouragan, les vents sont supérieurs à 120 km/h. Ces phénomènes provoquent des catastrophes naturelles d'une violence inouïe.

ozone Corps simple gazeux dont la molécule est formée de trois atomes d'oxygène (O_3). L'ozone absorbe la plupart des rayons ultraviolets du Soleil et assure la salubrité de l'air, car c'est un puissant bactéricide. Il se forme dans la haute atmosphère par une réaction photochimique. L'ozone se compose et se décompose facilement, ce qui explique que des réactions chimiques d'origine industrielle (CFC) fassent varier l'épaisseur de la couche.

P

point de rosée Température à laquelle la vapeur d'eau contenue dans l'air devient saturante.

précipitations Formes variées sous lesquelles l'eau contenue dans l'atmosphère se dépose à la surface du globe (pluie, averse, bruine, neige, gelée, grêle, rosée).

pression de l'air appelée aussi **pression atmosphérique** ou **pression barométrique** Pression exercée par l'air en un lieu donné. Elle se mesure en hectopascals (hPa) à l'aide d'un baromètre. La pression est en moyenne de 1 013 hPa au niveau de la mer.

prévisions synoptiques Prévisions basées sur la collecte et l'analyse d'observations du temps d'une région aussi vaste que possible.

R

réchauffement global Augmentation générale des températures dans l'atmosphère.

réfraction Changement de direction de la propagation d'une onde lorsque changent les caractéristiques du milieu dans lequel elle se propage. La réfraction provoque les effets optiques tels que les arcs-en-ciel, les parhélies, les halos, etc.

S

saturation État de l'atmosphère contenant la quantité maximale de vapeur d'eau compatible avec la température et la pression du moment. État au-delà duquel se produit la condensation.

stabilité État de l'atmosphère lorsqu'une masse d'air chaud atteint la même température que l'air ambiant et cesse de monter.

stratiforme (nuage) Catégorie regroupant les nuages qui ont une forme plate et sont disposés en couches régulières et continues (*stratus* en latin signifie strate, couche). Les stratus, stratocumulus et altostratus appartiennent à cette catégorie.

stratosphère Couche de l'atmosphère terrestre qui s'étend de la troposphère, à environ 10 km de la surface de la Terre, à la stratosphère, à 50 km, juste en dessous de la mésosphère. C'est dans cette partie que se trouve la couche d'ozone.

sublimation Passage de la glace en vapeur d'eau, sans passer par l'état liquide. (L'opposé est la condensation solide.)

surfusion Phénomène par lequel un corps reste liquide à une température inférieure à son point de congélation. Il arrive que les gouttes de vapeur d'eau gelée en suspension dans l'air restent liquides, même si leur température est inférieure à 0 °C.

système dépressionnaire Phénomène où la pression décroît lorsque deux masses d'air de températures différentes interagissent. De tels systèmes sont souvent synonymes de mauvais temps.

T

thermosphère Région de l'atmosphère située au-delà de 80 km, dans laquelle la température croît régulièrement avec l'altitude.

tropopause Zone de transition atmosphérique entre la troposphère et la stratosphère. La décroissance des températures cesse à ce niveau.

troposphère Couche la plus basse de l'atmosphère, dont l'épaisseur varie de 6 km au pôle à 17 km à l'équateur.

typhon Terme utilisé pour désigner un ouragan dans le Pacifique ouest et la mer de Chine.

Annexes

INDEX

Dans cet index, les numéros de page en **gras** renvoient aux développements principaux ; ceux en *italique*, aux illustrations (dessins, schémas et photographies).

A

activité humaine 17, **110-111, 128-141**
  effet sur le cycle de l'eau 39
  impact sur la Terre **120-121**,
  incendies 268
  pollution de l'air **266-267**, *266-267*
adaptation 144-145, *164*
  chaleur 132, 145, 148
  changements climatiques **112-113**
  environnement 144-173
  froid 134, 145
  haute altitude 136-137
advection *voir* brouillard
Agassiz, Louis 113, *113*
agriculture 14, 15, 20
  sécheresse 232
air 16, **24-25, 40-41**, *24*,
  dans les villes 120
  densité 265
  pollution **266-267**, *266-267*
  stabilité 43, *43*
  voir aussi température
Alcyon, jours d' 65, *65*
alertes, réseaux d' 72, *72*, 75, **80-81**, 87, *87*,
  blizzard 225
  cyclones 87, 252-253
  inondations 231
  sécheresse 235
  tempêtes *74*, 201, 239
  tornades 87, 203, 245
alizés 30, 32, 103
Alpes 165
alpines, régions 166
altitude 136-137, *136-137*
  climats de montagne **164-167**
  microclimats 145
altocumulus 44-45, 90, *90*, **206**, *206*
  castellanus 209, *209*
  irisation 259
  lenticularis 210-211, *210-211*
  radiatus perlucidus (en écailles) 208, *208*
  undulatus 207, *207*
altostratus 45, *45*, **204**, *204*
  irisation 259
  pluie associée 221
  undulatus 205, *205*
Anasazi, civilisation *111*
Andes, cordillère des 211
  effet de fœhn 37
Andrew (ouragan) *21*, 55, 250

anémomètre 69, 98
animaux *voir* faune
annales météorologiques 94, *94*, 95
annulaire, nuage 53
anticyclone 27, *27*, **35**, 88, *88*
arbres 121
  voir aussi flore, forêts, cercles de croissance
arcs-en-ciel 57, 91, **256-257**, *256-257*
  brouillard 257, *257*
  lune 257
Aristote 64
atmosphère 16, **24-27**, 75
  voir aussi circulation, courants
aurores polaires 262-263, *262-263*
  australes 262, *262*, *263*
  boréales *69*, 262
avalanches 225
averses 47, *47*, 220, 221, *221*

B

ballon-sonde 73-75, 81, 83, 84, 100, *100*, *101*
ballons, vols en 24, 73, *73*, 74, 100

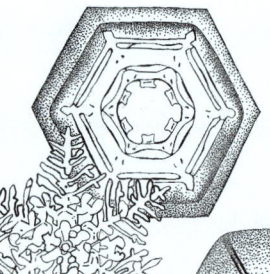

baromètre 26, 67, 68, *70*, 91
  anéroïde 96, *96*
barrages 39, 229
Beaufort, échelle anémométrique de 94, 98
Bentley, William 224
Bergen, école de 74
Bergeron-Findeisen, effet *17*, 46

Béziers (inondation de) 229
biome 18, **144**
Bjerknes, Pr Vilhelm 74, *74*
blizzard 225
blocus 116, *117*
Bort, Teisserenc de 24, 73
Boyle, Robert 69, *69*
Brandes, Heinrich 72
brises 32-33
  de mer 33, *33*, 36, 91
  de terre *33*
brouillard 37, 40-41, *40*, *93*, 120, 176, **181-185**
  d'advection 37, *37*, **182**, *182*
  de détente 37, **183**, *183*
  de rayonnement **181**, *181*
  lutte 138
  photochimique 120, 123, 181, 266, *267*
  stratus bas 184-185, *184-185*, 190
  voir aussi brume, photochimique (brouillard), pollution
bruine 47
brume 47
  de mer *39*, 173, 182, *182*

C

caduque, forêt *voir* forêt
calendrier 63
cancer de la peau 133
captation, bassin de 139
capuchon, nuage 193, *193*
carotte de glace 114, *115*
cartes météorologiques 68, 81, 82, *84*, **88-89**, *88-89*, 95
  de l'atmosphère 75
Celsius, Anders 68
Celsius, échelle 68, 96
cendres volcaniques 57, 270
centre météorologique américain de Camp Springs 80
  CEPMMT, Centre européen de prévisions météorologiques à moyen terme 80
cercles de croissance 17, 114, *114*
CFC 122, *122*, 124
chaleur 120, 124
  climats chauds 146-155
  latente 43, 48
  temps chauds 16, 59, **132-133**, *132-133*
  vagues de 116, 120, 130, 131, 132
  voir aussi halètement, santé

280

Index

chaos, théorie du 105
chaparral 158, *158*
Charles, Jacques 58
chinook *32,* 33, 37
chlorofluorocarbures *voir* CFC
ciel, couleur du 56-57, *56-57*
circulation atmosphérique
    générale 30-31, *30-31*
    locale 32-33, *32-33*
circulation océanique globale
    118, *118*
cirrocumulus 45, *45,* **216,** *216*
cirrostratus 45, *45,* **215,** *215*
Cirrus (projet) 138
cirrus 34, *34,* 44, *44,* 45, 90, 91, **212,** *212*
    halos 260
    intortus 212, *212*
    Kelvin-Helmholtz 214, *214*
    parhélies 261
    radiatus 212, *212*
    uncinus 213, *213*
cisaillement de vent 205, *205,* 207, 208, 214, 216
climat
    antarctique 102, *170,* **170-171**
    arctique 102, **168-169**
    aride 19, **152-155**
    boréal 162
    côtier 19, *39,* **172-173**
    de montagne 19, **164-167,** *164-167*
    équatorial 18, 19, 29, **146-149**
    froid 16, 59, 130, **134-135,** *134-135*
    méditerranéen 19, **158-159**
    polaire 18, 19, 134, 144, **168-171**
    semi-aride 19, **156-157**
    tempéré 18, 19, 144, **160-161**
    tempéré froid 19, 144, **162-163**
    tropical 19, 144, **150-151**
    urbain 120, *120*, 229
    voir aussi climatiques, microclimat, santé, records
climatiques
    changements 17, **106-127**
    modèles 82, 84, *126*
    tendances 116-117, *117*
coalescence 46, *46*
combustibles fossiles 121, 124, *124,* 266
condensation 27, 37, 39, **40,** 42, *69,* 180, 181
    brouillard 266
    cristaux d'iodure d'argent 138
    incendies 268
    pollution atmosphérique 266
    trombe 246, *246*
    voir aussi nuages, noyau, traînées

congères 225
conifères *voir* forêts
convection 26, *27,* 30, 42, *42,* 44, 49, 194
Copernic, Nicolas 66
coraux, couches de 17, **114,** *115*
Coriolis, force de 31, *31,* 251
Coriolis, Gustave-Gaspard de 31, *31*
Cotte, Louis 69
couleurs
    arcs-en-ciel 256
    aurores 262
    ciel 56-57, *56-57*
    couchers de soleil 264
    couronnes 258
    éclairs 240
    halos 260
    incendies 268
    irisation 259
    tornades 245
coup de foudre *voir* foudre
courant-jet 31, 213
courants aériens
    ascendants 48, 50, 53, *53,* 196, 198, 199, 200, 201, 202, *202,* 226, 227, 244, 246, 247
    descendants 49, *53,* 248
couronnes 57, 70, **258,** *258*
couverture nuageuse 16, 27, 85, 94, 99
crépusculaires, rayons 56, 57
cristaux de glace 40, **46-47,** *46-47,* 48, 50, 212, 215, 220
    halos 260
    neige 224
    parhélies 261
croissance végétale (saison de) 163, 165, 166, 168
crues éclair 228-230
cumuliforme, nuage 44, 47, 177
cumulonimbus 34, 45, 48, 50, *51,* 177, 191, 197
    calvus 198, *198*
    capillatus incus 194, **200-201,** *200-201*
    cyclones 252
    mammatus 202-203, 245
    pileus 199, *199*
cumulus 34, 44, *45,* 90, 247
    congestus 48, *90,* 194, **196,** *196*
    humilis 194, *194*
    mediocris 194, **195,** *195*
    voir aussi altocumulus, cirrocumulus, pyrocumulus, stratocumulus
cyclogenèse 34, 38
cyclones 36, *54,* 55, 87, 177, **250-253,** *250-253*
    action 139
    inondations 231
    œil 55, 251, 252
    tropical 54, 250
    voir aussi Andrew, dépression, Emily, Hugo

D

Dalton, John 68, *69*
décharge positive 51
    voir aussi foudre
déforestation 39, **121,** *121,* 126
dépression 27, 34, *35,* 36, 55, 88, 96
dérive des continents *voir* terrestres (masses)
déserts 127, 144, **152-155**
    climatisation 133
    crues éclair 229
    records climatiques 58
    régions anticycloniques 30
déshydratation 132
dieux du temps 15, **62,** *62,* 64
diffraction 56, 57, 258, 259, 260
digues 229, 231
Dines, W. H. 69
dinosaures 109
dioxyde de carbone 124, *125*
Doppler, radars 104, *104*
douleur 131
dunes 172

E

eau
    cycle 39, *39*
    trombes 52, *52,* **246,** *246*
    vapeur 16, 24, **40-41,** *40-41,* 42, **46-47,** *46-47*
éclairs *voir* foudre
effet de serre 124-125
effet papillon *voir* papillon

El Niño 38, *102,* **102-103,** 127, 233
électriques, charges *voir* foudre
électroniques, capteurs 100
Emily (ouragan) *250*
enclume, nuage en 48, *49,* **200-201,** *200-201,* 239, 245
engrais 122, *124*
ENIAC (ordinateur) 76, *77*
environnement 112-113
épineux 150
équateur 16, 24, 144
éruptions volcaniques 17, 50, 57, 123, *123*
estuaires 173
évaporation 39, *40,* 152, 158
formation des tempêtes 54
thermorégulation 154
Everest, mont 193
évolution 144-145
extinctions 112, 144

F

Fahrenheit, Daniel Gabriel 68
Fahrenheit, échelle 68, 96
famine 14, 111
liée à la sécheresse 232-235
faune 112, 113, 144, *159, 165*
alpine *167, 167*
antarctique 170, *170*
arctique **168-169, 169**
à sang chaud 145, *145*
à sang froid 145, *145,* 154
des climats froids 163, *163*
des climats tempérés 160, *160,* 161
des dunes 172
des prairies 157, *157*
du désert 154, *154-155*
migrations 165
équatoriale 148, *148*
subalpine 166, *166*
tropicale 151, *151*
survivant aux incendies 159
voir aussi oiseaux
faux soleils *voir* parhélies
Ferdinand II de Médicis 67, *67*
Ferrel, cellule de 31
Ferrel, William 31
feux de brousse *voir* incendies
feux de forêt *voir* incendies
feux Saint-Elme 51
voir aussi foudre
FitzRoy, Robert 72
flore 112, 113, 144
adaptation *144*
alpine 164, *166*
antarctique 170
arctique 168, *168*
des climats froids 162, *162*
des dunes 172
dégâts du givre 187

du désert *152-155,* **153**
équatoriale 148, *147*
face à la chaleur et à la sécheresse 145
plantes annuelles 158
voir chaparral, fynbos, mallee, maquis, matorral, pampa
fœhn (vent) 33, 131
fœhn, effet de 32, 33, *37, 37*
folklore *14,* 15, **70-71,** 92
forêts
caduques 160, *160*
de conifères 162, *162,* 164, 165
de nuages 150, *150*
de mousson 150, *150*
humides 144, *144,* 146, **146-149**
fossiles *108,* **108-109,** 115
foudre 48, **50-51,** *50-51,* 91, *91,* 177
en boule 51
éclairs de chaleur 242
éclairs en nappe 242
éclairs entre air et nuages 50, *50,* **243,** *243*
éclairs entre nuages et terre 50, *50,* 51, **240-241,** *240-241*
éclairs entre nuages 242, *242*
incendies 197, **268**
Franklin, Benjamin 51, *51,* 270
fronts atmosphériques 34-35, *34-35,* 38, 42, *42,* 44, *49,* 74, 89, 204
chauds **34,** *34, 35,* 89
froids **34,** *34, 35,* 89
occlus 35, *35*
polaires 31
Fujita, échelle de 52
fusées 76, *76*
fynbos 158

G

Gaia, hypothèse 127
Galilée *66,* 67
Gay-Lussac, Louis-Joseph 73
gaz carbonique
voir dioxyde de carbone
gelée blanche 41, *41*
gelures 130
girouette 98
givre 41, 176, **186-187,** *186-187,* 223
glace 40
voir aussi carotte de glace, givre, glaciaire, glaciers, grêle, permafrost, verglas
glaciaire, calotte 170
glaciaire, ère 109, 113, 119
voir aussi petit âge glaciaire
glaciations *voir* glaciaire (ère)
glaciers 108, *109,* 111, *112,* 113, *113*

Glaisher, James 73
Gobi, désert de 152
gradient de pression 27
grains, ligne de *49,* 89
Grand Bassin, désert du 152
Grand Désert de sable 152
grêle 226
grésil 222
groenlandaise (colonie) 110, 111, *111*
Gulf Stream 38, *38*

H

habillement 134, 135, 137
habitat
adaptation 144
vertical 146, *146,* 148
Hadley, cellules de 30
Hadley, George 30
halètement 149
halos 57, 63, *70,* 91, *91,* 215, **260,** *260*
hibernation 145, **160-161**
Himalaya 165, 211
vents locaux 32
homéothermes (animaux) 145
hommes *voir* activité humaine, santé, humeur
Hooke, Robert 69
Howard, Luke 44, *44*
Hugo (cyclone) 231
humeurs, changements d' 131
humidité 16, 17, 67, 144
absolue 41
climats de montagne 164
climats équatoriaux 146-149
dans les déserts 152
et santé 130
formation des nuages 192
mangroves *172,* 173
mesure 67, *67,* 68, 99
relative 41, 68, 96, 132
signes dans la nature 92
voir aussi marais
Hutton, James 113
hygrographe 97, 99, *99*
hygromètre 41, 67, *67,* 99
hyperthermie 130, 132
hypothermie 130, 134
hypoxémie *voir* oxygène

I

incendies *87,* 159, **268-269,** *268-269*
formation nuageuse 197, *197*
foudre 240, *241*
saisonniers 156, 158
sécheresse 158, 233
index de température-humidité 132
industrielle, pollution 120, 122

infrarouge, rayonnement 124, *125*
infrarouge, technologie 77
inondations 55, 80, *87*, 89, 139, 177, 221, **228-231**, *228-231*
   crues éclair 120, 221, 228-230, *228-230*
   le Déluge *228*
   liées à la sécheresse 233
   liées aux cyclones 250
   liées aux moussons 32, *33*
   voir aussi Béziers, El Niño, Nîmes, Vaison, Johnstown
instabilité atmosphérique 43, *43*, 47, 48, 52, 91
instruments météorologiques 96-101
   abri 20, 94, 95, **97**
inversion atmosphérique 267
inversion de températures 267
irisation 215, **259**, *259*
isobare 27, 88

J

Jaune, fleuve (crues) 231
Jefferson, Thomas 69, *69*
jet-stream *voir* courant-jet
Johnstown (inondation de) *229*

K

kamikaze (vent) 252
Kelvin-Helmholtz, ondes 214
khamsin (vent) 33
Kilimandjaro, mont 224

L

Lamarck, Jean-Baptiste 44
latente, chaleur *voir* chaleur
latitudes
   basses 18, 88, 116
   hautes 18, 29, 88, *109*, 116
   moyennes 29, 47, 54, 91, 103, 105, 116, *117*
Lavoisier, Antoine de 69
Le Verrier, Urbain 58
lenticulaire, nuage *36, 37*, 193, 210
Léonard de Vinci 67
lichens 170
Linné, Carl von 93
lit (des lacs, des océans) **115**
littoral
   rocheux 172
   sablonneux 172
Lorenz, Edward 105, *105*
Lovelock, James 127
lumière 28, 94
   dans les forêts humides 147
   diffractée 56, 258, 259

   diffusée 56, *57*, 264, 269, 271
   en régions alpines 166
   en régions polaires 168
   mesure 99
   réfléchie 260
   réfractée 56, 57, 256, 265
lune 70, *70*
   couronnes 258, *258*

M

Madison, James 69
magnétique, champ 263
mal des hauteurs 136
mammatus, cumulonimbus avec **202**, *202*
   alerte aux tornades 245
manche à air 98
mangrove *172*, 173
Mannheim, société météorologique de 72
maquis 158, *158*
marais 162
marée de tempête 55
Margulis, Lynn 127
Marié-Davy, Edmé 58
masses d'air 34
matorral 158
Maury, Matthew 73
mésocyclone 53
mesures météorologiques 94, **96-97**
   changements climatiques 114-115
   instruments électroniques 100-101
   pression de l'air 26
météorologie 62-63
   amateur 90-91
   au Moyen Âge 66
   dans la Grèce antique 64-65
   durant la Renaissance 66-67
   instruments électroniques 100-101
   science météorologique 68-69
météorologique, abri 97
météorologique, surveillance *voir* prévisions
météorologiques, instruments *voir* instruments
micro-onde, radiomètre 101
microclimat 145
microtornades 49, **248**, *248*
migrations animales *112*, 160, *161*, 163, 165, 169, 170
   des oiseaux *93*, 95
Milankovitch, théorie de 118, *119*
mirages **265**, *265*
Mississippi, crues du 121
mistral (vent) 33
Mojave, désert de *36*, 152

montagne 43, **165**
   brouillard de détente 183
   cycle de l'eau 39
   formation nuageuse 210
   haute altitude 136
   impact sur le temps 36, 145
montgolfière *voir* ballons
mousson, forêt de *voir* forêt
moussons 32, *32,* 33
mythologies 62-63
   symbole du dragon 230
   Zeus *239*

N

naturels, signes 92-93, *92-93*
navigation aérienne
   formation de glace 204, 206, 223
   foudre 241
   microtornades 248
   stratus 190
   traînées de condensation 217, *217*
   voir aussi turbulences
nébulosité *voir* couverture nuageuse
neige 46-47, *46-47*, 80, 89, 90, 94, 95, 177, **224-225**, *224-225*
   déserts 152
   formation nuageuse 196, 204
   fondue **222-223**, *222-223*
   mesures 98
   plantes alpines 166
   records 58, 59
   voir aussi virga
Neumann, John von 76
Newton, Isaac 256
nimbostratus 190
nimbus 45

(inondation de) 229
 de la mer 113
A, National Oceanic and
 tmospheric Administration
 101
noyau de condensation 41
nuages 16, *16*, 27, 41, **42-45**, *44-45*, 70, 90
   cendres 270
   couleurs **56**
   courant-jet 31
   ensemencement **138**
   formation *36*, 37, 39, **42-43**, *42-43*, 54, 89, 120, 126, 176
   modèles climatiques *126*
   sommet 200, *200*
   volcaniques **270-271**, *270-271*
   voir aussi altocumulus, altostratus, annulaire, brouillard, capuchon, cirrocumulus, cirrostratus, cirrus, cisaillement, couverture, cumulonimbus, cumulus, lenticulaire, nimbus, nimbostratus, nuageuse, pileus, pyrocumulus, stratus, stratiforme

O
occlus, front 35, *35*
océans
   circulation 118, 127
   courants 38, *38*, 101
   influence 38-39, *38-39*, 145
   sédiments océaniques 115
   voir aussi marée de tempête, température, Californie
œil d'un cyclone *voir* cyclones
Office météorologique britannique 80
oiseaux 148
   alpins 167
   de l'Antarctique 170
   de l'Arctique 169
   du Grand Nord 163
   tropicaux 151
   voir aussi migrations
OMI, Organisation météorologique internationale 73, *73*
OMM, Organisation météorologique mondiale 20, 73, 81, 87
optiques, effets *91*, 177, **254-271**
orages 15, 34, **48-49**, *48-49*, 91, 177, **238-239**, *238-239*
   averses 221
   avis de tornades 203
   crues éclair **228**
   cyclones 251
   formation nuageuse 209
   grêle 226
   voir aussi alerte (système d'), tempêtes, tonnerre

orographique, ascension 43, 44
orographique, effet d'onde 210
orographique, stratus 37, *43*, *43*, 183, **192-193**, *192-193*
oscillation quasi bisannuelle 117
ouragan *voir* cyclones
ovni (illusion) 210
oxygène 24, 171, *172*
ozone 25, **122-123**, *122-123*, 124

P
pampa 156
papillon, effet 21, 105
paratonnerre 51
   voir aussi foudre
parhélies 57, 215
peau, température de la 132
permafrost 162, 168
petit âge glaciaire **111**, *111*
phénologie 93
photochimique, brouillard 120, 123, 181, 266, *267*
photographie 91, 95
Pilâtre de Rozier, François 73
pileus (cumulonimbus avec) **199**, *199*
Pinatubo, mont 123, *123*, 270, 271
plantes *voir* flore
pluie, chutes de 14, 49, 95, 100-101, 144
   courants océaniques 38
   déserts 152
   El Niño 127
   forêts humides 146
   fronts atmosphériques 34
   Méditerranée 158
   mesures 94, 98, 114
   moyennes 17
   records 59
   saisonnières 116
   tempêtes tropicales 55

zones urbaines 120
voir aussi ensemencement
pluie, danse de la 15, 138
pluie, gouttes de *46*, 47, 220
   voir aussi surfusion
pluies 16, **46-47**, *46-47*, 48, 62, 80, 91, 177, **220-221**, *220-221*
   acides 120, *121*
   cyclones 250
   formation nuageuse 196, 204
   microtornades 248
   moussons 32
   verglaçantes 47, **222-223**, *222-223*
   voir aussi inondations, pluie, fœhn (effet de), averses
pluviomètre 63, 69, 96, 98, *98*
poïkilothermes (animaux) 145, 154
point de rosée 40, *40*, 42
polaire, front *voir* fronts
polaires, régions 16, 102
pollution atmosphérique *88*, **266-267**, *266-267*
   couleurs 57
   urbaine 120
   voir aussi brouillard (photochimique)
pot-au-noir 30
poussières 41, **56-57**, *56-57*, 264
   sécheresse 233, *233*, 249
   tempêtes **249**, *249*
   tourbillons 52, **247**, *247*, 249
   volcaniques 270
prairie 156, *156*
précautions
   foudre 241
   froid 135
   tornades 245
précipitations 16, **46-47**, *46-47*, 75, 145, 177, 198, **218-234**, *218-234*
   activité volcanique 270
   Antarctique 170
   circulation atmosphérique 30
   condensation du brouillard 173
   courants océaniques 38
   cycle de l'eau 39, *39*
   en climats tempérés 160
   fronts atmosphériques 34
   mesures 101
   montagnes 37
   verglacées 222
   voir aussi ensemencement, grêle, pluie, neige
préhistoire **108**
   voir aussi fossiles
pression atmosphérique **26-27**, *26-27*, 67, 68
   mesures 96
   records 59
pression de l'air *voir* pression atmosphérique

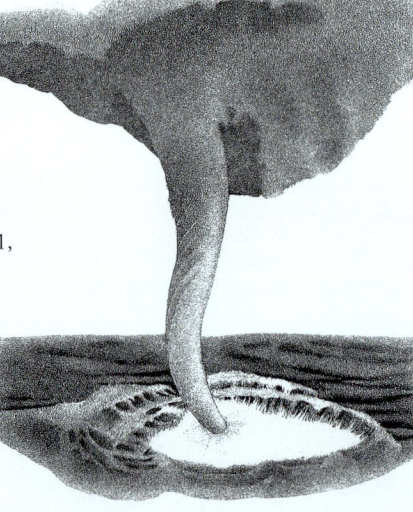

prévisions météorologiques 15, **20-21, 78-105**
à long terme 21, *103*, 105
amateur 95
à moyen terme 21
à travers les âges **60-77**
générales **104-105**
journalières, à court terme 21
modèles climatiques 75, **76-77**
saisonnières **102-103**
signes dans la nature 71, **92-93**, *92-93*
voir aussi climatiques (modèles), folklore, synoptique
Ptolémée 30
pyrocumulus 197, *197*
après les incendies 269

Q-R
quantum 262

radar 75, 81, 100, **104**
voir aussi Doppler
Radcliffe (observatoire) 58
radio 25
détection des tempêtes 239
radiomètre 101
radiosonde 74, 100
voir aussi ballon-sonde
rayon vert 264, *264*
rayonnement solaire 25, 27, 124, *125*
raz de marée 250, *250*, 253
réchauffement global 101, 111, 125, **126-127**, 266
records climatiques 58-59, *58-59*
temps local 94
réfraction 56, 57, 256, *257*, 265
Richardson, Lewis Fry 76
Rio, sommet de 127
Rocheuses, montagnes 33, 211
rosée 40, *41*, 91, 176, **180**, *180*, 181
voir aussi point de rosée
Rossby, ondes de 75
Rossby, Carl-Gustaf 75, *75*

S
Saffir-Simpson, échelle de 55
Sahara, désert du 33, 152
Sahel *232*, 234
Saint Louis (tornade de) *244*
saison 27, **28-29**, 93, **160-161**
humide 29
première floraison 93
sèche 29
voir aussi croissance végétale, moussons

santé et climat 130-131
satellite (images) 21, *21*, 76, 77, 81, **89**, *89*, 99, 100, **104**
activité volcanique 270, 271
alerte aux cyclones 252-253
brise de mer 33
circulation atmosphérique 30
surveillance des incendies 269
températures océaniques 38
saturation 40, 46
savane 144, 150, 156, *157*
Schaefer, Vincent 138, *139*
sécheresse 14, 127, 177, **232-235**, *232-235*, 249
sédiments 115
sélection naturelle 144
sierra Nevada, désert de la 37, 165
silencieux, orage 242, 243
simulation numérique 21, 80, 87, *95*, 96
voir aussi prévisions, climatiques (modèles)
sirocco (vent) 131
solaires, taches 116, *116*, 117, 118, 123, 127, 263
soleil 16-17, 24, 25, **26-27**, 28, 118
activité volcanique 270, 271
couchers 57, *57*, 91, 264
coup 137
couronnes 258, *258*
halos 260
Sonora, désert de 152
soufre, dioxyde de 126
sphaigne 162
stabilité atmosphérique 43, *43*
stations météorologiques
domestiques 95
professionnelles 81, 100
voir aussi instruments
steppe 156
Stevenson, écran *voir* instruments
Stormfury (programme) 139
stratocumulus *44, 45*, **191**, *191*
stratosphère 25, *25*, 73
stratus 34, 44, *45*, 90, **190**, *190*
brouillard **184-185**, *184-185*
orographiques 37, 43, *43*, 183, **192-193**, *192-193*
pluies 221
voir aussi altostratus, cirrostratus
subalpines, régions 166-167
sublimation 42
sueur *voir* transpiration
supercellulaire, orage 49, 53

surfusion 41, 46
voir aussi verglas, givre
synoptique, carte 72-75, 88
Système mondial de transmission à grande vitesse 81

T
Table, mountain 192, *193*
taïga 162
Tambora, île de 271
télégraphe 72
température 16, 21, 24, 43, 67, 110
activité volcanique 270
adaptation 145
augmentation 127, *127*
conversions 96
dans le désert 152
dans les forêts 145
dans les terres 36
de la mer 36, 251
des climats équatoriaux 147
des courants océaniques 38, *38*
d'un éclair 51
en Antarctique 170
en Celsius 68
en Fahrenheit 68
en montagne 164
en plein vent 135, *135*
givre 186
globale moyenne 125
marine de surface 54, 102, 114
mesures 17, 94, 97, *97*
neige 224-225
polaire 168
records 59
ressentie 132, *132*
variations saisonnières 144
vents chauds 33
voir aussi chaleur, réchauffement, température corporelle

...ature corporelle 130,
... 145, *151*
...ximale 154
...êtes 17, 24, 29, 90, 95,
... 7, 201, **236-253**
...ourants océaniques 38
...tropicales 54-55, *54-55*
voir aussi alertes (réseaux d'),
orages, tonnerre,
Terre 120-121
  champ magnétique 263
  orbite 28, *29*, 118, *119*
terrestres, masses
  dérive des continents 108,
  112, 118
  formation nuageuse 190
  glacées 168
  glaciations 113
  impact sur le temps **36-37**,
  36-37
Thalès de Milet 64
Théophraste *64*, 65, 70
thermographe 97, *97*
thermomètre **96-99**
  à boule mouillée 97, 99
  à boule sèche 97, 99
  florentin 67
tonnerre 49
  estimation de la distance d'un
  orage 51, 239
  orage silencieux 242
tornades 48, 49, 52, *53*, 87,
  89, 177, 201, **244-245**,
  244-245
  image Doppler 104
  voir aussi poussières
  (tourbillons de)
toundra 168

tourbe 162
tourbillons de vents 52-53,
  52-53
  voir aussi trombes,
  poussières (tourbillons de),
  tornades
tours à vent 133, *133*
traînées de condensation 217,
  217
transpiration 132, 148, 154
Tri-State Tornado 52
tropicales, tempêtes
  voir cyclones, tempêtes
tropopause 30, 48
troposphère 24, *24*, 25, 75, 200,
  202
tuba 53, *53*
  voir aussi tornades
turbulences 194, 195, 196, 198,
  209, 211, 213, *238*
  alerte aux tornades 203
  ondes Kelvin-Helmholtz
  214
typhon 54, 251
  voir aussi cyclones

U-V-X

ultraviolet, rayonnement 137
uncinus (cirrus) 213, *213*

**Vaison-la-Romaine (inondation
de)** 229
vent, vitesse du 17, 21, *21*, 55,
  75, 91, 94, *99*
  cyclones 250, *250*

de haute altitude 213
échelle de Fujita *52*
représentation synoptique 88
tornades 52, 53, 244
vents 16, 24, *26*, 65, 70, *166*,
  190
  ascendants 91
  côtiers 172
  de l'Antarctique 170
  descendants 248
  des déserts 152
  d'est 32
  direction 21, *21*, 31, 35, 67,
  88, 94, 98
  d'ouest 32
  formation nuageuse 210
  incendies 269
  montagnes 164
  records 58, 59
  régions polaires 168
  représentation synoptique 88
  voir aussi alizés, brise,
  chinook, circulation
  atmosphérique, cisaillement
  de vent, cyclones, fœhn,
  kamikaze, khamsin, mistral,
  température apparente,
  tempêtes
verglas 223
virga 47, 198, 213, 215, **220**,
  220, 248
visibilité *93*, 181
VMM, Veille météorologique
  mondiale 77, 81
Vonnegut, Bernard 138

xérophiles, plantes 152-153

Contributions

WILLIAM J. BURROUGHS vit en Grande-Bretagne. Il a écrit près de deux cents articles dans des revues et des journaux spécialisés sur les différents aspects de la météorologie et les changements de climats. On lui connaît de nombreux livres sur le sujet, parmi lesquels *Watching the World's Weather and Weather Cycles : Real or Imaginary?* Diplômé en physique atmosphérique, il a exercé de hautes fonctions au ministère de l'Énergie et au ministère de la Santé.

BOB CROWDER est entré en 1951 au bureau australien de la météorologie, où on lui a confié de nombreuses responsabilités jusqu'à sa retraite en tant que directeur adjoint, en 1988. On a pu le voir régulièrement de 1958 à 1962 à la télévision, où il a été l'un des tout premiers présentateurs de la météo. Il possède une vaste connaissance de la météorologie, ce qui explique qu'il ait travaillé pour l'Organisation météorologique mondiale (OMM) et la Commission for Basic Systems. Son livre, *The Wonders of the Weather*, a été publié en 1995.

TED ROBERTSON est biologiste et professeur à l'université de sciences Lawrence Hall en Californie. À ses heures perdues, il écrit des livres de sciences, enseigne la survie dans les montagnes et les déserts de Californie, et prend part à la rédaction de rapports sur l'impact de la conservation de l'environnement. Il a organisé et conduit des voyages d'histoire naturelle dans divers biomes du monde entier, depuis l'Arctique et la toundra alpestre jusqu'aux forêts tropicales, montagneuses et tempérées, en passant par les déserts, les plaines et les régions côtières du sud et du nord de l'Amérique.

ELEANOR VALLIER-TALBOT est météorologue et coordonne le Service national de la météorologie à Boston, dans le Massachusetts. Elle s'investit activement dans différents groupes encourageant aussi bien les amateurs passionnés de météo que les International Weather Watchers (IWW).

RICHARD WHITAKER a achevé une thèse en sciences à l'université Monash de Melbourne en 1968, puis est entré au bureau de la météorologie de Sydney. Actuellement responsable de la division des Services spéciaux, en Nouvelle-Galles du Sud, il est chargé des activités commerciales de ce service.

Légendes & crédits photographiques

LÉGENDES

Page 1 : Altostratus au soleil couchant.
Page 2 : Forêt de hêtres sous la brume d'hiver.
Page 3 : Plume givrée sur un manteau de feuilles de chêne rouge.
Pages 4-5 : La foudre sur Monument Valley, Arizona, États-Unis.
Pages 6-7 : Nuage lenticulaire sur les Trois-Sœurs, Oregon, États-Unis.
Pages 8-9 : Nuée d'orage menaçant sur le parc national d'Amboseli, Kenya, Afrique.
Pages 10-11 : Les couleurs de l'arc-en-ciel.
Pages 12-13 : Le pont sur la Golden Gate dans le brouillard, à San Francisco, États-Unis.
Pages 22-23 : Tornade à la base d'un cumulonimbus.
Pages 60-61 : Montgolfière dans les stratocumulus au soleil couchant.
Pages 78-79 : Œil d'un gigantesque cyclone vu de l'espace.
Pages 106-107 : Fête à Londres, sur la Tamise gelée, pendant les grands froids de l'hiver 1739-1740, tableau de Jan Griffier.
Pages 128-129 : Indigènes à dos de chameau dans le désert de Thar, Rajasthan, Inde.
Pages 142-143 : Colonie de manchots empereurs sur la banquise de l'Antarctique.
Pages 174-175 : Un spectacle rare : trombe d'eau et éclairs apparaissant simultanément.

Pages 178-179 : Petit matin brumeux et voilé dans la campagne australienne.
Page 179 (médaillon du haut) : Feuilles de fraisier couvertes de givre.
Page 179 (médaillon du bas) : Moutons dans le matin brumeux (pays de Galles, Grande-Bretagne).
Pages 188-189 : Cumulonimbus sur l'océan, au soleil couchant.
Page 189 (médaillon du haut) : Altocumulus undulatus au soleil couchant.
Page 189 (médaillon du bas) : Stratocumulus.
Pages 218-219 : Phares de voitures sous la pluie.
Page 219 (médaillon du haut) : Pluie sur Myall Lakes, Nouvelle-Galles du Sud, Australie.
Page 219 (médaillon du bas) : Barrière couverte de glace.
Pages 236-237 : Orage nocturne.
Page 237 (médaillon du haut) : Cocotiers ployant sous l'ouragan, îles Fidji.
Page 237 (médaillon du bas) : Tornade.
Pages 254-255 : Arc-en-ciel sur la mer de Banda, Indonésie.
Page 255 (médaillon du haut) : Aurore boréale.
Page 255 (médaillon du bas) : Iridescence et altostratus.
Pages 272-273 : Eau-forte de 1846 représentant plusieurs phénomènes atmosphériques et météorologiques.

CRÉDITS PHOTOGRAPHIQUES & ILLUSTRATIONS

(h = haut, b = bas, g = gauche, d = droite, c = centre, m = médaillon
A = Auscape International ; AA/ES = Animals Animals/Earth Scenes ;
AA&A = Ancient Art and Architecture Collection, Londres ;
APL = Australian Picture Library ; Backgrounds = Backgrounds Photo Library ; BCL = Bruce Coleman Limited, Grande-Bretagne ;
Bettman = Bettman Archive ; Bridgeman = Bridgeman Art Library, Londres ; FLPA = Frank Lane Picture Agency ; Granger = The Granger Collection, New York ; IS = International Stock Photo ;
LT = Lochman Transparencies ; ME = Mary Evans Picture Library ;
MP = Minden Pictures ; NCAR = National Centre for Atmospheric Research/University Corporation for Atmospheric Research/National Science Foundation ; NHPA = Natural History Photographic Agency ; OSF = Oxford Scientific Films ; PE = Planet Earth Pictures ;
PL = The Photo Library Sydney ; PR = Photo Researchers ;
SAL = Survival Anglia ; SPL = Science Photo Library ;
TS = Tom Stack and Associates ; Werner = Werner Forman Archive ;
W = Wildlight Photo Ag.)

1 WS Pike/SAL/OSF **2** EA Janes/NHPA **3** William Paton/SAL/OSF
4-5 Chad Ehlers/IS **6-7** Bob Pool/TS **8-9** Martyn Colbeck/OSF
10-11 Herb Segars/AA/ES **12-13** Hilary Wilkes/IS **14**hg Schindler Collection, New York/Werner ; hd Paul McCullagh/OSF ;
cd Bob Firth /IS **15**h John Downer/PE ; c John Eastcott et Yva Momatiuk/PE ; b John Shaw/A **16**h D Hoadley/FLPA ; bg Warren Faidley/IS ; bd SPL/ PL **17**h Mark Marten/NASA/PR ; c Bob Firth /IS ; b John Downer/ OSF **18** Joel Bennett/SAL/OSF **19** ER Degginger/AA/ES **20**h Bettman/APL ; c Galen Rowell/Hedgehog House, Nouvelle-Zélande ; b J Robert Stottlemyer/IS **21**h Hank Morgan/SPL/PL ; c Larry Lipsky/TS ; b SPL/PL **22-23** Warren Faidley/IS **24**hg ME ; b Mark Marten/ NASA/PR **26**h Chris Curry/Hedgehog House, Nouvelle-Zélande ; c Thomas Kitchin/TS ;
cd Franca Principe/Istituto e Museo di Storia della Scienza di Firenze
27g David E Rowley/PE ; d Ian Murphy/Tony Stone Worldwide/PL
28h Biblioteca Estense, Modena/Bridgeman ; bg World Perspectives/Tony Stone Images/PL ; bc John Eastcott et Yva Momatiuk/PE **29** Granger **30**h Jean-Loup Charmet ;
c Bill Rossow/ NASA **31**h NASA/SPL/PL ; b Jean-Loup Charmet
32h Austin J Brown/ Aviation Picture Library ; c Stan Osolinski/OSF
33h NASA/SPL/PL ; b JHC Wilson/Robert Harding Picture Library
34g David Miller ; d WS Pike/SAL/OSF **35**c ESA/SPL/PL
36h Peter Jarver/Backgrounds ; c Stan Osolinski/OSF ; b William M Smithey Jr/PE **37** George Ranalli/ PR **38**b Los Alamos Nat Lab/SPL/PL **39**h R Sorensen et J Olsen/ NHPA **40**hg John Shaw/NHPA **40-41** Eric Soder/NHPA **41**h Flip de Nooyer/BCL ;
cd Rod Planck/TS ; b Franca Principe/Istituto e Museo di Storia della Scienza di Firenze **42**c S McCutheon/FLPA **43**h Peter Jarver/Backgrounds ; c Keith Gunnar/BCL **44**cd Dennis Sarson/LT ;
bg Kenneth E Woodley/Royal Meteorological Society/National Meteorological Library **45**hg Stephen Krasemann/NHPA ; c Dr ER Degginger **46**h EPI Nancy Adams/TS ; c Rod Planck/TS ; b ME
47 Peter Davey/BCL **48** Daniel J Cox/Natural Exposures
49h Peter Jarver/ Backgrounds ; c B Cosgrove/FLPA ; b SPL/PL
50 ER Degginger/PL **51**h Chad Ehlers/IS ; cd NASA/SPL/PL ;
b Bettman/APL **52**h Dennis Fisher/IS ; b H Hoflinger/FLPA
53 Sheila Beougher/W/Liaison **54** Jeff Greenberg/IS
55h NOAA/SPL/PL ; c Warren Faidley/IS ; b ME **56** Dries van Zyl/BCL **57** Col Roberts/LT **58**h Ashmolean Museum, Oxford ;
c David M Dennis/TS ; b Tom Till/A **59**h Gerald Cubitt/BCL ;
cg GD Plage/BCL ; cd NCDC/NOAA ; b Dick Smith/Hedgehog House, Nouvelle-Zélande **60-61** John Shaw/NHPA **62**hg Thjodminjasafn, Reykjavik, Iceland (National Museum)/Werner ;
d AA&A ; b Musée national d'anthropologie, Mexico/Werner **63**hg AA&A ; c Museum of Anthropology, University of British Columbia, Vancouver/Werner ; b Scala **64**hg Granger ; c ME ; b Palazzo del Té Mantova/Scala **65**hg et b Jean-Loup Charmet ; hd British Library
66hg et d Franca Principe/Istituto e Museo di Storia della Scienza di Firenze ; b North Wind **67**h Franca Principe/Istituto e Museo di Storia della Scienza di Firenze ; c Granger ; b (by Martellini Gaspero) Tribuna di Galileo Firenze/Scala **68**hd ME ; b Jean-Loup Charmet
69hc Jean-Loup Charmet ; hd et b Granger **70**hd Franca Principe/Istituto e Museo di Storia della Scienza di Firenze ;
c Granger ; bg David Miller ; bc Jiri Lochman/LT **71**g Granger ;
b (by Sano di Pietro) Biblioteca Comunale Siena/Scala
72hd Christie's, Londres/Bridgeman ; cg Royal Naval College, Greenwich/Bridgeman ; cd Granger ; b ME **73**hg Organisation mondiale de la Météorologie ; hd Research Library/Australian Museum ; b Jean-Loup Charmet **74**hg Granger ; c SPL/PL ;
b ME **75**hg Clive Collins ; hd United States Air Force Geophysics Directorate ; c Hulton Deutsch/PL ; b George W Platzman/ University of Chicago **76**hg Organisation mondiale de la Météorologie ; hd Lafayette/National Meteorological Library ;
cg et b Hulton Deutsch/PL **77**h The Science Museum/Science and Society Picture Library ; b UPI/Bettman/APL
78-79 NASA/TSADO/TS **80**hd Australian Bureau of Meteorology ; cg Paul Nevin/PL ; b Japan Meteorological Agency
81hg Mark Newman/FLPA ; hd Paolo Koch/PR ;
bd Mark Burnett/PR **82**hg IS ; hd Paul Nevin/PL ; cd Reg Morrison ;
b D Parer et E Parer-Cook/A **83**h NCAR ; c SPL/PL ;
bg Thomas Bettge/NCAR **84**hd National Weather Service/NOAA ;
bg La Chaîne Météo **85** Paul Nevin **86**hg Oliver Strewe ;